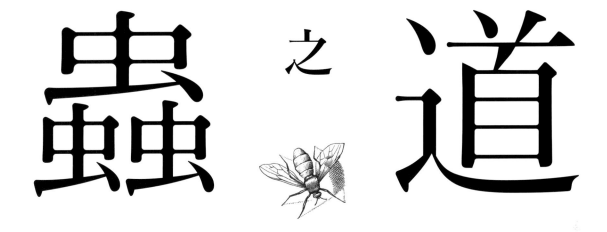

蟲 之 道

INNUMERABLE INSECTS:

The Story of the Most Diverse and Myriad Animals on Earth

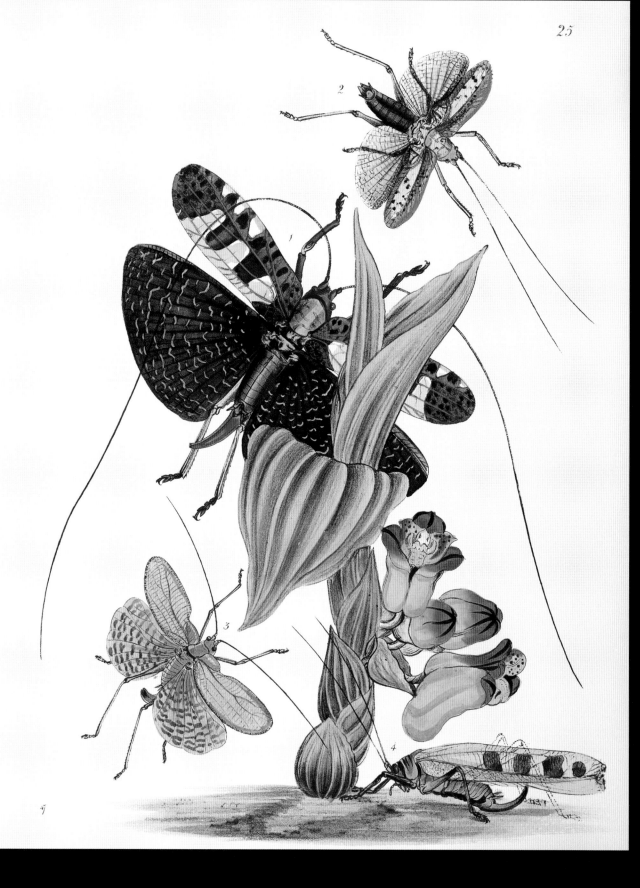

昆 蟲 的 構 造 、 行 為 和 習 性 訴 說 的 生 命 史 詩

蟲 _之 道

INNUMERABLE INSECTS:

The Story of the Most Diverse and Myriad Animals on Earth

麥可・恩格爾（Michael S. Engel）

譯者：蕭昀　　審訂：顏聖紘

作者｜**麥可‧恩格爾**（Michael S. Engel）

紐約美國自然史博物館研究員，勞倫斯堪薩斯大學（University of Kansas in Lawrence）生態學和演化生物學名譽教授和昆蟲學博物館資深策展人，生涯發表許多昆蟲學論文，並與人合著劍橋大學出版的教科書《Evolution of the Insects》（昆蟲的演化）。曾造訪四十個國家尋找活體昆蟲和古代化石，足跡遍布從北極圈內到赤道的熱帶雨林。

譯者｜**蕭昀**

澳洲國立大學生物學研究院、澳洲聯邦科學與工業研究組織國立昆蟲標本館共同指導之博士，目前是國立臺灣大學生態學與演化生物學研究所博士後研究員，曾任科博館昆蟲學組蒐藏助理。研究興趣為鞘翅目（甲蟲）系統分類學和古昆蟲學，博士研究主題聚焦在澳洲蘇鐵授粉象鼻蟲的系統分類及演化生物學，其餘研究題目包括菊虎科（Cantharidae）、擬步總科（Tenebrionoidea）等，不時發現命名新物種，研究論文發表散見於國內外學術期刊。

審訂者｜**顏聖紘**

倫敦帝國學院博士，目前為國立中山大學生物科學系副教授。研究領域包含昆蟲系統分類學、演化生態學、昆蟲與植物之交互關係、生物擬態與警戒性，以及野生動物貿易管理政策。曾獲德國「辛特曼動物學獎」（首次頒給非歐洲學者）。

美國自然史博物館是世界上最卓越超群的科學、教育和文化機構之一。自1869年創立之始，便持續履行使命，透過科學研究、教育和展覽等各式各樣的計畫，發現、詮釋和分享人類文化、自然世界和宇宙的相關資訊。

每一年，數以百萬計的遊客參觀博物館的四十五個常設展覽廳，包括世界知名的立體實景模型展廳和化石展場，以及羅斯地球和太空中心和海頓天象館。該館的科學藏品超過三千四百萬件標本和工藝品，展示出來的只是一小部分。這些藏品是無價的資源，對於館內科學家和館方所設李察‧吉爾德研究所的研究生而言如此，對全世界的研究人員來說也是。

欲得更多資訊，可以訪問博物館網站 amnh.org

美國自然史博物館的圖繪，John Russell Pope 根據手工著色幻燈片於 1926 年繪製。

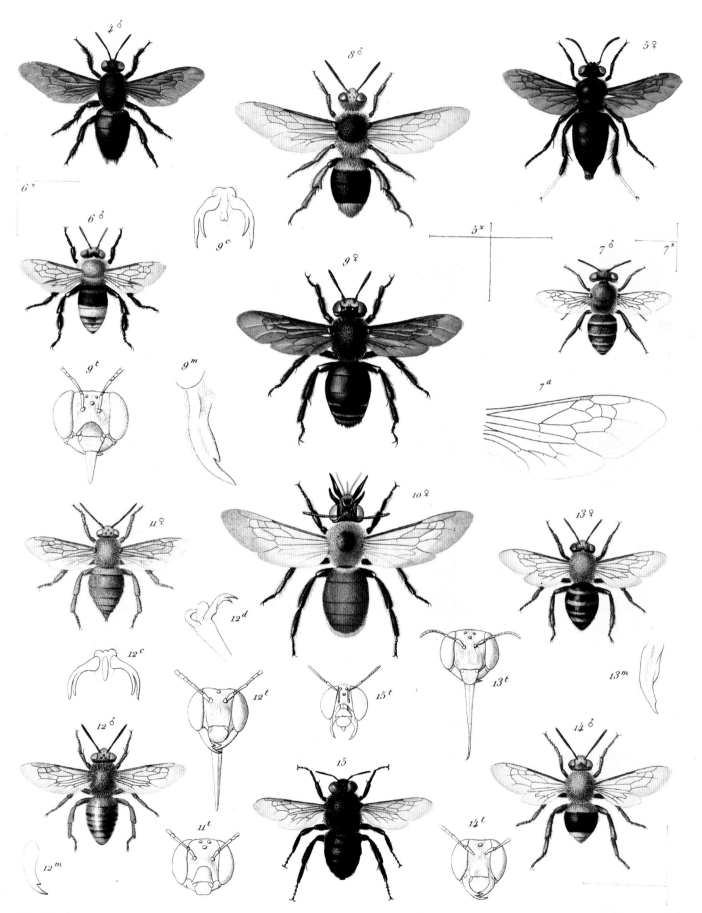

「那是捧讀好書的首要原因，
那推動了每個好學心靈。
那是希望，其中有甜美的喜悦，
或有待尋獲的益處。
而今，又有什麼喜悦能勝於
解開神聖蜜蜂——繆思女神之鳥的謎團，
而這些，將悉數於本書展現。」

——巴特勒（Charles Butler），1609年，《女性君主制》

目錄

中譯本推薦序

綜觀亞洲，臺灣、日本與中國大概是昆蟲相關科普書的出版最為發達的地區。昆蟲相關科普書大致上有幾種類型，首先最受歡迎的是圖鑑與圖譜，接著是觀察與飼養指引、攝影專輯、兒童繪本、涉及昆蟲的豆知識型軟科普以及自然文學。這些多元的出版品類型對許多喜愛昆蟲的青少年來說是非常重要的精神食糧。然而有關昆蟲的硬科普在書市上則較為少見。以臺灣來說，曾經出版過的有 E.O. Wilson 與 Bert Hölldobler 所著的《螞蟻・螞蟻》（遠流，1999）、詹家龍所著的《紫斑蝶》（晨星，2008 初版，2022 修訂版）、Jonathan Weiner 所著的《果蠅、基因、怪老頭：生物行為起源的探尋》（時報，2006），以及朱耀沂所著的《臺灣昆蟲學史話》（玉山社，2005。臺大出版中心，2013）。也就是說昆蟲硬科普書在出版歷史上，無論是本土作者原創或是翻譯書都非常少見。

硬科普書的重要性在於將較為深刻、複雜，或是先進的知識，尤其是多數人讀不懂的重要典籍與科學論文轉化為較為易懂的圖文。而有了硬科普的知識轉化，也比較能造就未來更淺顯的軟科普創作。《蟲之道》這本書便填補了我心目中昆蟲硬科普書的空缺。

臺灣的大學科系開設的昆蟲學課程中，有很長一段時間使用張書忱教授所著的《昆蟲學》為課本。後來，多數課程採用的是徐堉峰教授根據 P. J. Gullan 與 P. S. Cranston 所著 *The Insects, An Outline of Entomology* 一書編譯的《昆蟲學概論》。這些課本的章節編排比較像一般的生物學，也就是從細胞層級的微觀世界談到巨觀的生態系，從基礎科學談到農業應用，或是從外部形態講到內部生理機制。然而多數的課本都沒有提到昆蟲學的發展歷程，尤其是從希臘羅馬時期到二十世紀初期的關鍵發現與重要學者。所以如果你對昆蟲學的早期發展有著濃厚的興趣，那麼這本書正好可以填補為學術研究服務的昆蟲學課本，以及內容較為淺顯的軟科普中間的知識空缺。

相信本書的讀者一定會好奇，是什麼來頭的作者能夠撰寫這類貫通古今的硬科普書。首先我們先聊聊本書的作者麥可・恩格爾（Michael S. Engel）。恩格爾博士是美國古生物學

家暨昆蟲學家，以對昆蟲化石、膜翅目與脈翅群分類學的貢獻而著名。他曾在中亞、阿拉伯半島、東非、北極和南北美洲進行調查，發表超過 925 篇科學論文、發現的新物種（包含化石物種）超過一千個。恩格爾博士於 1993 年獲得堪薩斯大學生理學和細胞生物學學士學位，1998 年獲得康奈爾大學昆蟲學博士學位。1998 年至 2000 年間，他在美國自然史博物館擔任研究員，接著返回堪薩斯大學擔任昆蟲學系助理教授、生態與演化生物學系助理教授以及自然史博物館昆蟲學部副館長。2008 年他升任教授與館長，並於 2018 年獲聘為傑出教授。除了化石昆蟲的研究之外，他最知名的研究莫過於釐清白蟻的演化，並且闡明白蟻在古氣候環境中如何影響碳循環。2008 年他獲得了古生物學會（Paleontological Society）的查爾斯·舒伯特獎（Charles Schuchert Award），隨後於 2009 年獲得了倫敦林奈學會的二百週年紀念獎，以表彰他在系統昆蟲學和古生物學領域的貢獻。他在 2014 年因對昆蟲飛行演化的研究貢獻而獲得堪薩斯大學的學術成就獎。2017 年當選為美國昆蟲學會的會士並獲得該會的湯瑪斯·塞伊獎（Thomas Say Award）。2022 年他再當選為美國科學促進會（American Association for the Advancement of Science）的會士。而《蟲之道》這本書則在 2018 年獲得鸚鵡螺圖書獎（Nautilus Book Awards）的銀獎。

如果你對昆蟲學有一定程度的瞭解，那麼本書的內容結構可能並不是那麼讓你驚豔，因為論述何謂昆蟲、昆蟲的多樣性為何這麼高、昆蟲的起源與如何征服天空、如何變態、與人類社會的關係，以及特殊的生態習性，就是非常四平八穩的敘事方式。但是這本書的特別之處，是非常深入淺出地介紹這些議題的早期發展歷史。好比說一般生物學課本總是把林奈在 1758 年所發表的《自然系統》當成科學家記載地球生物多樣性的開端。但是此書便提及許多早於林奈的著作，例如 1630 年出版的《多樣的昆蟲》、1705 年的《蘇利南昆蟲之變態》以及 1746-1761 年間完成的《昆蟲自然史》。又，喜歡昆蟲的人一定知道昆蟲有多樣的變態模式，但是只讀課本的學生未必知道斯瓦默丹在十七世紀就發現了完全變態。

但如果你對昆蟲學的瞭解還不足呢？你可以好好欣賞這本書中無所不在、精美絕倫的插圖。除了非常少數的概念圖外，此書包含了大量來自十七至二十世紀初期經典昆蟲學書籍的插圖。這些精美的插圖雖然都能在生物多樣性歷史文獻圖書館（Biodiversity Heritage Library）找到，但加上此書的引導，讀者便有機會使用書中提供的資訊在資料庫中尋找這些令人讚歎的作品。

　　除了此書的作者與內容之外，我還得聊聊這本書的翻譯品質。譯者蕭昀博士自高中時期就已經在昆蟲學領域展現遠超同儕的研究潛力。他除了非常會寫論文之外，也勤奮地耕耘與推廣科普知識。翻譯硬科普書相當困難，除了需要具備專業知識以精準傳達作者原意之外，也需要有相當精良的中文書寫能力以臻信達雅的境界。不少科普書的原文作者都會在生澀的知識之外加入許多看來「隨心所欲」的比方以及「只有英語母語者才懂的哏」。這也是為什麼此書正式付梓之前，蕭昀、我還有辛苦的執行編輯需要來往討論，如何在不大量改變排版與篇幅的狀況下加上譯註來增進讀者的瞭解。加入這些譯註的主要原則是完整與精準地傳達作者的觀點，同時也適當補充最新的知識進展以增加這本書的可讀性，並確保書中的知識內容不會很快過時。

　　我很喜歡這本書的製作過程，也很高興這本書的內容終於填補了中文科普書市中昆蟲學書籍欠缺的「博物學部分」。希望讀者會喜歡這本書，並且真的願意在讀過這本書後進一步探索書中所提的科學與歷史議題。

　　　　　　　　　　　　　　　　　——顏聖紘，國立中山大學生物科學系副教授

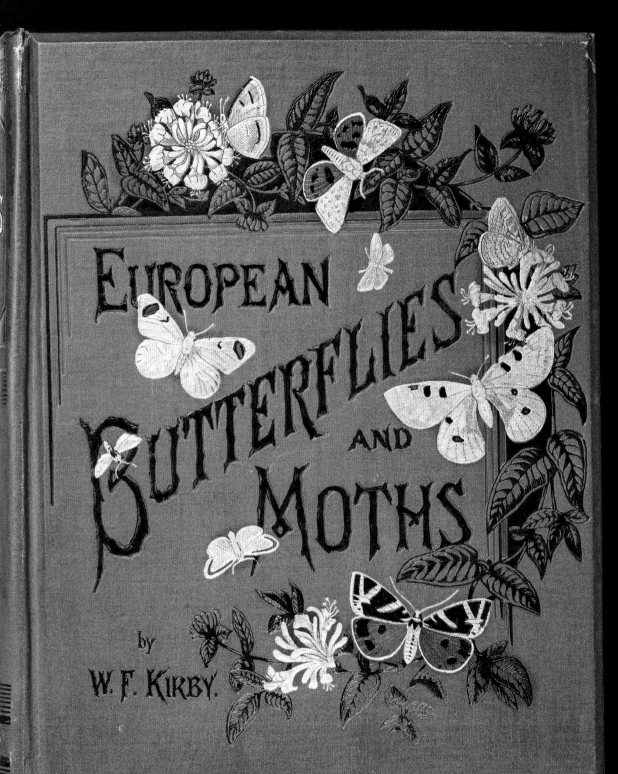

European Butterflies and Moths

by

W. F. Kirby.

推薦序

———❦———

美國自然史博物館圖書館自一百五十年前開始建立館藏，當時的任務是創立一座記錄數世紀自然科學思想和觀察的資料庫。雖然 1869 年以來很多事物都變了，然而圖書館的原始使命不變。變的是，我們對每一個共享這座脆弱星球的生命體所扮演的重要角色有了不同的理解，不論其體形尺寸為何。由於較大型的哺乳類和較為顯眼的生物大多已廣為人知，如果科學家想要發現新種動物，只需留心昆蟲，原因是昆蟲的大多數物種都還沒被描述和命名。當牠們加入已知生物的行列，其存在的紀錄將加入那些比牠們更早來到圖書館的眾多生物之列。

據說相較於其他科學學門，自然科學文獻承載著更久遠的記憶。確實如此，那些已發表的物種及產地描述，就如同相當珍貴的即時快照。圖片和內文中的資訊依然栩栩如生，實用性和美麗至今不減。我們數以千計令人驚歎的圖文書典藏之中，有數十萬幅各式各樣昆蟲的插圖。在接下來的書頁上翻印的昆蟲，無不迷人到難以言喻。除了少數例外，書中圖像全數來自博物館圖書館的收藏。這是一本當代的科學書籍，卻幾乎能完全以藏品中古老書冊的圖片來搭配文字，正是這些作品歷久不衰的證明。

在年復一年的購買和大量餽贈下，館藏書籍的規模與日俱增。藏書家通常有執迷的特點，某位特別慷慨的收藏家正是如此。當博物館獲悉一位重要且特立獨行的昆蟲自然史書籍和昆蟲標本收藏家在遺囑中提到本館時，我們興奮地從收藏家的居所取回上千卷稀有的書冊和標本等寶藏。有趣的是，這些收藏品全精心擺放在房子各處，似乎直到最後都還在滿足收藏家的好奇心。

《蟲之道》不僅賞心悅目，也讓好奇的心靈得到樂趣，在翻閱中隨時思索麥可‧恩格爾這位能言善道、博學多聞的科學家暨人文學者兼作家所闡述的傳說和事實。我們人類很幸運，昆蟲是如此之小。昆蟲的數量超過其餘物種的總和，又身具無與倫比的超能力，假若體形再大上幾級，勢必會稱霸我們的星球。據悉，科學界所知的種類僅占全體昆蟲五分之一，這表示還有更多令人瞠目結舌的能力等待世人發現。如果說《蟲之道》是一本關於已知昆蟲的入門書，那麼未來還會出現怎樣的昆蟲書，我們就有無限想像了。

對頁：科比（W.F. Kirby）《歐洲蝴蝶和蛾類》的華麗封面（1889 年版，初版為 1882 年），這是美國自然史博物館珍本書典藏中令人驚艷的昆蟲學圖冊之一。

——貝恩（Tom Baione），圖書館服務部，哈羅德‧波申斯坦總監，2018年3月。

Aug. Ioh. Röfel fec. et exc.

序論：無法無天的昆蟲

有個可能是杜撰的傳說，講的是著名英國演化生物學家霍爾丹（J. B. S. Haldane）：在某場正式晚宴中，霍爾丹坐在坎特伯雷大主教的身旁，這位德高望重的宗教領袖問道，研究受造之物時，霍爾丹是否發現了造物主的什麼作為？霍爾丹出言不遜地答道：「我發現造物主過分偏愛甲蟲。」這段對話的真實性可能有待商榷，不過，昆蟲確實無法無天，這是不爭的事實。事實上，倘若有人粗略觀察地球眾生，得到的結論必然會是：大自然對於六足動物有一種違反常理的偏愛。迄今人類在這世上發現、描述和命名的物種，大約有兩百萬個，其中昆蟲就微微過半，且每年仍有數以千計的新種昆蟲加入這個行列。鳥類和哺乳動物的新種發現時，媒體會大肆宣揚，但大量新種昆蟲發現的消息，人們通常視而不見。然而，昆蟲就如同其他物種類群，與我們的生活緊緊交纏，在很多方面，與人類生存的關係還比大多數生物類群更加千絲萬縷、不可或缺。昆蟲是如此常見，以致我們甚少關注，正如同我們幾乎不會意識到自己的呼吸。然而，不論我們是否認知到這一點，在日常生活中，我們其實每天都在和昆蟲打交道。我們的腳底下、頭頂上、住家中、我們遊憩和工作的場所裡，還有我們也許不願想像的，我們的食物和垃圾裡，總是有昆蟲。

昆蟲對我們來說既熟悉又陌生，並且由於體形往往很小，又普遍背負文化污名，因此大多數昆蟲都不受人類喜愛。自人類誕生那日起，我們的成功與失敗就已與昆蟲密不可分。文明的興起或衰落，往往肇因於昆蟲的介入，戰爭和領土擴張的走向受這些六足敵軍影響，而這些敵手，我們大多看不見。我們的神話和宗教也大量涉及昆蟲，不論是暴怒的神明降下的瘟疫，或是昆蟲的勤奮寓言，例如《舊約聖經：箴言》第 6 章第 6 節提出的忠告：「懶惰人哪，你去察看螞蟻的動作，就可得智慧。」在紋章學上，昆蟲代表高貴，這點可見於十七世紀羅馬巴貝里尼（Barberini）家族紋章上的三隻蜜蜂（參見上方圖），以及法蘭克國王希爾德里克一世（Childeric I）的金蜜蜂，這些蜜蜂往後在拿破崙皇帝（1808-1873）的長袍和禮服上也相當顯眼。

對頁：昆蟲多樣性的一隅及伴生相依的植物相，包含水生椿象、大型鍬形蟲、停於高處的蜻蜓、跳躍中的草蜢、小型的蜂類、蒼蠅和瓢蟲。在底部正中央的鍬形蟲則是致敬超過一個世紀前的荷蘭微物繪畫家霍伊納格爾（Jacob Hoefnagel）的作品。出自羅森霍夫（August Johann Rösel von Rosenhof）於 1764-1768 年間出版的《昆蟲自然史》。

左圖：樞機主教巴貝里尼（Antonio Barberini, 1607-1671）肖像畫的細節，展示了巴貝里尼家族鑲有三隻蜜蜂的紋章。

上：霍伊納格爾 1630 年出版的《多樣的昆蟲》呈現的昆蟲多樣性劇團開場版畫。霍氏將也是藝術家的父親喬里斯（Joris Hoefnagel）繪製的昆蟲轉為雕版，並將成果以美觀對稱和細緻的方式排列，成為後世藝術家仿效的模式。

下：另一幅出自霍伊納格爾同本書的細緻蝕刻版畫，反映了昆蟲有多令人目眩神迷，且似乎擁有無窮的多樣性。昆蟲長期以來同時吸引著博物學者和藝術家。

　　不論是彩蝶的翩翩、蜜蜂的嗡嗡、蟋蟀的協奏曲，或是一大群的蒼蠅，昆蟲總能以某種形式讓我們害怕、嫌惡、舒心、敬佩，甚至愉悅。顯然我們和昆蟲的關係愛恨交織，一方面競爭糧食，另一方面昆蟲也是田地及森林的重要授粉者。昆蟲循環再利用我們的廢棄物並耕耘土壤，但也入侵且破壞我們的住家。昆蟲因傳播瘟疫而聲名狼藉，卻也可用以治療疾病。此外，昆蟲可用來為織品和食物染色、改變我們的大氣和景觀、增進我們的工程和建築知識、激發偉大的藝術創作，甚至還能為我們除去其他害蟲。昆蟲數量遠遠超過其餘物種的總和，許多個別昆蟲物種的個體數量就讓人類望塵莫及了。以此而言，地球更屬於昆蟲，而非人類。而我們的演化，在物質上及文化上都與昆蟲（害蟲及益蟲）緊緊相依。人類若在明日消逝，我們的星球會持續繁榮興盛，但倘若昆蟲都打包離去了，恐怕地球將迅速凋零，變得充滿毒性、了無生機。在知道這一切後，如果我們還不對這些形形色色的鄰居表達莫大感激，實在匪夷所思。

　　根據估算，目前昆蟲整體的多樣性介於一百五十萬至三千萬個物種，而較為保守且可能貼近實際的數字是大約五百萬種。就算是五百萬，也表示我們對於周遭昆蟲的生物多樣性仍一知半解，因為如今昆蟲學家只描述了五分之一的昆蟲多樣性。有鑑於昆蟲同時也是陸地生物中最古老的演化支系之一，歷史可回溯四億年以上，這巨大任務就更使人膽怯了。在悠悠時間長河和無常天災中，昆蟲撐過來了，

也消亡了，但大多數時候都生機勃勃。若說現今有五百萬種昆蟲這數字顯得不可思議，那麼昆蟲史上可能累積了數以億計的種類，就更加難以置信了。生命史中曾經存在的物種，現今大多都已滅絕，比率或許達到95%甚至更高，然而，滅絕的物種仍舊屬於連續不斷的世系鏈，這鏈條從最初的先祖昆蟲種類，一路延續到如今我們周遭的數百萬支系，其間的演化舞台上，曾有無數表演者登場。雖然眾多演出者的節目已完成並降下帷幕，但整體的成就在近乎四十億年的地球生命史中堪稱空前。

身而為人，我們總自吹自擂許多成就（我們的確有很多！），然而我們卻相當脆弱，或許屬於最沒有適應力的那一類物種。我等占據了全世界，但並不是在每一處郊野都生生不息，相反地，我們根據自己的需求改造自然棲地。我們住在地球極區，但會在屋內創造微氣候，使我們得以健康成長。我們住在沙漠，但建築通常配備空調系統，以配合我們那相對較窄的溫度容忍範圍。是的，我們可以隨自己的喜好去改造地區，並將這樣的能力視為人類獨有的榮光，但世上衡量成功的方式有很多，人類的傲慢卻讓我們認為自己是地球生命譜系中最至高無上的。

事實上，即便是最偏僻的地方，昆蟲仍無所不在。從冰寒極地到赤道沙漠和熱帶雨林，自絕頂之巔至地下洞穴的深淵，由海濱至大草原、曠野和池塘，總能發現成群昆蟲。海洋是昆蟲唯一未能攻占的地方，在海裡是找不到昆蟲的。

昆蟲的數量遠遠超過人類全體，分節的體制[1]非常容易變化，物種世代更迭快速，自然滅絕率低，創造出來的成功史讓我們更熟悉的恐龍和哺乳類年代都黯然失色。昆蟲是最早轉移至陸地的動物之一，也是最早飛行、鳴唱、以保護色偽裝自身、演化出社會性結構、發展出農耕和使用抽象語言的動物，早在人類誕生並模仿這些能力的千萬年前甚至上億年前，昆蟲就有上述成就了。這最多樣化的動物留下了形形色色的後裔，即今日的昆蟲。

熱帶區域的南美提燈蟲（*Fulgora laternaria*）和一隻蜜里拉蟬（*Fidicina mannifera*）棲息於一株石榴上，石榴果被西班牙探險家引進美洲。出自梅里安（Maria Sibylla Merian）於1719年對其1705年的巨作《蘇利南昆蟲之變態》發行的荷蘭文版。

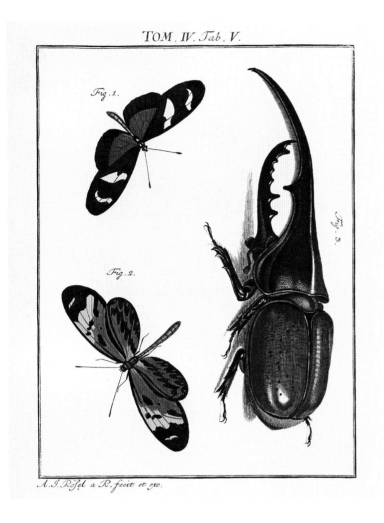

Fig. 1.

Fig. 2.

Fig. 3.

A.I.Rösel a R. fecit et exc.

昆蟲間外形差異的幅度令人驚嘆，如纖弱的蝴蝶和巨大且笨重的甲蟲。圖出自羅森霍夫的《昆蟲自然史》。

　　本書的故事，便是關於這些無孔不入的微小生物，也是世界的統治者，同時搭配過往的出色作品，並透過這些畫作來闡明昆蟲學的眾多發現。雖然本書引用的多數著作都是古籍，但其中包含的訊息很多時候都仍跟過去一樣重要。當今時代假定老舊等於過時，甚至更糟的是，假定老舊等於錯誤、毫無價值，這都是荒謬的淺見。事實上，這些歷史達百年以上的文字和圖像在細心觀察和精確呈現上，可能超越我們當今的創作。這些很久以前悟得的

知識可能還與現今世界習習相關。舉例來說，2015 年有人在九世紀醫學教科書《伯德醫書》（Bald's Leechbook，又名 Medicinale Anglicum [2]）一份僅存的手稿中發現一種自然療法，該療法經證實能有效對抗耐甲氧西林金黃色葡萄球菌（Methicillin-resistant Staphylococcus aureus，英文縮寫為 MRSA[3]），這是現代醫學都束手無策的致病細菌。無獨有偶，當代醫界因法國外科醫生思高（Paul F. Segond, 1851-1912）一篇 1879 年關於人體膝蓋的解剖學文章，於 2013 年重新發現一整條對於膝關節旋轉的穩定性不可或缺的韌帶，這也證明了「古老」資訊仍舊相當重要，即便那資訊是關於地球上被研究得最為深入的生物實體，也就是人類。

　　有時候，某個物種唯一的第一手資訊可能只收錄在珍本中，例如渡渡鳥（Dodo）和大海牛（Steller's Sea Cow）。在昆蟲中，有大量物種自很久以前無畏的探險家首次與之相遇後，就幾乎再也沒有人看過，而當時對於其外觀和生活習性的描述，就成了我們和這些生物群的唯一連結，因為我們可能還來不及與這些物種再次相遇，牠們就已滅絕。

　　這些原作已難尋得的偉大過往作品，向我們揭示了資訊傳播和科學的藝術表現是如何演進，以及我們是如何看待、解釋我們的世界，同時也告訴我們昆蟲多樣性是多麼壯觀。不同於今日，以前出版是很困難的，不適合膽小的人。為了好好描繪物種，尤其是需要畫得栩栩如生，就需要精湛的繪畫技巧。而為了要讓專著有圖可配，人們可能需要在木板上刻圖，並如蓋

描繪數種螳螂的書頁，出自索緒爾（Henri de Saussure）於 1870 出版的《多足類和昆蟲的研究》。攝於美國自然史博物館珍本書室。

章般用雕版來印刷。之後的凹版印刷則是在銅版上刻圖，再將油墨水填入凹痕，轉印到對開的書頁上。更晚出現的石版印刷，不論是使用金屬板還是石灰岩板，都是改良自這些印刷法，並變成標準的內文裝飾。可想而知，這沒什麼失誤的空間，而且要等圖像印出來，才會進行上色。這整套流程可能耗費數年，視圖像的數量和印製本數而定。而這些辛勤的成果，便是偉大的學術作品和絕美的藝術表現。至此這些圖像再也不僅是裝飾，而是獨一無二的科學資訊來源。很少有圖書館像美國自然史博物館附屬圖書館這麼幸運，典藏室中搜羅了大量昆蟲學傑出人物的著作。其昆蟲珍品收藏範圍之廣，就像昆蟲本身一樣，得天獨厚。用這些藏品來訴說昆蟲的演化，再合適也不過。

譯註

1：體制（body plan 或 ground plan）意指動物門各類別共有的一組形態特徵，就好像是一個該類群專屬的「藍圖」，內容包括對稱性、神經、肢體和內臟器官配置等。

2：《伯德醫書》為英格蘭盎格魯 - 撒克遜時期的醫學教科書，可能成書於九世紀的阿菲烈特大帝（Alfred the Great）時代。

3：耐甲氧西林金黃色葡萄球菌又稱多重抗藥金黃色葡萄球菌，是金黃色葡萄球菌的一獨特菌株，對所有青黴素類抗生素幾乎都具有抗藥性，被稱為「超級細菌」。

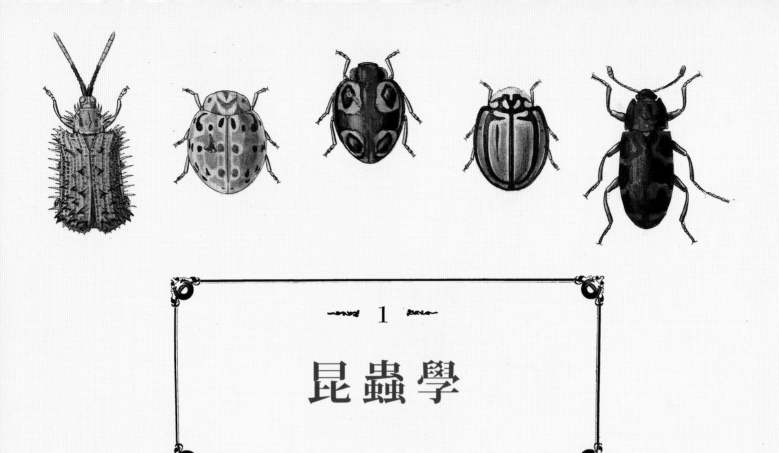

昆蟲學

> 「有件事總是能深深打動求知若渴之人：
> 我們周遭最尋常的事物，都值得仔細、精心關注。」

—— 雷尼（James Rennie），1857年，《昆蟲構造》

昆蟲學（Entomology）是針對昆蟲的科學研究，這個單字衍生自希臘文「éntomon」（昆蟲）和「lógos」（學科、學門）。誠如生物學的眾多分支，古代就有某種形式的昆蟲學。在我們的文明奮力成形前，我們就已經同時受益和受害於昆蟲了。

我們早期只關注世界中那些對我們有害或有益的要素，對昆蟲的態度也是如此。養蜂學和養蠶學是最古老的昆蟲學研究，這或許並不令人意外。先民早在八千五百年前就已廣泛利用蜜蜂來開採蜂蜜和蜂蠟。2007 年，在現今的以色列，也就是《舊約聖經・出埃及記》第 33 章第 3 節提到的「流奶與蜜之地」，有人發現了三千年前蓬勃的養蜂產業遺跡，而在距今至少八千年前，在西班牙瓦倫西亞的蜘蛛洞（Araña Caves）內，史前畫家就已描繪出人們攀爬繩索，從崖壁上的蜂巢採收蜂蜜。另外，埃及古王國時期的壁畫證實了

四千四百年前已有養蜂業，而至少五千年前，在現今的中國北方，仰韶文化的先民便已經解開蠶蛾的繭，製造出我們至今仍相當鍾愛的絲織品。

節肢動物門

儘管我們與這些生物的關係源遠流長，然而至今世人對於什麼是昆蟲而什麼又不屬於昆蟲仍感到困惑。昆蟲隸屬於一個較大的動物類群，稱為「節肢動物」，正式名稱為「節肢動物門」。節肢動物是非常古老的類群，起源可至少追溯至五億四千萬年前的寒武紀早期，且是最具多樣化的主要動物支系之一。節肢動物囊括了一大片動物多樣性，從蜘蛛、蠍子到馬陸、蜈蚣，再到螃蟹、蝦子和龍蝦等生物都是。在節肢動物類群之中，物種數最多的就是昆蟲了，而有時候上述那些支系

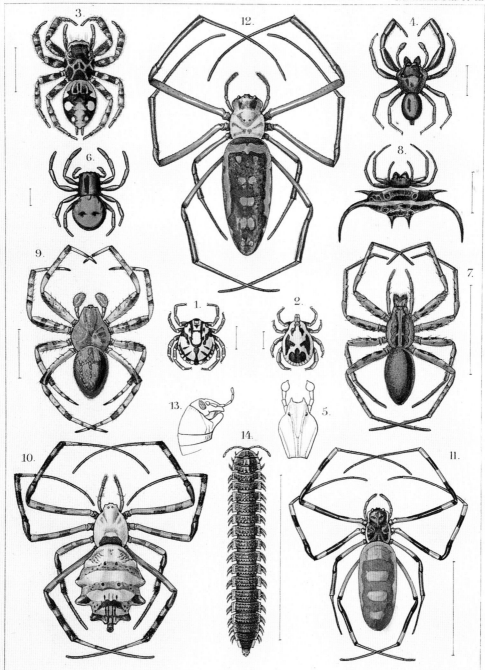

1. Amblyomma eburneum. Gerst. 2. Dermacentor pulchellus. Gerst. 3. Plexippus nummularis. Gerst.

4. Phidippus bucculentus. Gerst. 5. Deinopis cornigera. Gerst. 6. Stiphropus lugubris. Gerst.

7. Phoneutria decora. Gerst. 8. Gastracantha resupinata. Gerst. 9. Epeira haematomera. Gerst.

10. Argyope suavissima. Gerst. 11. Nephila hymenaea. Gerst. 12. Neph. sumptuosa. Gerst.

13. Spirostreptus macrotis. Gerst. 14. Polydesmus mastophorus. Gerst.

的子類群也會被粗略地納入昆蟲學領域。舉例來說，一般人常認為昆蟲學包含了蜘蛛和其近親，甚至還有馬陸和藥丸「蟲」（也被稱為矮胖子、塗鴉蟲）[1]。但事實上，這些生物皆隸屬於節肢動物門的其他子類群，有專屬的研究領域。例如蜘蛛屬於蛛形類，而蛛形動物學的研究對象還包括蠍子、蟎、蜱和牠們的近親。馬陸則隸屬於多足動物學。藥丸蟲（鼠婦）雖然名字中有個不恰當的「蟲」字，實際上卻為甲殼類，比起昆蟲，與螃蟹和龍蝦的關係更加接近。

所謂的節肢動物指的是擁有幾丁質外骨骼的動物，外骨骼非常像是一套盔甲，並擁有關節化的體節接合處，以因應活動所需。其名稱「節肢動物」（arthropod）的字面意思是「關節化的足」，由希臘字首「árthron」（關節）和字尾「poús」或「podós」（足）組合而成，指出幾丁質身體要活動所需的這些關節。肌肉則附著在外骨骼內，以提供支撐、做出動作，而肌肉和外骨骼便共同構成內部器官的支架。節肢動物的身體排列就像是脊椎動物上下顛倒：我們的神經索在背面，心臟在腹面；節肢動物的神經系統則在腹面，動脈沿著背面延伸（開放式的心臟）。以此觀之，我們的神經索和心臟在體內的位置恰好與節肢動物相反。

由於堅硬的外骨骼會限制身體成長，因此必須週期性蛻變更換。褪去老舊的角

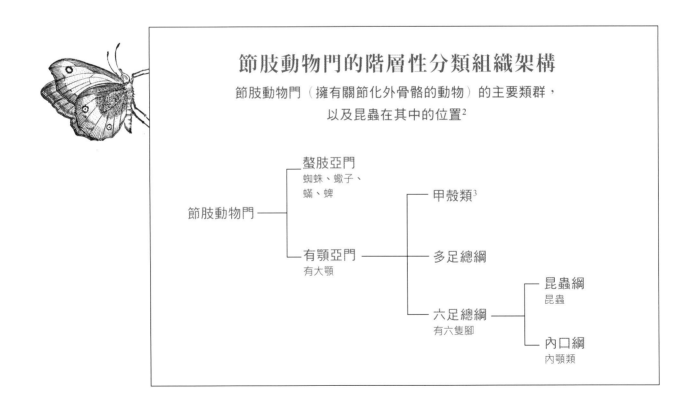

節肢動物門的階層性分類組織架構

節肢動物門（擁有關節化外骨骼的動物）的主要類群，
以及昆蟲在其中的位置[2]

節肢動物門 ─┬─ 螯肢亞門
　　　　　　　蜘蛛、蠍子、
　　　　　　　蟎、蜱
　　　　　　└─ 有顎亞門 ─┬─ 甲殼類[3]
　　　　　　　　有大顎　　├─ 多足總綱
　　　　　　　　　　　　　└─ 六足總綱 ─┬─ 昆蟲綱
　　　　　　　　　　　　　　　有六隻腳　　昆蟲
　　　　　　　　　　　　　　　　　　　　└─ 內口綱
　　　　　　　　　　　　　　　　　　　　　內顎類

質層，生出更大的新角質層取代，讓節肢動物能終生持續成長，不受限於防護性外骨骼。節肢動物全然透過外骨骼來體驗世界，而且從視覺、聽覺到化學與力學感受器，都有許多特化構造以因應不同形式的感知。作為節肢動物中最多樣化的類群，昆蟲擁有一些節肢動物感官的最佳範例。其中有些感覺構造對我們來說相當熟悉，例如蒼蠅大型的複眼和蛾類羽狀的觸角，有些則出乎意料，或者是看起來像放錯位置。舉例而言，蟋蟀的「耳朵」雖然如同我們的耳膜，狀似一個小型鼓膜，然而卻位於足上，而非頭部兩側。其他昆蟲的耳朵則位於身體的不同處，例如某些蛾類在腹部、一些螳螂在胸部，脈翅類（lacewings）的某一子群甚至在翅膀上。所有昆蟲皆有又細又長的角質層，極為類似哺乳類的毛髮，但這些構造稱為剛毛（setae），有多種用途。某些剛毛有微細孔洞，可攝入環境中不論是散布在空氣或是來自物體表面的特定化學分子，昆蟲因此得以嗅聞或嘗味。蒼蠅的「毛髮」和蛾類「毛茸茸」的觸角都是剛毛。

　　當今的節肢動物相包含了四個主要的動物類群，正式名稱為螯肢亞門、甲殼類、多足總綱和六足總綱，昆蟲便隸屬於六足總綱。而蜘蛛、蠍子、蟎、蜱、盲蛛和牠們的近親則屬於蛛形類，有八隻腳，但沒有觸角。再加上鱟（也稱為「馬蹄蟹」但事實上根本不是蟹），就組成了螯肢亞門。螯肢亞門得名於特化的尖牙，稱為螯肢。甲殼類則不需多做介紹，正如這個名稱給人的聯想，本類群的大量生物可見於一般的海鮮餐廳。甲殼類包括螃蟹、龍蝦、蝦

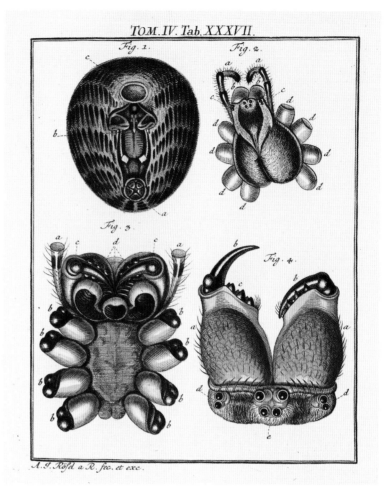

蜘蛛和牠們的近親沒有昆蟲的大顎，取食時用的是不同凡響的尖牙，稱為螯肢，如右下所示，其螯肢向上延伸，底下是有八隻眼睛的面部。從左上順時針分別為：腹部的底面、將足部移除掉的背甲頂端、從面部那一側看到的螯肢、頭部與胸部的底面（已將足部移除）。圖出自《昆蟲自然史》，羅森霍夫於 1764-1768 年出版。

子，以及不太可口的磷蝦、藤壺、橈腳類和鼠婦。而馬陸和蜈蚣，還有鮮為人知的少足類和結足蟲共同組成了多足總綱，以遍布全身的無數對步行足而廣為人知。螯肢類有螯肢，而甲殼類、多足總綱和六足總綱則皆擁有大顎，為一副特殊的口顎，

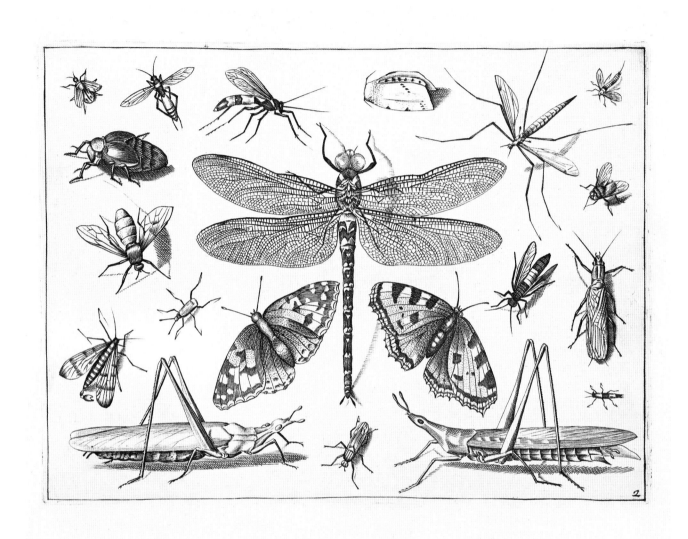

一系列令人眼花撩亂的昆蟲，也就是六足生物中最多樣化的類群。從蜻蜓、蝴蝶到蜂類、甲蟲，世上的陸域環境中，六足的身體構造處處稱霸。圖片出自霍伊納格爾的《多樣的昆蟲》。

主要用於進食。多足總綱和六足總綱以相同方式呼吸，都擁有細微網狀管，由外骨骼形成，稱為氣管（tracheae），使得氧氣可在牠們的身體內進行被動運輸[4]。

真正的「昆蟲」

誠如「六足總綱 Hexapoda」一名中的希臘字首「hexa」（六）和字尾「podos」（足）所示，所謂的六足總綱指擁有三對

足的節肢動物，而牠們常見的頭、胸、腹三段式主軀幹部排列組合也有別於其他節肢動物。這三個部位各自有主要功能：頭節執掌感覺輸入和味覺，胸節負責移行和運動，腹節主管臟器運作，包括消化、分泌和生殖。不過很多人或許會很驚訝，光是六隻腳和三段式身軀其實不足以定義「昆蟲」——儘管昆蟲有上述特徵，然而還有另一個類群的生物也有這些特徵。六足總綱包含了正式名稱為「昆蟲綱」的真正昆蟲，以及牠們現存的近親「內口綱」（又稱為內顎類）：無翅的小型動物，口器收入頭部內的囊袋，口部外形因而呈摺疊並縮攏。內口綱的學名 Entognatha 由希臘字首「entos」（內部或位於裡邊）和字尾「gnáthos」（顎部）組成，意思為「位於內部的口顎」，反映了內化的口器構造。

　　那究竟是什麼讓昆蟲成為「昆蟲」呢？若非足部的數量，又是什麼特徵區分了真正的昆蟲和內顎類六足動物？簡單來說，是口器的構造、產卵的方式和藏於觸角內的感覺能力（請參見右方昆蟲身體平面圖）。首先，不同於內顎類縮入頭部內的口器，昆蟲的口器位於外部，這點與多足類、甲殼類和蛛形類相似，我們因而很容易觀察到昆蟲的大顎以及伴隨的兩個口器附屬構造：小顎和下唇。大顎是沒有關節的構造，後方緊鄰的小顎則有關節，可輕易處理食物。小顎後方的結構看起來像是小顎的第二部分，但其實是沿著中線癒合而成的複合構造，即下唇，其作用是為口器附屬構造所形成的空間提供後壁，同時也能協助昆蟲以口部咬住和處理物體。

　　除了外部可見的口器以外，真正的昆蟲在身體後側也有名為產卵管的構造，正如名字所示，該構造是用於產卵，也因此僅有雌蟲具備產卵管。在大多數的昆蟲類群裡，產卵管形似一根長長的管子，這是影響昆蟲演化的重大特徵。產卵管讓雌蟲得以細心安排卵的放置處，包括將卵放在隱蔽的地點，而這可提升後代的存活率。因此，昆蟲之所以能全方面獲勝，產卵管這個構造或許功不可沒。

　　昆蟲的另一項關鍵特徵，相較來說較不顯而易見，那便是觸角裡有特化的弦音

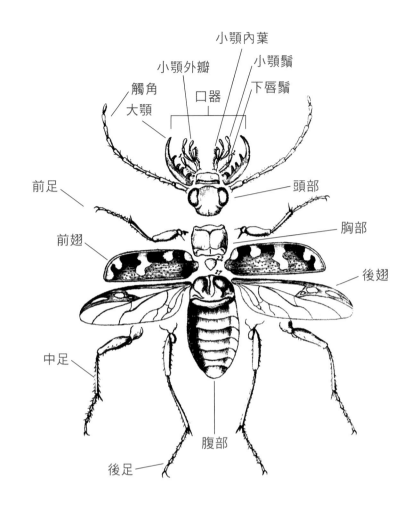

昆蟲的身體平面圖，以虎甲蟲（虎甲蟲科 Cicindelidae）為例，全體由三個主要部分組成，分別為頭部、胸部、腹部。圖片出自潘澤（Georg Wolfgang Franz Panzer）於 1795 年所出版的《德意志昆蟲相》。

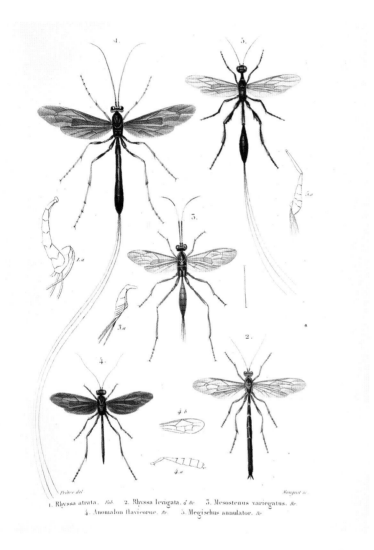

在某些昆蟲中（如特定種類的寄生蜂），產卵管可說是相當顯眼，甚至比其餘的身體還長。圖中是姬蜂科（Ichneumonidae）和冠蜂科（Stephanidae）的寄生蜂物種，其中雌性的暗色馬尾姬蜂（*Megarhyssa atrata*，左上）和環形大腿冠蜂（*Megischus annulator*，右上）的產卵管從腹部末端一直向後延伸。圖出自《昆蟲自然歷史》，勒佩列捷（Amédée Louis Michel Lepeletier, comte de Saint Fargeau）於 1836-1846 年間出版。

感覺器官，由昆蟲觸角第二節內的感覺細胞叢集形成的碗狀構造，對於觸角其餘部分的運動相當敏感。這個構造稱為強斯頓器官（Johnston's organ），得名於其發現者：馬里蘭大學的醫學外科教授強斯頓（Christopher Johnston, 1822-1891）。當昆蟲觸角移動時，強斯頓器官能夠偵測出該動作是由重力的作用所引發，還是物體或聲響振動所導致的觸角偏斜。這技能貌似微不足道，對昆蟲來說卻意義深遠，因為擴展了昆蟲的總體感知。從協助穩定飛翔到偵測鄰近空氣中壓力所引發的振動，強斯頓器官精細偵測和辨別動作的功能都能發揮一系列作用。舉例來說，一些蠅類竟可透過強斯頓器官偵測鄰近昆蟲翅膀拍動的頻率，以此確認這些振動是否來自求偶中的異性。昆蟲家族還有一些和其他節肢動物不同的特徵，不過都更加隱晦難辨。

當前昆蟲學領域的最大挑戰之一，是記錄現存的物種、知曉牠們可能出現的地點、確認物種間的關係和牠們的生物學，有鑑於昆蟲的數量是如此龐大，這一點都不簡單。可能還有四百萬種以上的昆蟲，仍有待我們自世上不同的棲地環境中發現，而每一種都向我們揭開更巨幅的昆蟲演化圖像。的確，昆蟲學面臨著比例問題。如果有一千名鳥類學家，表示每一位只需要負責十種鳥類，若換成一千位昆蟲學家，每位必須負責上千種昆蟲。除非與其他動物比較，不然我們通常很難體認昆蟲種類多到什麼程度。舉例來說，想想看全球有超過六萬種象鼻蟲、超過二萬種蜜蜂和大約一萬八千七百種蝴蝶，卻只有三萬種魚類、幾乎一萬種鳥類和大約五千四百種哺乳類。就目前所知，單單象鼻蟲就是鳥類多樣性的六倍之多。而且不像鳥類，

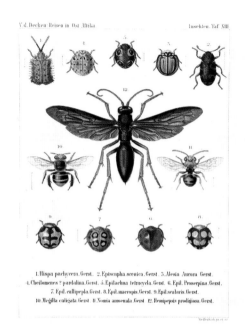

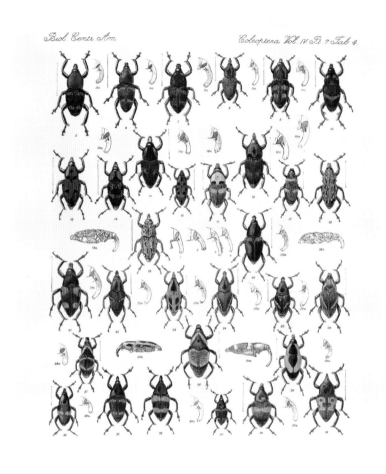

上圖：多種產自非洲的甲蟲（頂排和底排）以及兩種蜂類：環形無墊蜂（*Amegilla circulate*，左）和悅目毛帶蜂（*Pseudapis amoenula*，右），兩者的中間是一種巨大的蛛蜂：奇異半溝蛛蜂（*Hemipepsis prodigiosa*）。圖出自格斯塔克出版的《德肯男爵的東非之旅》。

右圖：琳琅滿目的熱帶產椰象鼻蟲科（Dryophthoridae）成員。圖出自《中美洲生物相：昆蟲綱鞘翅目》，1909-1910 年出版。

發現新種象鼻蟲的速度相當快，昆蟲學家因而估計，光是這個昆蟲類群本身就有可能超過二十萬個物種。白蟻是較小的昆蟲支系之一，卻也有超過三千一百個物種，幾乎與哺乳類的整體多樣性相當，但相對於其餘昆蟲不可思議的物種總數，不過是冰山一角，而且還有更多不可計數的物種有待我們從森林、沙漠、曠野和溪流中發現。果然，昆蟲數量實在得天獨厚！

譯註

1：較常使用的中文俗名為鼠婦，並非昆蟲而隸屬於軟甲綱（Malacostraca）等足目（Isopoda），棲息在潮濕、溫暖和有遮蔽的環境，如分解中的落葉和土壤中。

2：請留意這張樹狀圖僅概略勾勒了節肢動物的分類階層組成，並不表示現今生物學者普遍接受的親緣分類體系，這當中還有許多可細分的演化支系。根據 Giribet & Edgecombe (2019) 於《當代生物學》期刊上發表的親緣基因體譜系論文，節肢動物門可分為螯肢亞門和有顎亞門兩個大類，其中有顎亞門分成多足總綱和泛甲殼類（Pancrustacea），泛甲殼類中包含了多甲總綱（Multicrustacea）、寡甲總綱（Oligostraca）、怪蝦類（Allotriocarida），六足總綱則為怪蝦類的一個支系。

3：根據 Giribet & Edgecombe (2019) 的親緣基因體譜系論文，甲殼動物或甲殼亞門（Crustacea）並非一個單系群，實際上可分為數個互不隸屬的演化支系，包含了多甲總綱（如蝦蟹、橈足類、藤壺）、寡甲總綱（如介形蟲）、怪蝦類（頭蝦綱、鰓足綱、槳足綱）。

4：被動運輸指的是物質由濃度高處通過細胞膜，進入濃度較低處（擴散作用），這並不需消耗能量。

mones
pneumo
nes
ptera
ptera
para
Diptera

Vaga=
bundae
Seden=
tariae
Opilio=
nida
(Phalangia)
Pseudo=
scorpi=
oda
Ortho=
ptera
Neuro=
ptera
Hemi=
ptera

Araneae
Acara
Phrynida
(Tarantulae)
Pseudo=
neuro=
ptera
Sugentia

Panto=
poda
(Pycno=
gonida)
Arctisca
(Tardi=
grada)
Myriapoda
Toco=
ptera
Masticantia

Solifugae
Solpugida
Diplopoda
Chilognatha
Chilopoda
Syngnatha
Jnsecta

Crustacea (Carides)
Arachnida
Myriapoda
Protracheata
Annelida

Gigantostraca
Brachy=
ura
Macrura
Chaetopoda
Drilo=
morpha

Pterygo=
tida
Eury=
pterida
Anom=
ura
Edrioph=
thalma
Vagan=
tia
Tubi=
colae

Xiphosura
Euca=
rida
Amphi=
poda
Jso=
poda
Tracheata
Chaeto=
poda
Gymno=
copa
Oligo=
chaeta

Poecilopoda
Decα=
poda
Stoma=
topoda
Halo=
scolecita

Trilo=
bita
Phyllo=
poda
Schizopoda
Mysida
Anne=
lida
Rhynchel
minthes

Clado=
cera
Branchi=
opoda
Podoph=
thalma
Trache=
ata
Nemat=
elminthes
Gephyrea
(Sipunculida
Echiurida

Ostracoda
Malacostraca
Zoëpoda
Chaeto=
gnathi
(Sagittae)
Acant=
cephala

Cyprido=
morpha
Copepoda
Sipho=
nostoma
Euco=
pepoda
Rhynch=
elminthes

(Zoëntoma)
Nemat=
elminthes
Nema=
toda

Pectostraca
(Zoëpoda)
Zoëa

Rhizo=
Cirri=
Zoëa
Scolecida

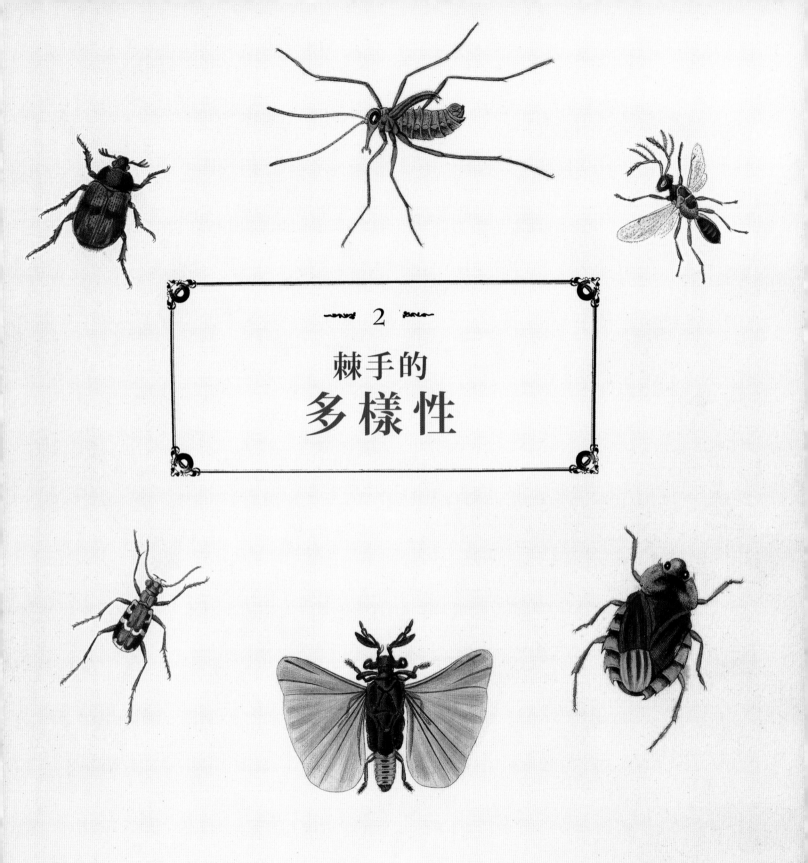

2

棘手的
多樣性

「根據可靠的專家所述，目前所知的昆蟲，
就保存於收藏庫裡的就有四萬種之多。
那麼，這世上的昆蟲物種總數，該有多麼龐大！」

——科比（William Kirby）與斯賓賽（William Spence），
1826年，《昆蟲學入門》

頁 10：《生物體的一般形態》的細節（也請參見頁 23），德國著名的博物學家海克爾（Ernst Haeckel, 1834-1919）於 1866 年出版。

對頁：《蘇利南昆蟲的繁殖與神奇變化》卷首插畫，梅里安（Maria Sibylla Merian）於 1719 年出版（本書為梅里安 1705 年出版的《蘇利南昆蟲之變態》的荷蘭文版，請參見頁 94-96）。插圖內容為一位女性和數名外形像小天使的孩童在細細檢視標本典藏（甚至是爭奪，至少其中二人是這麼做的），透過新古典主義建築元素框起的巨大窗戶，可看到蘇利南的天然景致。

我們生來最早做的事情之一，便是對周遭的世界進行分類。我們學習如何辨認對生存福祉不可或缺的人事物，貼上標籤，且終生都不斷這樣分類。我們所說的第一個詞彙，必然就是在命名和分類，那就是媽媽或爸爸。同理，人類自嬰兒期開始便不停努力去標記和整理我們世界中的事物，藉由給予每項事物一個獨特的名字，我們得以有效率地與人溝通。名字為我們的世界賦予了意義，確實，人生在世，分類至關重要。而分類可以是人為的，僅僅基於方便，又或者是自然的，能反映自然界發生的歷史或物理過程。我們將繁星分組成星座，但那些圖樣並不存在於自然界，而是反映我們對於夜空的認識如何受居住區域和文化的影響。另一方面，我們根據影響星系形狀的物理法則對星系進行分類，例如螺旋狀相對於橢圓狀，又或是基於原子量和相關性質對化學元素進行排列。自然分類可以組織並產生知識，並促進有效溝通，其最終形式也使我們得以建構可檢驗的預測性假說。

凝視自然世界時，其萬千生命豐富的多樣性時常顯得雜亂無章，難以招架，不過，其中仍有規律留待我們發現。演化的歷程會自然而然產生生物性狀的階層排列，如此我們便可從一群生物中區分出另一群物種。親緣關係相近的物種可歸在同一屬，都出自一個最近緣的共同祖先。而關係近緣的屬則可歸至同一科，科又集結成目，目合成綱，綱歸結成門，而最終眾門結合成界。上述即是著名的林奈氏分類階層，由偉大的生物分類學之父林奈（Carl Linnaeus, 1707-1778）所提出的標準階元，這也是我們每個人在小學就已學習，卻又經常忘懷的課堂知識。

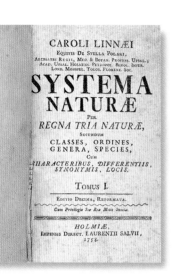

《自然系統》書名頁（1758年版），林奈於1735年出版。在該書中，林奈確立了方法，對世上物種進行階層性分類。

　　林奈為瑞典籍的植物學家兼博士，努力建構所有物種的宏大系統，雖非第一位投入之人，但率先提供了一致且結構清晰的方法，讓物種多樣的性狀可排成一個合乎自然的分類系統。他簡化了生物的名字，採用屬名和種小名的二名式命名，例如我們人類的種名便是「Homo sapiens」。應用二名式命名法，並將物種依林奈氏分類階層進行排列，兩者結合起來，我們在討論自然界的種種時便有了標準化的方法，每個物種各就其位。在此之前，判定兩位作者是否在討論同一物種往往充滿挑戰，

　　林奈系統的誕生使資訊能更精確傳遞。雖然這乍看之下似乎很平常，但是當面對有毒及可食用物種的差異時，其中之一可治癒疾病，另一個則危害生命，這微不足道的小事立即升級為生死攸關的大事。所以首要的第一步是，所有人都對討論的東西是什麼有共識，並取一個各方都認可的名字。誠如林奈的名言：「不知其名，則不得其知識。」林奈的成就高度仰賴學術前輩所記錄的昆蟲學觀察資料，人類智識在數千年間穩步前進，沿途歷經錯誤的起步和倒退，才終於達成此一範式。

林奈氏階層性分類系統

將家蠶（*Bombyx mori*）的分類依林奈氏系統的標準階元列出如下，
每個分類階元隸屬於其更上的一個階層。

界：動物界

　門：節肢動物門

　　綱：昆蟲綱

　　　目：鱗翅目

　　　　科：蠶蛾科

　　　　　屬：蠶蛾屬 *Bombyx*

　　　　　　種：桑蠶 *Bombyx mori*[1]

　　　　　　　俗名：家蠶

上古時期的昆蟲學

　　昆蟲學的觀察報告可長遠追溯至古代，且遠遠早於任何文字紀錄。我們的神話和宗教充斥著與昆蟲有關的描述，昆蟲的生命故事則滲入俗諺及寓言。我們都熟知伊索寓言中的螞蟻和蚱蜢，還有《舊約聖經·出埃及記》中叮咬性昆蟲和蝗蟲給埃及降下災疫的故事。現存最早試圖整理、分類和理解昆蟲的記載出自亞里斯多德（西元前 384-322），這位著名的希臘學者教導過年少時期的亞歷山大大帝、提出形式邏輯的原理，並公認為哲學研究諸多分支之父。亞里斯多德的《動物志》以及其他古典時代的著作，已能正確辨別我們至今仍知曉的許多生物類群，例如區分蜜蜂與胡蜂類、蝴蝶和蛾類、蝗蟲和蟋蟀。雖然隨著時光流逝，這些知識多有增修，然而亞里斯多德的著作仍然在往後的兩千年以某種形式造成影響。在他之後，人們仍持續鑽研昆蟲學，然而作者的討論僅聚焦於實用的主題，只包含那些與人類相關因而最為顯而易見的物種，或者將昆蟲當作道德諷喻。

　　迪奧斯科里德斯（Dioscorides, 40-90）是出身奇里乞亞（Cilicia，現今的土耳其）的希臘植物學家兼醫生，他在暴君尼祿統治期間（54-68）效力於羅馬帝國，著有一本很有意思的藥理學教科書，概括了如何使用昆蟲治療大量疾病。例如罹患三日瘧[3] 的人，可能由於流行性感冒或瘧疾的緣故，會週期性發燒，在書中便將七隻床蝨[4]

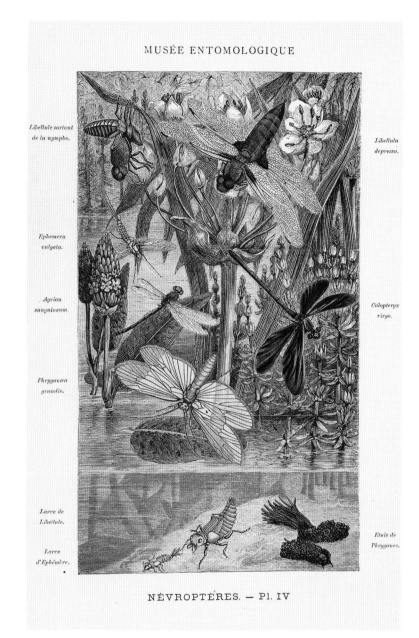

MUSÉE ENTOMOLOGIQUE

Libellule sortant de la nymphe.

Libellula depressa.

Ephemera vulgata.

Agrion sanguineum.

Calopteryx virgo.

Phryganea grandis.

Larve de Libellule.

Larve d'Éphémère.

Étuis de Phryganes.

NÉVROPTÈRES. — Pl. IV

一幅即時捕捉水生昆蟲多樣性的圖像，畫面圍繞著水生昆蟲生命不同階段的棲息環境。橫越圖畫頂部的是基斑蜻（*Libellula depressa*），左側為一隻稚蟲懸吊在水草的葉片上並且正蛻下外皮，右邊是一隻成蟲正在飛行。在中間的部分，最左邊是一隻蜉蝣成蟲，畫面稍左則為一隻紅赤蜻（*Sympetrum sanguineum*），而右側是一隻麗色蟌[2]（*Calopteryx virgo*），底下為一隻大石蛾（*Phryganea grandis*）正飛越池塘的水面。水底下則繪有蜉蝣和蜻蜓的稚蟲（左）以及石蠶蛾幼蟲的巢（右）。圖出自 1876 年出版的《圖解昆蟲學博物館》。

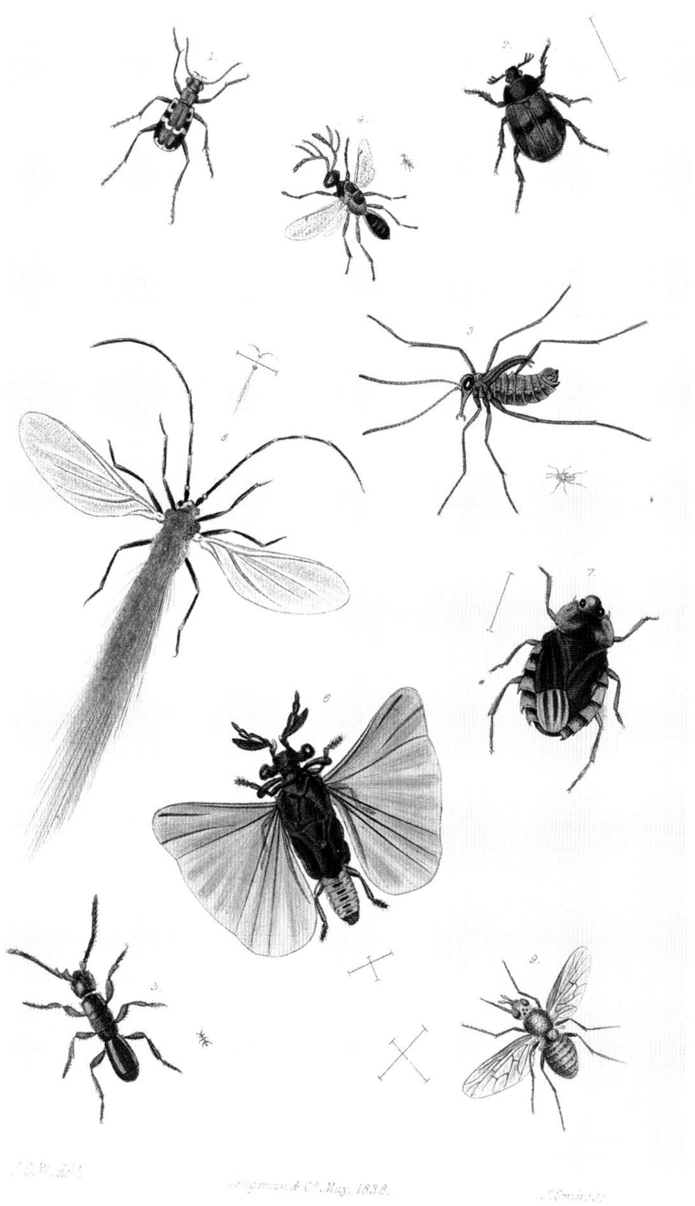

昆蟲卓越的生物多樣性，出自教科書《現代昆蟲分類簡介》，韋斯特伍德（John O. Westwood）於 1840 年出版，圖片為作者親手繪製。從左上起順時針分別為多型虎甲蟲（*Cicindela hybrida*）、韋氏雙歧姬小蜂（*Dicladocerus westwoodii*）、唐氏銅金龜（*Anomala donovani*）、冬花雪蠍蛉（*Boreus hyemalis*）、夏盤椿（*Aphelocheirus aestivalis*）、卡其坦蜂虻（*Phthiria fulva*）、暗黑蜂蝨（*Stylops aterrimus*）、寬橫闊柄錘角細蜂（*Platymischus dilatatus*）、蕁麻旌蚧（*Orthezia urticae*）。

和豆子混入病患食物中來治療，而耳痛則可用地棲性蜚蠊[5]和油製成的酊劑來消除。同時期老普林尼（Pliny the Elder, 23-79）也寫出百科全書《博物志》，眾所周知，這位羅馬海軍司令暨博物學者在維蘇威火山噴發期間死於龐貝城，而他的《博物志》就如同亞里斯多德的著作，在一千多年間都是關於自然萬物最受信賴的資訊來源之一。實際上，老普林尼對於昆蟲的分類整理就是承襲自亞里斯多德，不過關於每個物種的個別生物學資訊有些時候卻相當不同。古羅馬時代的作者總是相當務實，會更廣泛寫下昆蟲對農業的衝擊，而古羅馬時期防治害蟲的方法則可見於農耕和葡萄栽培的相關著作中。然而，那時人類還未領會身邊昆蟲的整體多樣性，也還不理解引人注目並不等於很重要。

昆蟲學，乃至於實際上當時歐洲所有的學術事業，都在西元五世紀末葉西羅馬帝國覆滅時遭受重創。學術活動退縮至修道院內，喪失了羅馬社會的帝國體政曾給予的廣大支持。雖然修道士和經文抄寫者盡所能複寫下當時殘存的知識要素，但是由於專注在探求天啟真理，不那麼在意實徵主義，導致密契主義式的詮釋在當時愈發瀰漫。

在帝國分崩離析的後期，最具影響力和不朽的昆蟲學著作或許就是塞維亞的聖依西多祿（Isidore of Sevilla，約 560-636 年）所寫的《詞源》。《詞源》是百科全書式巨著，因此在動物的章節裡涵蓋了昆蟲。然而，他的看法具有那個時代的特色，且一如書名所示，是用昆蟲名的語源來解釋昆蟲的生物學。這本書影響巨大，據推測為古典

時代晚期被抄錄最多次的文本之一。

聖依西多祿將昆蟲分為幾個迥然不同的種類。「害蟲」包含了甲蟲、蠹蛾、白蟻和蝨子，而「微小飛行動物」則囊括了蜜蜂、蚱蜢、蝴蝶、蟬、蝗蟲和蒼蠅。然而書中的知識其實錯誤百出，且經常使用自然發生說的概念。舉例來說：「虎頭蜂（Scabrones）的名稱取自 cabo，而該字又源於駄馬，因為虎頭蜂就是駄馬生成的」以及「*Bibiones drosophilae*（聖依西多祿所取的昆蟲名字，應該指果蠅）是由葡萄酒產生的生物」。除了這類見解，我們還可以發現巴西利斯克[6] 的實用生物學，那是神話中一種頭部有冠毛的蛇類。此外，作者也深信鳥類一生中會出生兩次。許多中古世紀作家沿著類似的路線前進，儘管每個世紀都會更加悖離古典時期的傳統。不過，正如許多領域，文藝復興也為昆蟲學帶來巨大盛況。

文藝復興時期的
分類和昆蟲

第一本完全只寫昆蟲，特別是昆蟲分類的專書，是《昆蟲及動物七卷》（見頁20-21），由波隆那大學自然科學教授阿爾德羅萬迪（Ulisse Aldrovandi, 1522-1605）於 1602年出版。阿爾德羅萬迪首度提出了查明昆蟲類群的二叉式檢索表，並依其設想，以圖表來編排昆蟲類群。對於當代的讀者來說，阿爾德羅萬迪如此的圖解編排很像對演化親緣關係的描繪。

雖然他在分類時，腦海中不可能有演

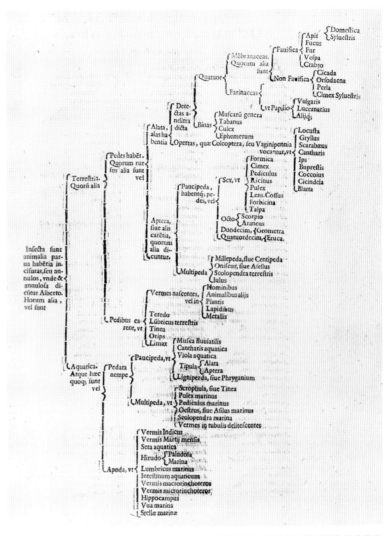

雖然這只是在呈現一種二叉分類法，這種方法可用於確認、組織昆蟲及相關無脊椎動物的資訊，然而這項由阿爾德羅萬迪所提出的階層性分類（出自他最初在 1602 年出版的《昆蟲及動物七卷》〔1638 年版〕）卻相當有先見之明，在數個層面上相當精確地反映了演化關係。

化的觀念，然而在他整理的類群配對中，有好幾組關係即便以現代的分析方法來看，仍是精確無誤的，這也證實了阿爾德羅萬迪卓越的觀察能力。書中有許多木版畫，讓讀者更容易理解。對於納入其分類

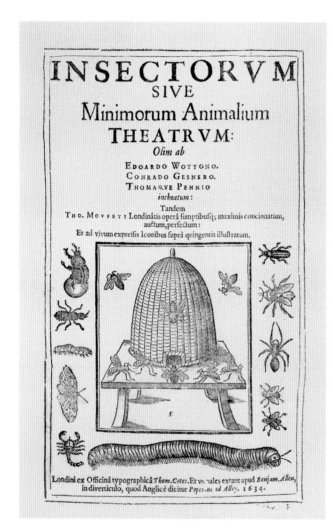

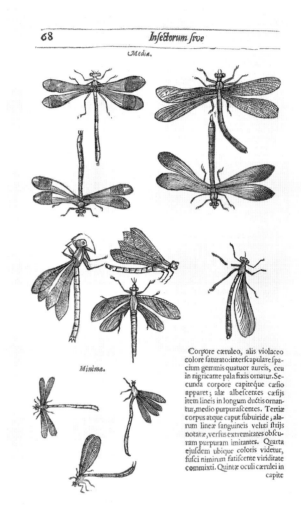

左：《昆蟲或小動物劇場》書名頁，莫菲特於 1634 年出版的該書總結了許多學者的著作，並試圖分類和描述當時已知的昆蟲和其他節肢動物的生物學。這本書在當時由於製作費用過於高昂，因此直到著者過世才出版，莫菲特的原畫均以精緻的木版畫取代，而本書也以這些版畫聞名。

右：莫菲特書中各式各樣的蜻蜓和豆娘（蜻蛉目）的木版畫。

系統的每一個物種，他都盡可能提供生物學資訊，不論這些資料是來自第一手觀察，或者是全面匯編前人文獻。不過有些來自前人的資訊他並沒有徹底審查，就納入了書中。英國醫生莫菲特（Thomas Moffet, 1553-1604）也試圖進行類似的工作，以匯集昆蟲學知識。然而莫菲特於 1634 年出版的

《昆蟲或小動物劇場》在資訊的精確程度或者資料彙整的全面性上卻遠不及阿爾德羅萬迪，即便有些木版畫在精確性上相當值得注意，且還比阿爾德羅萬迪著作中的木版畫還要好，但是其餘部分只能說令人扼腕。

光學儀器與昆蟲

不論是阿爾德羅萬迪或是莫菲特都無從借助顯微鏡來檢視標本。約莫在世紀之交，大概是1599年，第一部光學顯微鏡在荷蘭的澤蘭省米德爾堡（Middelburg, Zeeland）問世，由楊森（Zacharias Janssen，1585- 約1632）或戴博爾（Cornelis Drebbel, 1572-1633）發明，不過究竟誰才真正享有這份榮耀，仍存爭議。由於昆蟲的世界往往不是肉眼的視力所能及，因此顯微鏡這個光學儀器的革命性創新，為人們在觀察昆蟲細節上開啟了全新視野。

雖然雷文霍克（Antonie van Leeuwenhoek, 1632-1723）以首位使用這項科技革新來出版微生物繪圖而聞名，然而他並不是第一位出版顯微鏡觀察成果的人。1609年，伽利略（Galileo Galilei, 1564-1642）就開發了自己的簡易式顯微鏡，並在1611年進入當時相對新穎的科學學會，也就是有名的猞猁之眼科學院（Accademia dei Lincei），該機構由博物學者兼科學家塞西（Frederico A. Cesi, 1585-1630）創立於羅馬。猞猁之眼科學院出版了伽利略早期的一些天文學觀測，包括他於1623年所著的科學研究方法學論文《試金者》，後來也在他遭受教會的異端裁判時為他辯護。

透過伽利略開發的顯微鏡，塞西和猞猁之眼科學院院士——數學家兼醫生的史泰路提（Francesco Stelluti, 1577-1652）一同研究並繪製了三隻蜜蜂，與巴貝里尼家族紋章上三隻一組的著名蜜蜂圖形遙相呼應。這細緻的蜜蜂圖像和其解剖構造於1625年被印製成大幅印刷品，並題為《蜜蜂圖解》，作為聖誕禮物獻給教宗烏爾巴諾八世（Urban VIII, 1568-1644）——本名為巴貝里尼（Maffeo Barberini），這來自猞猁之眼科學院的禮物象徵永恆奉獻。這是首度將顯微鏡觀察到的生物體繪成圖像，而且是幅昆蟲圖像，這相當合理。

塞西其後便以此為基礎，開始將之擴展成《蜂房》一書，但不幸於1630年逝世。史泰路提進一步發展解剖學研究，將《蜂房》併入他的著作《將波西藹斯作品譯成輕體詩並批註》，這是一份關於波西藹斯諷刺文學的文本，意在遮掩書中發表的科學觀察成果，原因是烏爾巴諾八世仍不太贊同這樣的研究。不過昆蟲對於早期的顯

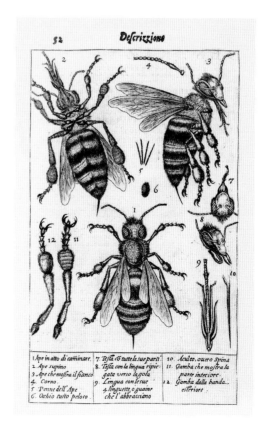

借助伽利略開發的顯微鏡所產出的第一批影像，畫面描繪三隻一組的西方蜜蜂（*Apis mellifera*）。史泰路提繪製了一隻工蜂，從左上順時針開始為腹面、側面和背面，以及更細緻的腿部解剖細節（底部左側）、口器和螫針（底部右側）、頭部（中間右側）和觸角（頂端中間）。圖出自史泰路提於1630年出版的《將波西藹斯作品譯成輕體詩並批註》。此插圖最初於1625年刊印於大幅印刷品《蜜蜂圖解》，該印刷圖譜曾作為聖誕禮物獻給教宗烏爾巴諾八世。

教宗的屠龍者

貴族家庭出身的阿爾德羅萬迪生於當時隸屬於教宗國的波隆那。他的雙親以荷馬史詩《奧德賽》及《伊利亞德》中的英雄奧德修斯（Ulixes，為希臘文奧德修斯 Odysseus 的拉丁文變體）為他命名，而他的手足則名為阿基里斯。阿爾德羅萬迪受到十六世紀義大利迅速發展的科學和人文學科所啟發，在創立於 1088 年，被視為歐洲第一所大學的波隆那大學修習邏輯學、哲學、數學以及法學，並於 1553 年完成醫學和哲學學位。隔年他開始教授邏輯和哲學，不過，他更熱衷於追求自然史方面的學問。他著手創建標本典藏，並傳授自然科學，最終在 1561 年成為大學中第一位自然科學教授。由於沉醉於標本收集，阿爾德羅萬迪創建了充滿大自然珍奇的標本「藏珍室」（cabinet）——這詞彙在當時指的是收藏品。他更在 1568 年創立了該城市的植物園，對公眾開放，至今仍持續運作。

阿爾德羅萬迪總是自信滿滿，甚至自詡是十六世紀的亞里斯多德，而或許不太令人意

上：阿爾德羅萬迪的肖像畫，出自他 1599 年的著作《鳥類學》。

下：《昆蟲及動物七卷》書名頁，阿爾德羅萬迪著，該書為第一本專寫昆蟲的教科書。

外地，他時常與別人意見不合。例如 1549 年他就因異端的罪名遭到逮捕，直到 1550 年才被教宗儒略三世（Julius III, 1487-1555）特赦。1575 年，因為他與波隆那的眾醫生爭執不休，大學將他停職。他的母親是教宗額我略十三世（Gregory XIII, 1502-1585）的表親，這位教宗推行了數項改革，包括下令制訂新曆法以取代儒略曆法，並以這部同名曆法[7]留名於世。儘管阿爾德羅萬迪被聖座逮捕數次，但額我略十三世還是於 1577 年出手干預，並允許他恢復職位。

阿爾德羅萬迪的收藏最終匯集了十六世紀文藝復興時代數一數二多樣的自然物件。不過，雖然他曾以百科全書的形式針對自然史寫下數千頁論述，但是大部分的成果都到他 1605 年去世後才發表。

自然史能成為一門科學，阿爾德羅萬迪貢獻卓著，但他仍舊是他那個時代的人，著作中往往可見種種中世紀的觀念，特別是他 1642 年出版的《怪物史》和 1640 年出版的《巨龍與大蛇的歷史》。事實

上，當時人們都認為阿爾德羅萬迪是龍的專家，所以額我略甫當選教宗的時候，阿爾德羅萬迪就應邀去檢視一頭出現在鄉間、據稱是龍的生物，而他宣稱這對新教宗來說是吉兆。

1602 年的《昆蟲及動物七卷》是他在世時出版的著作，是一部有關昆蟲大小事的百科全書。阿爾德羅萬迪並沒有把寫作題材限縮於實用內容，相反地，他試圖囊括他知道的所有昆蟲多樣性。這是他與先前世代分道揚鑣的起始點，也是很多人奉他為現代自然史奠基者的原因。阿爾德羅萬迪的書可視為第一本昆蟲學教科書，為了呈現他的分類系統，該書甚至收錄了二叉式分類編排，以及像極了演化樹的圖解。不過，阿爾德羅萬迪雖然提倡實徵證據，卻容易受到可疑觀察的影響，邏輯推理也顯得有些跳躍而不可信。據說，為了證實蜜蜂是公牛屍體所生成的這個古老信念，他解剖了五隻雄蜂，在每一隻的體內發現微小的公牛頭，清楚且無可辯駁地證實了該假說。幸好，不用再過多少時日，昆蟲蛻變的奧秘將公諸於世。

阿爾德羅萬迪書中的蟋蟀、螽斯和草蜢木版畫。

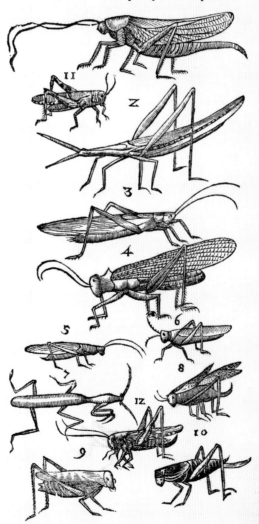

A verò viridi, & subalbido variat. Tibia, ac pediculi instar serræ dentati, dilutè puniceæ suæ. Alæ media sui parte vltra extremam aluum in longum protenduntur, quaternæ. Harum binæ superiores fusco, & balio maculosæ. Inferiores ex fusco argenti splendore micant, ac à volatus officio cessante insecto, minimè vt illæ simplices sunt, sed decuplo rugarū ordine in se complicatæ, quomodo mantilia extergendis manibus dicata, & puerorum illæ ex charta laternæ viæ duces, multiplici plicarum serie sibi mutuo incumbentium componi solent, quas cùm ad volatum explicat, in trium digitorum latitudinem distensas est intueri.

Secunda Tabula duodecim habet Locustarum diuersas species. Prima è maiorum genere dorsū habet colore ochræ nigris minutis pūctis, siue guttulis consperso. Alarū tegmen viridescit, & eiusdē coloris, & magnitudinis punctulis notatur. Caput, pectus, & aluus, it ē pedes viridi, ochroq; variāt. Aluus in aduncū aculeū orhræ colore desinit ; capite Perlis similis est. Anténas habet mirè lōgitudinis, & tenuitatis, rubicūdas subrutilas. Nu. 2. Locusta capite, & antennis Cochleā, siue Domiportā æmulatur. Capite, nisi oculi id proderēt, carere videretur.

Anténæ crassæ sunt, & crassa quoq; admodum femora posteriorum pedum. Alas habet corpore protensiores. Vndiq, concolor sibi. Color est cinereo flauescēs. Num. 3. Locusta est è genere vulgarium, vnicolor, viridis, præter anténa s, quæ lutescunt. Quarta tricolor Locusta vocari potest. Vulgo Frate hoc est monachus nominatur, nō ob colorū diuersitatem, sed quòd cucullata est. Caput collum cucullatum, pectus, & femora posteriorum pedū sunt viridia. Tibiæ verò eorundē pedum sanguinei planè coloris: cætera omnia cinerea. Antennæ exiles, sursū erectæ. Quinta ex aculeatarū, siue caudatarum genere, vbiq; vnicolor, viridis. Num. 6. ex atro cinerea, vndiq; sibi concolor est. Septima ἀπτερος, Bruchus dici potest, fœtū illius maximæ, quæ primo loco in prima tabula spectatur, esse puto: nam etiā gibbosa est, & priores pedes, è pectoris initio è gibbi, seu tuberculi regione, producit, & viridis est tota. Num. 8. ea videtur, cuius descriptionem supra dedimus ex authore de natura rerum: nam aculeum habet pro cauda, vt ille loquitur, & tota viridis est, caput equino capiti simile. Tales Hollandi, vt audio Corenmesen vocāt. Tales ego propriè legitimas

Mm 3   Lo-

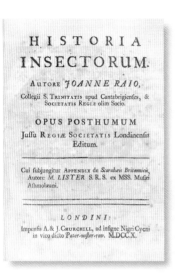

HISTORIA INSECTORUM.
AUTORE *JOANNE RAIO,*
Collegii S. Trinitatis apud Cantabrigienses, &
Societatis Regiæ olim Socio.

OPUS POSTHUMUM
Juſſu Regiæ Societatis Londinenſis
Editum.

Cui ſubjungitur Appendix de Scarabeis Britannicis,
Autore M. LISTER S.R.S. ex MSS. Muſei
Aſhmoleani.

LONDINI:
Impenſis A. & J. CHURCHILL, ad inſigne Nigri Cycni
in vico dicto Pater-noſter-row. M.DCC.X.

《昆蟲史》書名頁，雷伊於1710年出版，該作品展示出無數昆蟲的生物學觀察，並強烈影響那些追隨雷伊進行分類學工作的學者，例如林奈。

微鏡學家依然是極具魅力的題材，英國博物學家虎克（Robert Hooke, 1635-1703）於1665年出版的著名專著《顯微圖譜》就刊載了很多昆蟲特寫，該書使用的顯微鏡比猞猁之眼院士更為精良。

後期的分類：
物種、分類階層和演化

有關昆蟲的文章雖然已發表了不少，但其中對於昆蟲分類較具變革性的成果，是在作者雷伊（John Ray, 1627-1705）逝世後於1710年出版的《昆蟲史》。雷伊為英國博物學家暨神學家，對於植物學和昆蟲學異常感興趣。他率先以生物學的概念來解釋是什麼構成了「物種」，在他的時代，這實屬驚人。簡單來說，雷伊認為所謂的物種就是起源自同一個先祖的所有個體，這觀念在形式上相當新穎，而且類似直至1942年才被奉為圭臬的生物種觀念，令人讚嘆。這有先見之明且簡潔明瞭的物種定義，若擴寫到更大規模，實質上便是演化本身的藍圖。

而最終，這悠悠的思想傳統孕育了林奈與他在生物分類上的革新。事實上，莫菲特和雷伊等作者影響林奈甚鉅，以至於林奈仍採用了他們使用的許多特定昆蟲類群名或物種名。雖然林奈就如同他之前的作者，並非就演化的譜系來構思昆蟲的分類，但是他們卻無意間認出那歷久不衰的模式，反映了隱含的演化。演化的過程和機制，即先祖物種的族群內因變化而出現分化，生出全新的後代物種，也自然而然

產生了分類階層這項副產物。因此，簡單來說，我們發現所有節肢生物均擁有外骨骼、擁有大顎的節肢生物都有大顎作為主要的進食附肢、所有昆蟲都有六隻腳和三段軀幹分節、蝴蝶和蛾類的翅上都擁有鱗粉等等，每個物種與關係最親近的共同先祖和該先祖的眾多後代都有共同的一系列獨特性狀。

在演化思想出現之前，學者對這觀察到的現象，也就是自然萬物為何會呈現此等階層性排列，無不苦苦尋求解釋。某位孤僻的甲蟲收藏家整合這一切，將幾千年以來的生物性狀觀察與族群及發育生物學、地理分布模式、行為、地質史等結合起來，得出的統合概念便是：物種起源於已滅絕的先祖物種，過程包括自然發生的變異而導致的區隔、程度不一的生存率（也就是說並非所有個體都有相等的存活機會），以及面對氣候變遷、捕食，或是任何可影響繁衍成功率的因子所形成的特化。而那些在環境變化中存活下來的變異個體，會把性狀傳給下一個物種，周而復始。其餘個體將消亡，被放逐到滅絕的編年史之中。這就是達爾文（Charles R. Darwin, 1809-1882）明確闡述的演化發生的可行機制，並永遠改變了我們對於周遭世界的理解。達爾文幫助我們認識到，所謂的自然分類，便是可精確反映演化所建立的深層關係的分類系統，並且因這樣的新認知，而發現「生命如此莊嚴壯闊」。

要理解、歸類昆蟲間的演化關係，並非簡單的任務，這有一部分是因為昆蟲的數量太龐大，如前文所述。而通往昆蟲那悠長過往和相連譜系的線索，則刻在解剖

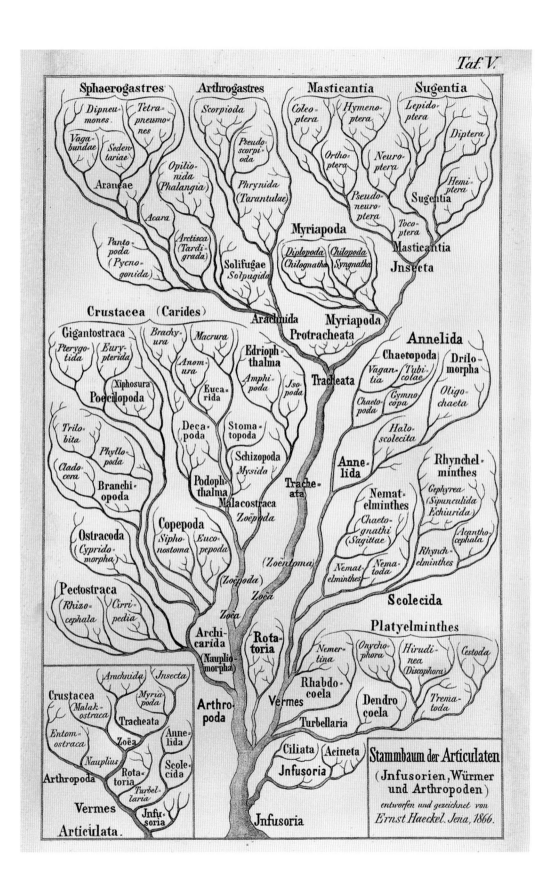

達爾文革命後，針對有關節無脊椎的動物所描繪的譜系關係。節肢動物沿著樹形圖的左邊和頂部構成巨大分枝，昆蟲則越過多足類，落在右上角落。圖出自海克爾所著的《生物體的一般形態》。

綠鳥翼鳳蝶（*Ornithoptera priamus*）的翅翼引人注目，是數以百萬計現存昆蟲物種的一員，這些物種共同證明了昆蟲的巨大成功及古老歷史。圖出自《鳥翼鳳蝶屬圖譜》，里彭（Robert H.F. Rippon）於1898年出版。

結構及深層基因體中，如今的昆蟲學家綜合這些迥然不同的資料，試圖揭開昆蟲演化史的整體觀。現今昆蟲的演化分類深植於昆蟲研究的歷史，雖然這些新穎的發現提升了我們的理解，然而許多早期研究者僅憑藉著古樸工具，就正確鑑別這樣的重要區分，著實成就非凡。在某些情況下，一個世紀或更久之前的發現已經夠完整，我們無法再進一步修正。

試想主要的昆蟲類群，例如蜚蠊、蚱蜢、甲蟲、蜂類或蒼蠅，這樣的區別坐落於科學家所認知的分類階元「目」，在林奈氏分類階層中低於昆蟲綱，高於形形色色的科群。果蠅科、蜂虻科、食蚜蠅科和家蠅科這些科群的例子，則全數隸屬於雙翅目（蚊蠅類）。不過，早在這當中任何一類昆蟲存在之前，牠們最初的先祖就已列於第一批登岸上陸的動物之中，這些原始昆蟲生活於四億一千萬年前，當時的地球與我們現今的環境有天壤之別，以至於牠們看起來就像異形。

在泥盆紀初始，約略是四億二千萬年前，陸地動物的主宰為節肢動物。牠們最初生活於海洋中，其中一些特定的原始節肢動物類群演化成了陸生物種，在一些早期植物離開水下並開始拓殖於陸地後現身。此時的世界還沒有森林、原野或草地，而原始陸生植物的外形仍相對簡單，缺乏葉子等我們認為現今植物相中極具指標性的構造。相反地，早期的陸生植物很矮小，酷似今日家庭花園中的花床，缺乏根系且無法遠離水源。而脊椎動物，或更精確地說是兩生類，則尚未加入這些陸地上的昆蟲，要等到更晚期且陸生植群發展得更加

成熟之後才登上陸地。

泥盆紀結束前夕，約莫在揭幕的六千萬年後，有機質豐厚的土壤開始出現，進而能養活蕨類植物大型先祖所構成的森林，以及充滿活力的昆蟲，這些昆蟲多數能憑藉兩對膜質翅移動。然而，在此種種之前、在翅膀與飛行出現之前、在樹木枝葉出現之前、在我們的星球土地遍布綠意之前，昆蟲早已降生於世了。這些六足生物的故事已經展開，而任何一位凝視原始地球的人將無法料想到，在一切生命的多樣性中，竟然是由這動物群統領世界。

譯註

1：Mori 源自桑樹的屬名（*Morus*），由於生物學名的屬名與種名的字尾性屬須一致，而蠶蛾屬（*Bombyx*）的字尾是陰性，因此家蠶的種名為字尾陰性的「*mori*」。植食性生物類群在取學名時常援引其寄主植物的學名。

2：麗色螅又稱為闊翅豆娘。

3：三日瘧是發作間隔時間為 72 小時的瘧疾，故名。

4：床蟲俗稱臭蟲，雖然名字叫做蟲，實際上是半翅目異翅亞目，與椿象關係較為接近。

5：蜚蠊也就是蟑螂。

6：巴西利斯克（basilisk）又叫蛇尾雞或者有翼蜥蜴，相傳是一種劇毒小蛇。

7：也就是格里曆。

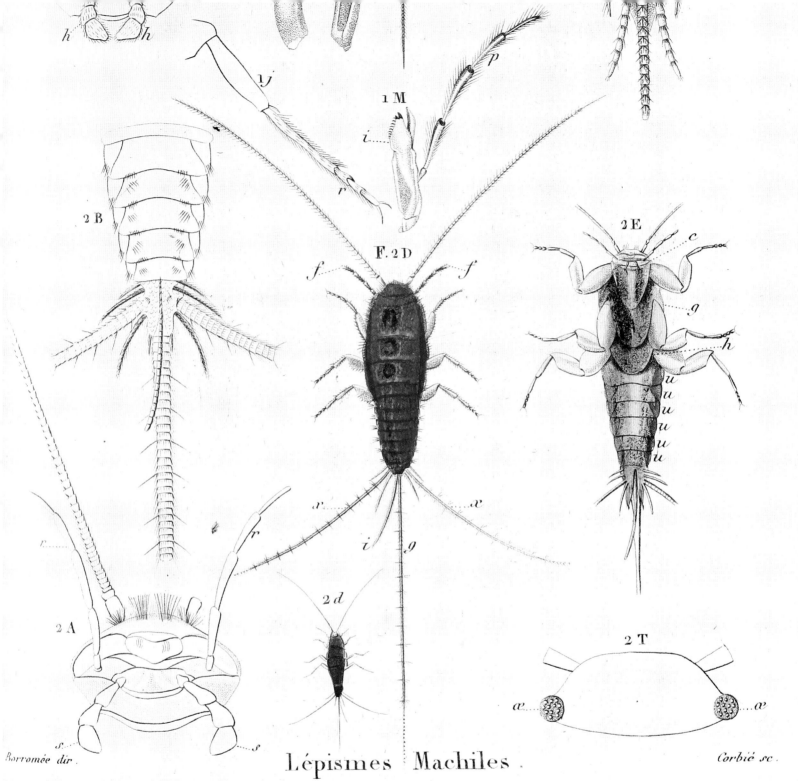

Lépismes Machiles.

Lépisme Ablette F. 1 D un individu grossi. x-x et g soies articulées. i le plus long des appendices mobiles. 1 d le même individu de grandeur naturelle. 1 t levre supérieure ou chaperon. 1 T la levre inférieure. s-s les palpes labiaux. 1 M une machoire séparée. i l'extremité de la machoire. p le palpe maxillaire. 1 m les mandibules séparées. a une mandibule ou du côté extérieur. b une mandibule vue du côté intérieur. 1 j la jambe. r le tarse. 1 l la langue. Lépisme aphie F. 2 D un individu grossi. x-x les soies articulées latérales. g la soie articulée du milieu. i le plus long des appendices mobiles. f-f les palpes maxillaires. 2 d le même de grandeur naturelle. 2 E le même vu en dessous grossi. c le prothorax. g mésothorax. h le métathorax. u-u segmens. 2 T la tête. x-x les yeux. 2 A la tête vue en dessous. s-s les palpes labiaux. r-r palpes maxillaires. 2 B extremités du corps. Machile gra

3

最早的六足

「『在你來的地方那裡，有什麼昆蟲是你喜歡的呢？』蚊蚋問道。
『昆蟲我全都不喜歡耶……』愛麗絲解釋說，『我還滿怕昆蟲的，
至少怕那些大型昆蟲。不過有些昆蟲的名字，我還是可以告訴你的。』
『叫喚昆蟲的名字，昆蟲當然會回應……是這樣嗎？』蚊蚋淡漠地說。
『我可不知道牠們會這樣做。』
『牠們到底要名字做什麼呢？』蚊蚋問道。『如果牠們不會回應叫喚的話。』
『是對牠們沒用處。』愛麗絲說，『但我想，那對給牠們取名字的人有用。
要不是這樣，為什麼東西通通都有名字呢？』」

——卡羅（Lewis Carroll），《愛麗絲鏡中奇遇》，1871年

頁 26：《昆蟲的自然史‧無翅類》細節（也請參見頁 39），沃爾肯納爾（Charles Athanase Walckenaer）於 1837 年出版。

對頁：原始無翅六足節肢動物。彩色標本圖從左上往下依序為一隻球狀的圓跳蟲、類隱雙尾蟲（*Campodea staphylinus*）、土衣魚屬（*Nicoletia*）的一種，以及曲胸鱗長跳蟲（*Lepidocyrtus curvicollis*）。圖出自沃爾肯納爾的《昆蟲的自然史‧無翅類》。

在卡羅的《愛麗絲鏡中奇遇》中，愛麗絲發現自己縮小到一般昆蟲的尺寸。她坐在樹下時，和一隻彬彬有禮的蚊蚋聊起昆蟲命名法。愛麗絲禮貌地說出她最熟悉的昆蟲名，例如蝴蝶和蜻蜓。雖然愛麗絲能夠不假思索地說出一些昆蟲的俗名，但在最原始的六足生物中，有些物種是普通人極少遇到的，以至於幾乎只有林奈式學名，而這些名字，愛麗絲可能想都想不到。事實上，愛麗絲舉出的所有例子都是能飛行的昆蟲，但是在遙遠的過去曾有一段時日，昆蟲尚未演化出纖薄輕盈的翅翼，那是鳥類和恐龍降生之前，也是脊椎動物尚未離開海洋並行走於大地之時。初期的無翅六足類生物有少數後代存活至今，並

且發展出自己的生活方式。牠們僅在地面棲息，後來其他昆蟲才演化出飛行能力。很遺憾，我們大多不熟悉牠們的名字，又或者牠們從來不曾有俗名。

如今僅有五個生物類群能代表那些不曾能夠飛行的原始六足動物的後代。其中有三個隸屬於面部可摺疊縮攏的內顎類（見頁 7），雖然擁有六隻足，並且是真昆蟲類（或者說是昆蟲綱）的姐妹群，然而內顎類卻絕非真正的昆蟲。組成內顎類的三個目包含彈尾目，俗稱跳蟲，以及雙尾目和原尾目，這兩個目連俗名都沒有「（雖然近期有些人提出了雙尾目和原尾目可能可以援用的俗名，然而還未廣為人知，即使在昆蟲學家之間也一樣）。五個

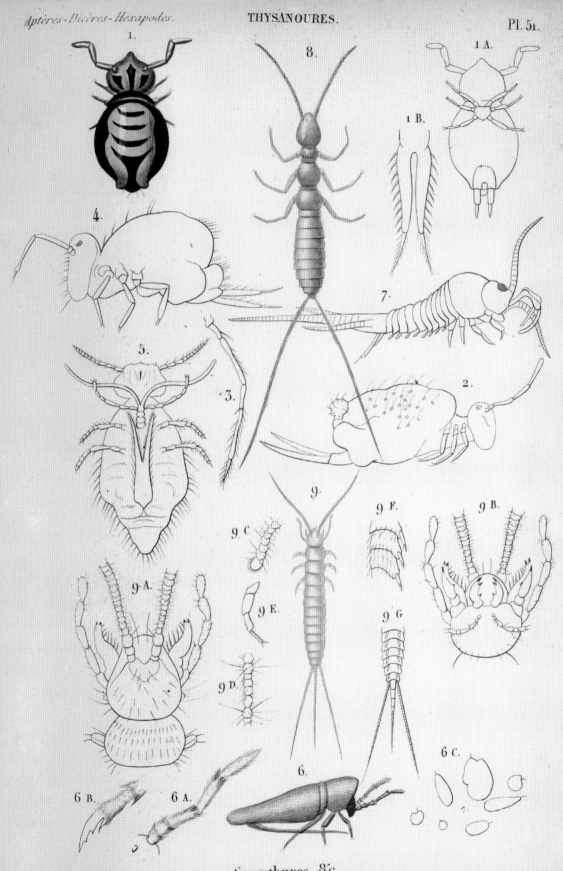

Smynthures, &c.

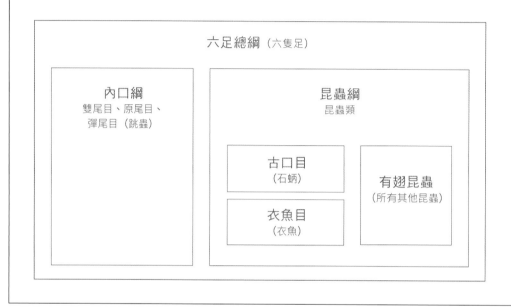

六足總綱階層性分類系統

以下將六足類的生物多樣性整理成一系列階層性分類類群，
其中人們最熟悉的便是昆蟲類，尤其是有翅的昆蟲類群。

六足總綱 (六隻足)

內口綱
雙尾目、原尾目、
彈尾目 (跳蟲)

昆蟲綱
昆蟲類

古口目
(石蛃)

衣魚目
(衣魚)

有翅昆蟲
(所有其他昆蟲)

生物類群的其餘兩類就是真正的昆蟲了，那便是石蛃和衣魚，分別隸屬於古口目和衣魚目。雖然這些小動物可以疾行、攀爬，甚至跳躍，卻沒有一個能夠飛行。而我們就像愛麗絲一樣，即便常想起昆蟲的俗名，卻偏愛那些有翅類群。

除了上述物種，當然還有其他無翅昆蟲，例如工蟻、跳蚤，以及更多形形色色的類群。然而在這些物種的案例中，所謂的「無翅」，都是具有飛行能力的先祖在演化歷程中「失去」翅膀的結果。不過內顎類、石蛃、衣魚及其所有始祖，卻從未擁有翅膀，因而被視為是真正的無翅類群。在其他昆蟲以膜質化的翅膀升空前，

這些原本就沒有翅膀的六足部族早已繁衍許多世代，抬頭望著那些飛行的昆蟲，會覺得牠們是年少的後進。

早期的博物學家，例如阿爾德羅萬迪（見頁 20-21），時常疏於留意這些六足小動物，或者僅概略地將其歸類成一群沒有實用價值也沒有害處的蟲子。阿爾德羅萬迪之後的博物學者則開始熱衷於了解所有昆蟲，不再只注意那些明顯有益或有害的類群。不過他們發現，若要用解剖細節來區分某些昆蟲類群，會相當困難。這部分歸因於牠們的微小體形，這些無翅六足生物的體長大多小於一公分，且通常遠遠小於一公分。在 1758 年的《自然系統》中，林

奈十分強調以昆蟲翅膀的各種形式來定義他分類的目別，並將所有無翅昆蟲全歸入一個籠統的類群，命名為無翅目（Aptera），該名源自「沒有翅膀」的希臘文單字。很遺憾，在進行這項分類時，他不僅將本來就無翅的六足生物歸在同一類，還把其他無翅的節肢動物全都放進去，結果造就一個毫無意義的生物類群，成員迥異且顯然不近緣，包括白蟻、蝨子、跳蚤，甚至蛛形類和甲殼類。這個大雜燴並不是由什麼真正將他們結合的事物所定義，相反地，只反映了一件事：他們都不是飛行昆蟲。

林奈被翅膀迷了眼，未能意識到無翅六足生物、蛛形類、甲殼類在體制上的差異具有重大意義。直到後來，分類學家才開始重視這些類群的演化獨特性。

這些原本無翅的昆蟲遍布世界各地，雖說有些類群的數量在溫帶或是熱帶區域的棲息地比較多，也比較常見。他們腹部的底面大多具備稱為「囊器」（eversible vesicles）的小型構造，這些微小的肉瓣會因體內的血壓而外翻，用以吸收水分。毫不意外，原本無翅的六足生物大多住在潮濕的棲地，鄰近水源，有些種類甚至住在水面上。若說到所有昆蟲的先祖看起來可能是什麼樣子，那石蛃和衣魚必是最佳範例。他們保留的許多性狀，和昆蟲綱其他成員相比，更加原始。舉例來說，石蛃、衣魚及多數內顎類終生會不斷蛻皮，包含性成熟之後。相對地，其他昆蟲類群在性成熟之後便不再蛻皮，但有一個著名的例外，我們之後會特別提到。此外，不同於石蛃和衣魚以外的其他真昆蟲類，內顎類、石蛃和衣魚並不會交配，而是由雄性製造的一個構造來間接傳遞精子，稱之為「精包」（spermatophore），這是一個內含精子的小包裹，裡面有適合精子的環境，能讓精子在體外生存。之後雌性個體會收集精包，放入體內，完成受精。精包經常包含各種養分，用於滋補雌蟲和卵。

內顎類：
雙尾目、原尾目，
以及彈尾目

由於內顎類生物太不常被昆蟲學家以外的人遇到，以致大多沒有俗名。這些物種大多居住在土壤表層，或者植被、腐朽樹皮的下方，並且經常鄰近水源，例如河流或池塘邊。誠如其名「內口綱」

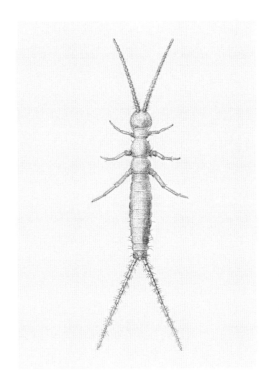

嬌小且植食性的雙尾蟲，例如類隱雙尾蟲（Campodea staphylinus），很少被注意到，已知物種不超過兩百個。圖出自《彈尾目和纓尾目專著》，盧伯克（John Lubbock）於1873年出版。

無翅六足類勛爵

維多利亞女王（1819-1901）在逝世的前一年下令頒布制誥，冊封盧伯克爵士（1834-1913）為第一代埃夫伯里男爵。該頭銜是為了表彰盧伯克保存不列顛地區最大的新石器時代遺址，也就是「埃夫伯里遺址」（Avebury）。為了防止遺址受到破壞，盧伯克直接買下該區域，並以國會議員的身分推動立法，保存了許多史前遺址，而這也是英國國內首部遺址保存的法案。

盧伯克是徹頭徹尾的文藝復興人，雖是銀行家、政治家，但真正的興趣是科學，特別是考古學和昆蟲學。事實上，正因他對考古學和昆蟲學的貢獻如此之高，我們難以相信他還有時間做這麼多其他的事情。我們今日對於石器時代人類又分舊石器時代和新石器時代的概念，便是盧伯克在著作中首次清楚提出的，而且還在1870年的著作《文明的起源和人的原始狀態》中，將達爾文的演化觀念應用於人類及人類文明，以其時代而言非常驚人。另外，盧伯克在為著作取名

時，甚至大膽模仿達爾文1859年的里程碑著作，取名為《論昆蟲的起源和變態》（1872年）。事實上，盧伯克定期與住得離他不遠的達爾文通信，且在1882年達爾文於西敏寺的葬禮上擔任抬棺人。

約翰·盧伯克爵士，第一代埃夫伯里男爵。根據威爾斯（H. T. Wells）1896年的鉛筆畫複製。

盧伯克在1882年寫了一本特別令人喜愛的書籍，內容涉及螞蟻、蜜蜂、胡蜂的生物學及許多主題。而在他昆蟲學的眾多成果中，最非凡的則是一部原始無翅六足類專著，配有精美插圖。在這部作品誕生

之前，這些生物全被歸入一個很人為的分類群，稱為「纓尾目」（Thysanura）。該名字起源於希臘文「thysanos」，意為「綬、纓」或者「流蘇」，而「ourā」則指「尾部」，合起來指的是衣魚和石蛃那流蘇狀的尾部（見頁38-41）。盧伯克率先釐清了這些古早六足生物間的眾多差異，有鑑於牠們體形很小，當時的科學光學儀器又相對粗糙，這並非易事。事實上，多數時候，研究者都依靠反光鏡反射的燭光來照亮顯微鏡，或除了用手持放大鏡盯著這些細小節肢動物看之外，再無其他設備。

然而，盧伯克還是憑藉這些簡單工具，意識到這些原始六足生物的分類群並不合乎自然，也就是說，牠們並非彼此最近緣的親戚。他也正式劃分了兩個分類群：彈尾目，囊括了跳蟲（在他進行研究時，內顎類的原尾目和雙尾目還無人知曉），以及範圍更加狹窄的纓尾目，僅包含那些無翅的真昆蟲類別，也就是日後獨立出來的古口目和衣魚目。盧伯克

創造了彈尾目一詞，首次認知到牠們缺乏衣魚和石蛃那流蘇狀的尾部。

　　在 1871 年的著作《彈尾目和纓尾目專著》裡，盧伯克描述了許多新物種，探討其演化，前所未見地闡述這些生物的形態學及解剖學與其自然史的關聯。盧伯克準備了這些解剖細節的草圖，但書中許多美麗插圖都出自他人之手。該書用的是石版印刷，有些畫作為手工繪製，由霍利克先生（Mr. A. T. Hollick）完成。盧伯克說：「他是紳士，雖不幸聾啞，卻憑藉天賦克服這些可怕的劣勢。」盧伯克熱烈感謝霍利克畫出這些「美麗而精確的作品」。十九世紀有很多華美的圖冊問世，但都耽溺於豔麗的蝴蝶和花哨的甲蟲，而這部獨特著作卻鍾愛跳蟲、衣魚和其近親身上那些不為人知的奇觀。吾人或許可斷言，原始無翅六足類的系統化分類正是由盧伯克奠定，這也讓他在昆蟲演化生物學的貴族名冊中成為首位「無翅六足類勛爵」。

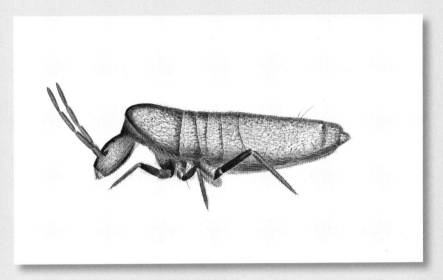

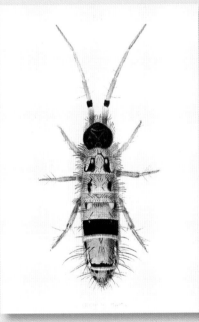

最上：駝背而修長的曲胸鱗長跳蟲（*Lepidocyrtus curvicollis*），體色為細緻的銀藍、銀灰色。霍利克為盧伯克專著所描繪的插圖。

下右：盧伯克是十九世紀少數能欣賞原始無翅六足生物那纖細之美的學者之一，例如這隻微小的球跳蟲——玄色鋸跳蟲（*Ptenothrix atra*），以及牠們錯綜復雜的生物學和解剖學。

下左：盧伯克專著中有許多跳蟲（例如這隻環帶長角長跳蟲 *Orchesella cincta*）、雙尾蟲、衣魚、石蛃的精彩插圖，都是出自霍利克這位聾啞畫家。

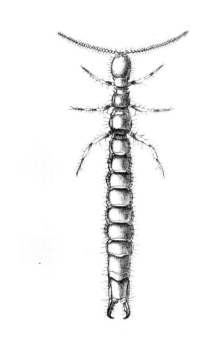

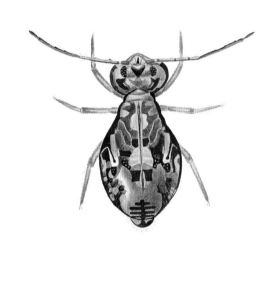

Papirius ornatus.

（Entognatha）所暗示，牠們的口器會摺入頭殼內名為「顎囊」（gnathal pouch）的囊袋狀構造──「ento」意為「內部的」，而古希臘文的「gnáthos」則指「顎部」。

　　雙尾目約莫一千個已知種類裡，大部分的體長為二到五公釐（雖說極少數種類幾乎長達十倍），可分為兩大基本類型：植食性，軀體後端有修長且多段分節的副肢，稱為「尾毛」（cerci），這樣的構造近似於觸角或成對的尾部；肉食性捕食者，且尾毛縮短特化為成對的結實鋏狀構造，可用於抓牢獵物。雙尾蟲母親會護衛卵和孵化後的幼體，然而這項天職卻可能很危險，因為有些孵化後的幼體會同類相食，並啃食親代。

　　同樣鮮為人知的原尾目則由約五百個物種組成，這些物種真的非常小（體長小於二公釐），且整體都很奇特古怪，人類直到 1907 年才發現。不過，已故的瑞典籍昆蟲學家圖克森（Søren L. Tuxen, 1908-1983）就是受這些生物啟發，將大半職業生涯投入原尾目研究，於 1964 年寫成至今都最為可靠的原尾目專著。這物種似乎為特化的植食者，以真菌為食，特別之處是失去觸角，而以前足為感覺器官。儘管原尾蟲是六足生物，但行走時前足會於前方舉起，僅用四隻腳走路。

　　在內顎類家族中，雖然最後才提到但同樣很重要的成員是彈尾目。牠們是內顎類中多樣性最高的類群，有大約九千個物種，也是唯一擁有俗名的內顎類成員──「跳蟲」。一般推測，跳蟲與原尾目是近

緣物種，雖然當中的證據仍不一致。全球各地都有跳蟲，即便是似乎並不適合棲息的極區、高山之巔和洞穴深處。雖然少數跳蟲可成長至二十公釐以上，大多數物種的體長遠遠小於這個尺寸，甚至短於三分之一公釐。牠們通常是腐朽物質和真菌的清除者，也有少數是以各種微生物為食，例如纖細的蠕蟲或其他微小的節肢動物。跳蟲的觸角相對來說較為簡化且粗短，軀體要不是球形，就是略呈圓筒狀，並且通常有花紋或色彩。舉例來說，最大型的跳蟲是巨型跳蟲屬（*Tetrodontophora*）的成員，體色通常為明亮、絲絨般的紫或藍。牠們經常群聚在洞穴內，或者池塘和溪流邊。

有些跳蟲並不只是住在淡水附近，而是就生活在水面，因此實際上是相當水棲性的。整體來說，彈尾目的外骨骼具疏水性，碰到水的時候不容易淹沒而溺斃。半水棲的彈尾目物種在剛毛間與腳上有進一步特化的構造，不會破壞水的表面張力。有些物種甚至還有其他特化構造能控制在水上的移動，雄性也會製造特殊的精包，這種精包可停留在水面上，等待雌蟲收取。內顎類家族中，彈尾目不只物種最為多樣，數量也最龐大。在環境適宜的地方，牠們通常會數以百萬聚集在一起。我們雖然尚未完全知曉這樣群集的目的，但似乎是環境特別適合繁殖的結果，以及播遷到新棲息地所導致。

「跳蟲」[2]這個名字直指該目奇特非凡的快速移動機制。除了三對足以外，跳蟲在腹部底側擁有一個如假包換的彈簧，鬆開時，能將蟲體投擲到空中，距離往往相當遠，有些跳蟲甚至可飛躍體長的八十倍之多。當今人類的跳遠世界紀錄，不過稍稍超過 8.95 公尺，也就是人類平均身高的五倍左右。試想人類能躍過約 142 公尺，且不需要助跑，那約莫便是這些跳蟲的成就。

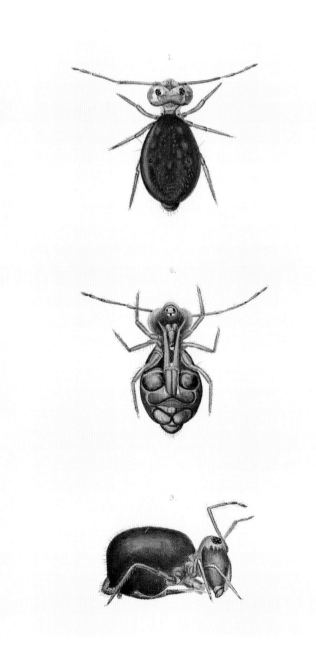

球狀的暗色偽圓跳蟲（*Dicyrtoma fusca*）的背面圖、底面圖和側面圖。可見到彈簧狀構造的成對雙臂摺疊在下方，使牠們得以彈跳。圖出自盧伯克專著。

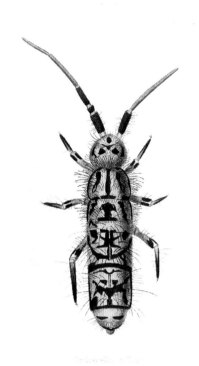 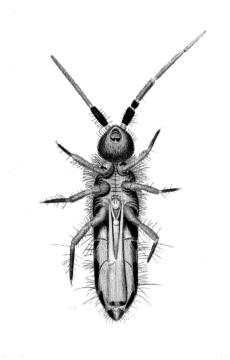

跳蟲腹部底面接近尾端處，有一個由成對的腹部副肢癒合而成的構造，名為「彈器」（furculum），是彈簧實際上的活動部位。彈器向前方摺疊，並且以一個小小的扣鎖構造──「抱鉤」（retinaculum），緊緊地固定。抱鉤的位置更加靠前，在腹部中間。抱鉤固定時，會儲存相當大的彈力位能，跳蟲受到干擾的那一刻，位能迅速釋出，這個力量會將跳蟲推向空中。這個播遷的方法並非飛翔，因此牠們不應該被看作是飛行動物。跳蟲在空中無法控制動作，也沒辦法滑翔或掌控落地方向，很可能掉到比起點更差的地方。不過跳躍通常夠快夠遠，尤其一連串跳躍後，可脫離任何險境，或者播遷至新的棲息地。跳蟲相當微小且輕盈，常在跳躍時捲入氣流。

牠們可能會乘著風，降落至遙遠的島嶼、山嶺之巔，或其他地方。憑藉著成為「空中浮游生物」，跳蟲這群細微且常被忽視的征服者得以成功拓殖全世界。

這種裝載著彈簧進行的移動方式非常古老，有一種跳蟲的遺骸是六足生物最早的化石證據之一。先行者萊尼跳蟲（*Rhyniella praecursor*）是泥盆紀早期的微小跳蟲，生存於距今約四億一千萬年前，其化石完整保存了牠的彈簧和扣鎖構造。吾人因而得以想像，很久以前，這些早期的六足生物已經在那看來很怪異的世界裡跳來跳去。那時森林尚未遍布我們的世界，最高大的植物也不過是那些構造相對簡單、沒有葉子、長在水源附近的維管束植物，動物也才剛剛登上陸地。

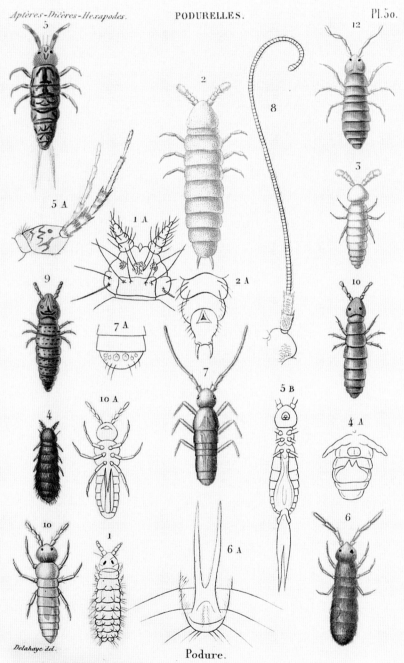

Podure.

Anoure tuberculé, F. 1, grossi. 1 A, sa tête en dessus.   Lipure ambulante, F. 2; A, extrémité post.^{re} en dessous.
Lip. volvaire, F 3, Ochorute aquatique, F. 4; A, abdomen en dessous.   Orcheselle histrion, F. 5; A, ses antennes; B, corps
vu en dessous.   Heterotome vert, F. 6;   Macrotome agile, F. 7; A, extrémité de l'abdomen montrant quelques écailles.
Tête du Macr. longicorne, F. 8.   Isotome spilosome, F. 9,   Isot. puce F. 10.   Isot. Desmarest. F. 11.   Isot. Nicolet, F. 12.

Delahaye del.

琳琅滿目的彩色跳蟲（彈尾目）。圖出自沃爾肯納爾的《昆蟲的自然史・無翅類》。

第一批真昆蟲類
古口目和衣魚目

其餘六足生物則全隸屬於真昆蟲類，或者說隸屬於昆蟲綱。昆蟲中最早分化出來的類群是石蛃和衣魚，那時翅膀和飛行都還未出現，而牠們也有各自獨立的目別分類。古口目包含石蛃，英文俗名為「鬃尾」（bristletail），有時也稱為「跳鬃尾」（jumping bristletail），而衣魚目的英文俗名通常為「銀魚」（sliverfish）或「火淘氣」（firebrat）。「火淘氣」這個名字通常指偏好高溫的種類，往往出現在家中的火爐和烤箱附近，因而得名。就像內顎類生物一樣，這些無翅昆蟲遍布全球，即便是昆蟲學家也大多忽視牠們。這兩個類群現今的物種多樣性都不特別高，各自只有約略五百個物種。

兩個類群的成員均為相對修長的蟲子，擁有長長的觸角，尾部末端有三根細長的絲鬚，其中兩根為尾毛，就像雙尾蟲一樣，而中間那根類似的構造則是腹部最後一節的延伸。牠們的軀體相當靠近地面，體表往往散布鱗片。正如內顎類，石蛃和衣魚不會交配，而是由雄性產生精包，再由雌性放入體內。而作為真昆蟲類，雌蟲有引導蟲卵落地的產卵管，因此得以將卵下在牠準備好用來保護卵的隱蔽隙縫或細穴。牠們孵化時，母親早已離去，幼體必須自多福。

石蛃通常為夜行性，日間待在石頭下或樹皮縫隙間，夜間跑出來覓食或交配。牠們的食物包含地衣和藻類，但同時也是清除者，會以其他節肢動物的外骨骼碎塊為食。石蛃擁有巨大的複眼，以及三個位於頭頂、較小也較簡單的眼睛，稱之為「單眼」（ocelli）。單眼可見於各式各樣的昆蟲類群，無法感知影像，對亮度的變化相當敏感，可能可以用於導航和定向，特別是在夜間。石蛃的胸節拱起，藉由收縮腹內的大量肌肉，可跳躍來逃離捕食者。

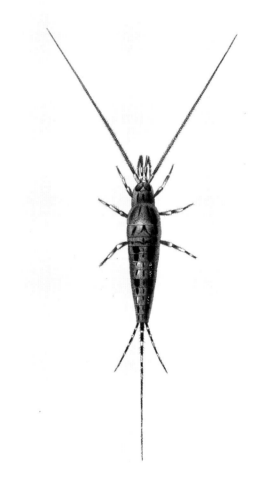

石蛃（古口目）類的物種，例如海石蛃（*Machilis maritima*），是現存昆蟲中最原始的物種之一，會使用簡單的大顎來刮食地衣和藻類。圖出自盧伯克專著。

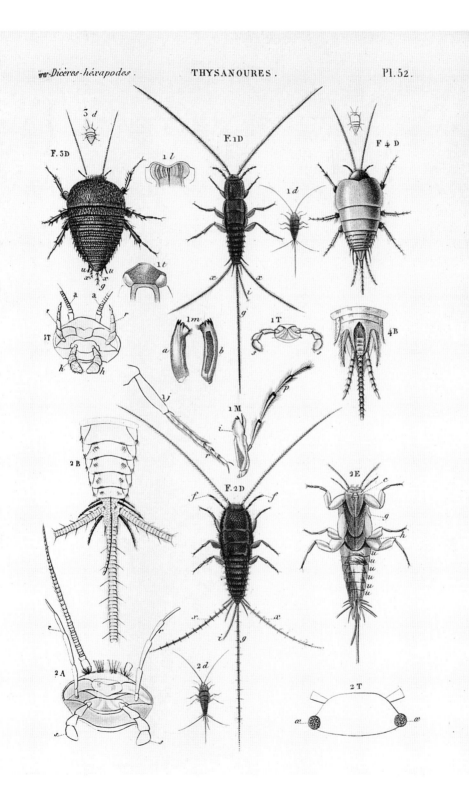

雖說衣魚和石蛃外表相
像，然而這兩類原始的無
翅昆蟲卻一點也不近緣。
圖出自沃爾肯納爾，《昆
蟲的自然史‧無翅類》。

衣魚的生物學與石蛃大致相仿，不過基本上更雜食，身體更貼近地表，且不會跳躍。牠們的複眼更小，缺乏單眼，僅有的例外是現存於北加州的一個特殊孑遺物種，以及波羅的海琥珀內一個四千五百萬年前的滅絕物種。雖然衣魚不會跳躍，卻相當敏捷，能夠在危險逼近時不費吹灰之力快速逃離。

在外觀上，這兩個類群看起來極為相似，然而從演化的角度看，兩者截然不同。牠們的故事中，最引人入勝的層面都隱藏在看似無足輕重的解剖細節中。石蛃的大顎以一個單關節的球型骨臼與頭部相連，靠著這種構造，牠們得以像螺旋鑽一般轉動大顎，從物體表面刮取地衣和藻類作為食物。這種原始的關節也見於內顎類，包含一個在大顎上的拇指狀球形突出物（稱為「髁」〔condyle〕），該構造會插進頭殼上的一個杯狀凹陷（骨臼，或者稱為「髖臼」〔acetabulum〕）。石蛃的學名「古口目」（Archaeognatha），其中的 archaîos 意即「古代的」或「原始的」，gnáthos 則指「顎部」，合起來便是指這種單關節大顎的原始形式。

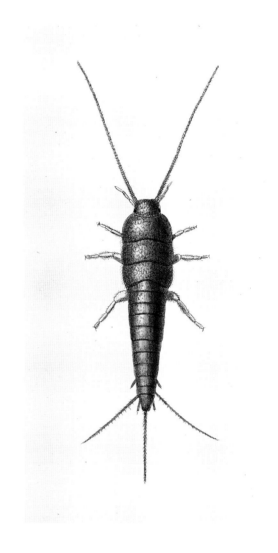

但是，衣魚的大顎卻有兩個關節連接頭部，而不像石蛃僅有一個。其中第一個類似石蛃，也就是大顎擁有一個拇指狀突出物，並卡入頭殼上的骨臼，衣魚的這個連接處位於大顎末端。第二個連接點則位於大顎前端，是個別演化出來的結構。該構造也包含一個卡入骨臼的球形突出物，不過位置卻是顛倒的，球形突出物位於頭上，骨臼位於大顎上。這種雙關節式，或稱為雙髁式（有兩個髁）的大顎可見於衣魚，且其他昆蟲類群也都有（除了石蛃），這特別值得注意。這類大顎無法轉動，而是像剪刀那樣活動，能產生更大的力量。衣魚與其他昆蟲類群（石蛃除外）的產卵管基部也都有獨特變形，對產卵管有更強的控制力。這些性狀及衣魚基因體內的 DNA 序列表明了一個值得矚目的事實，也就是衣魚與石蛃雖然粗略相似，但衣魚是有翅昆蟲類最近緣的現存親戚。事實上，衣魚的目名也指出了這樣的譜系關係：衣

魚目之名 Zygentoma 結合了古希臘文的 zygón 及 éntoma，zygón 是「軛」，一種木製挽具，用來將兩頭牛連在一起，而 éntoma 則指「昆蟲」。因此衣魚目的目名便是將原始無翅昆蟲與有翅昆蟲連起來的「軛」或挽具。

　　因此，卑微的衣魚具有獨一無二的地位，也就是，衣魚是有翅昆蟲的姊妹群，而有翅昆蟲構成的多樣性占全體昆蟲的 99% 以上，是生命中最為壯觀的，如今我們所知的全部生物有半數以上都屬於有翅昆蟲。當你下次在深夜突襲廚房找食物吃時，看到一隻衣魚匆匆地從冰箱或烤箱底下竄出，可能就會想到這項驚人的事實！

譯註

1：雙尾目的中文俗名為雙尾蟲、鋏尾蟲，而原尾目的俗名是原尾蟲或蚖。

2：跳蟲的英文俗名為「彈簧尾」（springtail）。

儘管衣魚不像牠們的有翅近親那麼受注目，虎克在用他新研發的顯微鏡來觀察測繪幾個物種時，還是挑中一隻普通的衣魚，此外還有兩隻蛛形類（上方為蟎類，下方為擬蠍）。圖出自《顯微圖譜》，虎克於 1667 年出版。

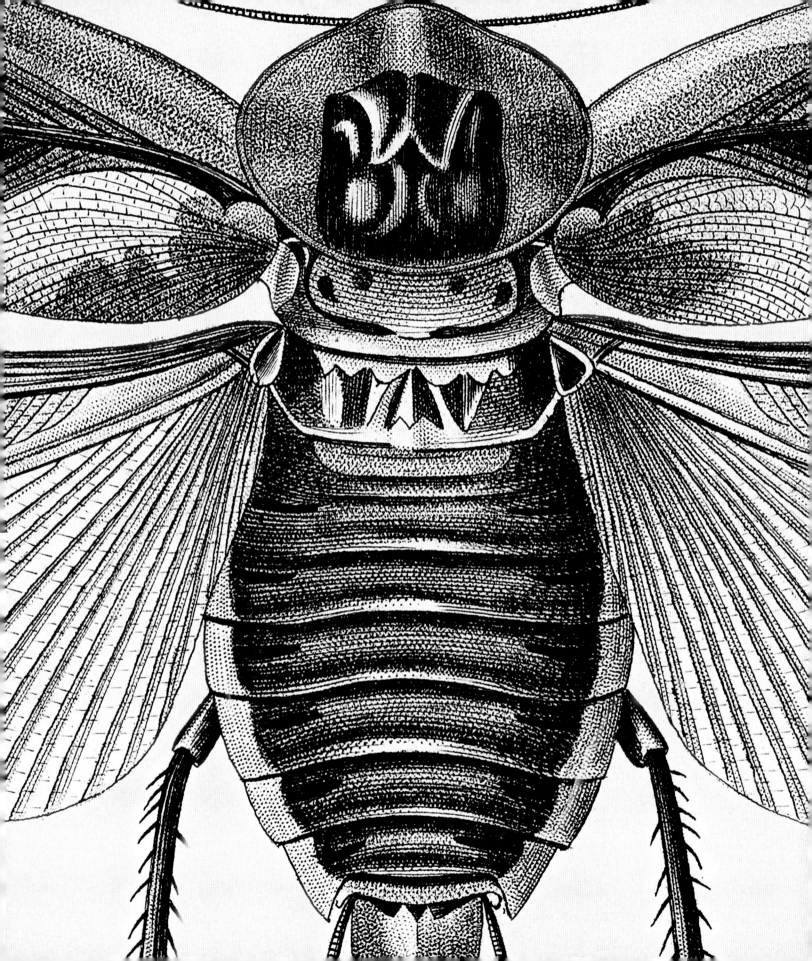

昆蟲
飛上天空

4

> 「身為彩蝶應該要能——
> 展翅飛掠壯闊草地
> 輕盈拂過天際。」

> ——狄金生（Emily Dickinson），1924年，《詩集》

頁 42：巨型穴居蜚蠊的形態細節，圖出自《昆蟲的自然史》（也請參見頁70），奧杜安（Jean Victor Audouin）於 1834 年出版。

對頁：產於南非的乳草蝗蟲（*Phymateus morbillosus*）的後翅呈現引人注目的緋紅色，與藍色的前翅和黃色的腹部形成色彩上非常大的反差。圖出自《中國昆蟲自然史》，唐納文（Edward Donovan, 1768-1837）於 1838 年出版。

每當我們對昆蟲感到驚奇時，往往是被牠們的翅翼引起了興趣。彩蝶與飛蛾翅膀上多樣的花紋、甲蟲翅鞘上的金屬光澤或斑點、蜻蜓和脈翅類翅膀上縱橫的細緻翅脈，令我們目眩神迷。昆蟲大多會飛，用一對翅膀來產生升力和推力，以維持和控制空中移動。會飛的昆蟲是如此為數眾多、隨處可見，以至於若一個人被要求在心中快速勾勒昆蟲學家的樣子，他無可避免會想像一個人手持蟲網，並準備好隨時從空中向獵物揮去。拉爾森（Gary Larson）的任何一集卡通《遠方》都可能出現如此的描繪！

除了前幾章提及的目別，所有的現存昆蟲皆隸屬於一個大型亞綱，名為「有翅亞綱」（Pterygota），會如此命名，顯然是由於牠們擁有翅翼——希臘語 pteryx 意為翅膀。而恰好就是飛行的能力，使「fly」（飛）這個英文單字在眾多昆蟲的英文俗名中無所不在，以下列舉數類，包括 mayfly（蜉蝣）、dragonfly（蜻蜓）、stonefly（石蠅）、owlfly（蝶角蛉）、black fly（蚋）和 butterfly（蝴蝶）。不過目光敏銳的人會看出，上述昆蟲俗名中，有一個格外顯眼，那便是蚋。在上述所列的昆蟲中，只有蚋是真正的「雙翅類」，也就說，是雙翅目（Diptera）的一員。雙翅目包含我們稱為蚊蠅（flies）的昆蟲，雖擁有翅翼，但僅有一對（其他目別則有兩對翅膀，頁 98-99）。除了蚋之外，上述昆蟲的英文俗名儘管有「fly」，隸屬的目別卻與真正的蚊蠅截然不同，關係也相當遙遠，就如同蚊蠅與甲蟲或蟑螂的區別一樣。很久以前，當這些基於便利而取的俗名剛開始出現，我們對於這些微小動物的觀察也相當受限時，任何微小會飛的節肢動物都被稱作「飛蟲」（fly）。而僅僅過了幾個世紀，我們就了解這些都是昆蟲類群中迥然不同的支系。當這麼多毫不相關的昆蟲類別都冠上

Pl. 13.

Locusta morbillosa.

「fly」時，我們要怎麼釐清呢？昆蟲學有一項通用的經驗法則，闡釋最清楚的是一位傑出的昆蟲解剖學家斯諾德格拉斯（Robert Snodgrass, 1875-1962）：「如果昆蟲如其名所示，便將兩個字分開表記，否則就寫在一起。」因而 silverfish（衣魚）不是魚，dragonfly（蜻蜓）及 butterfly（蝴蝶）也都不是蚊蠅（而且也不是龍，不是由乳品製成）。fly 一字單獨出現時，則專指雙翅目——真正的蚊蠅。馬蠅（horse fly）會叮咬馬匹，而且無疑屬於蚊蠅類，這反映在名稱上。還有，毫無疑問，馬蠅必能飛行。

我們通常不認為昆蟲非凡的飛行天賦有什麼了不起。飛蚊在耳邊嗡嗡作響、蜻蜓在池塘上如箭離弦，還有蝴蝶輕盈飛過花園，我們都很少注意（或許蚊子是例外）。這種飛翔不是從危崖邊安全滑翔的雕蟲小技，這很多動物都能做到，而是能從任何地點起飛，以及隨心所欲控制飛行速度和方向。飛翔能力讓生物體以全新方式體驗生命，如播遷後入侵新棲地、從危

機中迅速脫逃，還有以嶄新方法尋找避難所、食物及配偶。主動反抗地心引力的束縛，如英裔美國詩人馬驥（John G. Magee, 1922-1941）所說的「掙脫地球的桎梏」，是不可置信的成就，也不能輕易達成。英國諷刺作家亞當斯（Douglas Adams, 1952-2001）在 1982年的《生命、宇宙及萬事萬物》中，最簡潔地總結了飛翔能力的演化，他寫到：「飛行是一門藝術，或更準確地說，是一項本領，其訣竅在於學會將自己往地上投，卻沒投中。」如今，能夠經常隨意「沒投中」的物種，或許多達五百萬個。另外，過去能做到這一點的可能有一億種以上，在其先祖首次將自身往地上投之後的四億一千萬年期間，也都掌握了這項本事。

成功以這種方式入侵地球上空的，僅有四個動物支系，包括昆蟲、鳥類、蝙蝠，以及很久以前就滅絕的飛行爬蟲類——翼龍。其中昆蟲類是大自然首批飛行者，在所有動物中，最早擁有飛行的力量而登空，如今有翅昆蟲的已知物種就超過一百萬個。

事實上，在一億七千萬年前，昆蟲類或許是唯一會飛行的動物，後來翼龍加入了牠們的行列，更久之後是鳥類，最後是蝙蝠。恐龍滅亡至今已有六千五百萬年，昆蟲有超過 2.5 倍的漫長時間精進飛行技巧，其後才有其他動物飛到空中。當我們看著蜜蜂在花前輕盈盤旋時，那份從容實際上是昆蟲在至少四億一千萬年間不斷改進飛行能力的演化總結。昆蟲使得這世上有了飛翔，而飛行也同時將世界給了昆蟲。

翅的演化和機制

鳥類、蝙蝠、翼龍的翅膀演化簡單明瞭，任一者的翅膀皆是前足的特化形態，骨骼排列與其近親相同，不過增加了飛行的能力。與之相反，昆蟲翅翼的起源是演化生物學的惱人謎團。昆蟲的翅翼並非僅是特化的足，因為所有能飛行的昆蟲均保留了原來的六隻足，並長著兩對醒目的翅膀，所以翅膀並不是足。那麼，昆蟲的翅膀到底是什麼？這個費解的問題困擾著許多世代昆蟲學者中的佼佼者。過去的一百五十年充斥著各式假說，直到近期結合了比較解剖學和現代發育遺傳學的研究成果，才提供了一個統合的解答。構成翅膀主體的，是由胸節外骨骼的上壁延伸出來的細薄構造，並鉸接於胸節外骨骼的基部上。可以形成鉸鏈關係的遺傳結構，在關節化的足發育時便已存在，而就是這組基因的複製和增選，讓翅基得以進行運動。

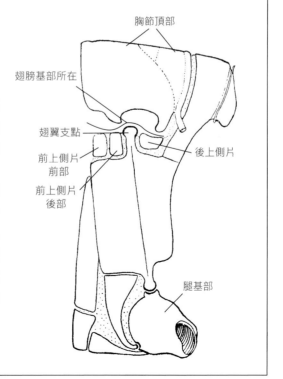

昆蟲胸節的概略圖，顯示翅翼關節的重點

昆蟲翅翼基部位於形成胸節頂部和側部的外骨骼單元間，而翅膀則位在胸節側面的背瘤上，該背瘤可作為翅翼的支點。翅膀支點前側的小型外骨片（稱為前上側片，有時候會分為兩部分，如圖所示）和後側的小型外骨片（稱為後上側片）會連結肌肉。肌肉收縮時，翅膀不是向前就是反轉傾斜。改編自《昆蟲的胸部和翅膀的關節》一書原本的示意圖，斯諾德格拉斯於1909年出版。

胸節頂部

翅膀基部所在

翅翼支點

前上側片前部

後上側片

前上側片後部

腿基部

雖然脊椎動物可在飛行時隨意使用臂肢的肌肉，主動強化振翅，然而昆蟲的翅翼卻是被動的結構。唯一操縱翅膀的肌肉位於胸節內，不會延伸至翼板內。簡單說，昆蟲翅翼的運作方式有些類似長槓桿。胸節內的肌肉從頂部連到底部，從後端連到前端，正是這些肌肉的收縮導致胸節外骨骼本身的整體形狀扭曲。胸節側部的作用類似支點，而胸節頂部和翅翼就位於支點上方。從頂部延伸至底端的肌肉一收縮，就會將胸部上側給拉下，位在支點末端的翅翼因而向上抬。這些肌肉放鬆加上另一對肌肉收縮，翅翼就會垂下。額外的幾組肌肉組織小範圍地拉扯翅基前端與後側的外皮，使得翅翼得以向前或向後傾斜，因此擴大了可能的活動範圍。事實上，大多數昆蟲的翅膀並非簡單地拍上拍下，而是以八字形進行活動，而昆蟲飛行的空氣動力學則比表面所見還要複雜難解。

最小型昆蟲類群的飛行則全然不同，因為對於這些動物而言，空氣本身是有黏性的環境，因此牠們的移動就像是在濃稠的流體中游泳。這是因為翅翼在通過流體（例如空氣）時，慣性和黏滯力會作用在翅翼上，這兩者導致的縮尺效應使然。最簡單的說法是，一片較大的翅翼快速通過空氣時，主要承受的是慣性力，過程中排開空氣時，各層空氣之間的擾動極小（如果是飛機的話，最好不要有），這稱為層流（laminar flow）。翅翼尺寸縮減時，黏滯力的相對作用會增加，當飛行物推擠空氣時，各層空氣之間的擾動很大，導致所謂的「擾流」。嬌小昆蟲的飛行力學與大型蜻蜓或蝗蟲如此不同，原因就出在黏滯力

變得更加強勢。大型翅膀放慢速度，也有相同效應，使得擾流對慢速飛行造成更大衝擊。因此，這些力和其他作用力的相對重要性，在界定上很複雜，且全涉及翅翼的尺寸和形狀，以及與之相應的昆蟲身體尺寸和形態。

雖然翼板是被動的結構，還是會在飛行時改變形狀。翅翼上分布著一系列微管，它們延伸自昆蟲的氣管系統，並形成我們所觀察到的翅脈紋路。翅脈有助於翅膀定形，支撐外骨骼形成的薄膜。翅脈劃分了翅翼的薄弱處，這讓膜質區在某些拍翅動作中受壓彎曲，以形成特定的摺疊，並控制該類群昆蟲獨有的飛行動力。此外，有些昆蟲的翅脈沿著翅翼前緣更緊密地聚集，甚至朝著翅尖增厚成塊。這些都為強力向下俯衝飛行時增添重量和強度，以防止翅膀飄動，那會減損力量產出。

昆蟲的翅翼看似變化無窮，也在演化中被指派眾多任務，絕對不僅只是移動工具。翅膀在歷經演化上的適應後，還可用來捕捉清晨的太陽光線以溫暖夜間凍僵的身體、嚇走和迷惑潛在的掠食者、向配偶展示自身並與配偶溝通、包覆和保護身體，甚至是脫落，以免妨礙其他生命機能。簡單說，翅膀往往不僅僅是翅膀。

有翅昆蟲在幼生期（也就是在性成熟之前）並不會飛，要不是缺乏翅翼，就是翅膀還只是未發育的翅芽。發育完全且功能完備的翅翼僅在最後羽化為成蟲時出現。無翅的石蛃和衣魚終其一生都在蛻皮，包括性成熟之後，而有翅昆蟲成熟後便不再蛻皮。這個準則唯一的例外便是蜉蝣，蜉蝣具功能性的翅翼在最終蛻變的前一齡期

就會出現，而這些昆蟲要等最後一次蛻下外骨骼後，才能夠飛翔。

絕大多數昆蟲都擁有翅膀，這些附器千變萬化，也最能說明昆蟲類的多樣性：蜉蝣、蜻蜓、蟋蟀、蝗蟲、蟑螂、螳螂、白蟻、蚜蟲、負椿，以及更多的類群，都擁有獨一無二的適應性結構和森羅萬象的生活史。有翅昆蟲能辦到的，遠遠不只是飛翔，在演化中，牠們有些入侵了淡水溪流和湖泊、有些建立了精巧的家園和社會組織，還有些甚至蛻下翅膀變成寄生動物。就像原始無翅的昆蟲（見第 3 章），有翅昆蟲也分成數個目，很多是由林奈首先鑑別。他根據牠們翅翼的特殊形態來命名，因此多數的目名都以「ptera」結尾，這源自希臘文的「pterón」，指的是「翅膀」。後來的昆蟲學家大多依循這樣的命名模式，不論是發現新的目別時，或是當最新科學進展揭示林奈起初投下了過寬的網，將毫不相關的昆蟲歸入同一目時。這些目別的多樣性太高，無法概括為一個整體，唯有逐一介紹類群，才能讓人領略牠們何以如此特殊。

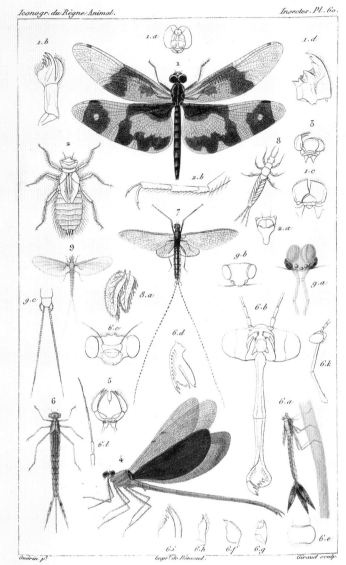

長有原始翅翼的昆蟲，由上到下分別為：翅膀花紋華麗的彩裳蜻蜓（*Rhyothemis variegata*）、巨型蜉蝣（*Hexagenia limbata*）、綠翅珈蟌（*Neurobasis chinensis*）。圖出自《居維葉動物界插圖》，梅納維爾（Félix Édouard Guérin-Méneville）於 1829-1844 年出版。

昆蟲學的新希望

在十九世紀初期的倫敦，與昆蟲學家碰面討論昆蟲學的最佳地方，便是霍普牧師（Rev. Frederick W. Hope, 1797-1862）和其妻梅芮迪絲（Ellen Meredith, 1801-1879）的寓所和私人「博物館」。在那之前，日後將兩度出任首相的迪斯雷利（Benjamin Disraeli, 1804-1881）曾向梅芮迪絲求婚，然而她更傾心於霍普，因而婉拒了。霍普和梅芮迪絲都出身財力雄厚的家族，兩人都將財產投入首屈一指的自然史收藏，藏品來自全球各地，附帶一座大規模的圖書館，以及數以萬計的雕版畫。霍普熱愛甲蟲，但也不會忽略其他昆蟲，不至於忘記學習其他自然科學分支。他是達爾文年輕時的密友，達爾文稱霍普為自己的「昆蟲學之父」。1829 年春天，兩人一同在威爾士採集甲蟲。

霍普和他的妻子非常慷慨，將收藏品開放給適合的人研究，甚至提供必要的金錢和材料，讓別人能貫徹研究。霍普成年後，大半時間身體都很虛弱。接近五十歲時，他開始退休，從很多學會離職，也不

韋斯特伍德的專著很大程度得益於他那高超的藝術天分，當代博物學者會費力搜求他的畫作。這裡展示的是一隻大型的大尾大蠶蛾（*Actias maenas*），旁邊有一隻雙黃帶天蛾（*Leucophlebia lineata*）。圖出自《東方昆蟲學藏珍閣》，韋斯特伍德於 1848 年出版。

再密集參與活動，特別是他鍾愛的倫敦昆蟲學會（現為皇家昆蟲學會），他甚至還是該會 1833 年的創始會員（1835 年，梅芮迪絲成為該學會的第一位女性會員）。霍普告知母校牛津大學，希望能把收藏轉給牛津保管，並新設館長的職位來看管他的標本。1855 年，牛津校方安好新自然史博物館的奠基石，霍普也捐贈了可觀基金，以確保他的昆蟲學收藏都能受到妥善保管，包括龐大的藏書和相關用具。霍普欽點的收藏管理人便是韋斯特伍德（John O. Westwood, 1805-1893），霍普確信他是擔當此職務的不二人選。1858 那一年，韋斯特伍德受聘就職。

韋斯特伍德起初學習法律，但對法律深惡痛絕。他對自然史、考古學、紋章學以及中世紀藝術有更大的熱忱，到了 1820 年，他已相當積極地採集昆蟲，並與昆蟲學者同好通信、交換研究材料。1824 年 3 月，韋斯特伍德遇見霍普，兩人也就此變成密友。十年之後，霍普指定這位年輕人擔任他的昆蟲標本收藏管理人（除了甲蟲以外）。最終霍普創立一個教授職位，也就是「霍普動物學（昆蟲學）教授」，韋斯特伍德於 1861 年就任，並

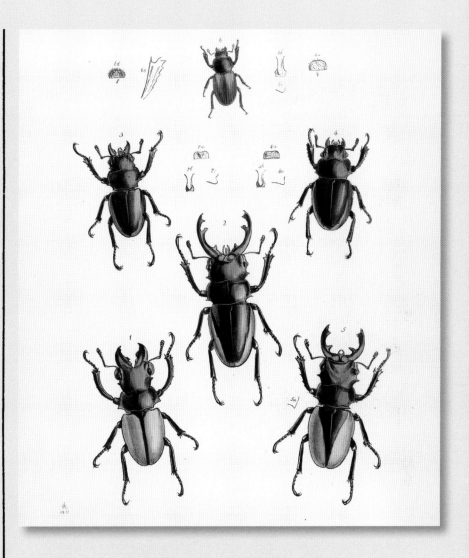

持續擔任該職，直至逝世。

韋斯特伍德專長廣泛，確實是理想人選，且很多人認為他是昆蟲學領域中最後一位傑出的博學家。他也是天賦異稟的藝術家，描繪題材時的精確度和精細美感，讓作品更有價值，而他也慷慨地為友人和同僚繪製插圖。韋斯特伍德大大擴展了霍普的收藏，所獲的

韋斯特伍德排列出的各種鍬形蟲（鍬形蟲科 Lucanidae）。圖出自他的《東方昆蟲學藏珍閣》。

資源也讓他得以購買重要的標本、雕版、畫作，以及幾乎任何有關昆蟲學的東西。韋斯特伍德筆耕不輟，出版了當時頂尖的昆蟲學教科書，並以此於 1855 年獲頒皇家學會的金質獎章。他也發表了當時所知所有

4

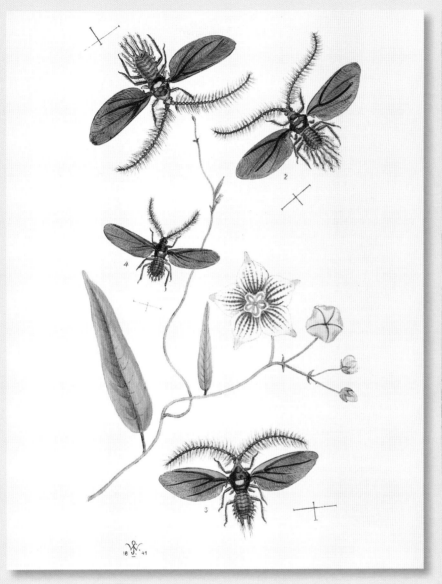

對頁：來自緬甸、泰國以及印度東北部的青箭環蝶（*Stichophthalma camadeva*），翅膀的內外側。韋斯特伍德於《東方昆蟲學藏珍閣》一書所描繪。

上：從介殼蟲（介殼蟲科 Coccidae）罕見的雄蟲，通常難以聯想到牠們的雌蟲，因雌蟲的軀體在演化後退化成扁平、柔軟的橢圓狀，並通常覆蓋蠟質。圖出自《昆蟲學奧秘》，韋斯特伍德於1845年出版。

昆蟲類群的專著和論文，並且全都附上精美繪圖。

跟那個時代其他博學多聞的紳士十分相似，韋斯特伍德的專長不限於單一學科。他是學術期刊《威爾士考古學報》的定期供稿者，也是骨董象牙製品和古文書的出版權威。由於不願見到任何昆蟲學的資訊失傳，韋斯特伍德會重新發行舊書，並且擴增和改進內容，例如唐納文的《中國昆蟲自然史》和《印度昆蟲自然史》（再版於 1842 年），又或者買下棄置的書籍企劃，詳實閱覽後，代替原作者完成。韋斯特伍德似乎精力無窮，吸引了許多人投入昆蟲研究。他願意接納所有人，但達爾文除外，因為韋斯特伍德自始至終都是堅定的反演化論者。諷刺的是，他的很多發現都與達爾文的闡述不謀而合。

霍普講座延續至今，在韋斯特伍德之後有五位繼任者[1]，每一位都以自己的方式拓展了昆蟲學。霍普透過韋斯特伍德、他個人建立的收藏，以及他捐贈的基金，鼓舞了昆蟲學，為學門注入相當大的生命力，留下時至今日仍持續造福科學界的重要遺產。

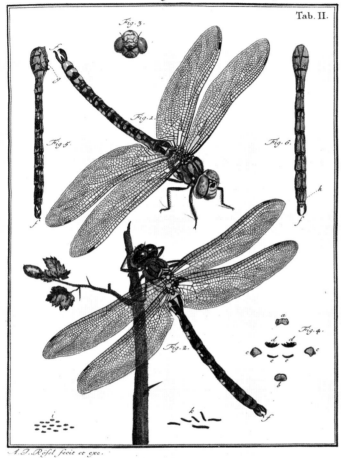

INSECTORUM AQUATILIUM CLASSIS II.

Tab. II.

蜻蜓的成蟲（蜻蛉目）。
圖由羅森霍夫為《昆蟲自
然史》所繪，1764-1768
年出版。

蜉蝣目和
蜻蛉目

最初的飛行昆蟲擁有展開的翅翼，但缺乏將翅翼摺疊起來平放於腹背的特化結構。休息時，翅膀要不是朝兩側展開，就是直直豎在軀體上方。這樣形態的翅翼稱為「古翅」（paleopterous）。在那終結於二億五千二百萬年前的古生代期間，具備

這類翅膀的昆蟲多樣又大量，且稱霸世界，然而如今存留下來的古翅類昆蟲卻只有兩個支系，僅僅只是過往榮光的滄海一粟，包含蜉蝣（蜉蝣目），以及由蜻蜓和豆娘組成的蜻蛉目。蜉蝣、蜻蜓與豆娘可見於池塘和溪流附近，因為牠們的幼生期生長於淡水中，不過這樣的水棲生存模式，蜉蝣目和蜻蛉目是各自獨立演化出來的。蜉蝣、蜻蜓和豆娘那水棲且無翅的幼體稱為「稚蟲」（naiads），該字源於希臘神話的神祇「那伊阿得斯」，這些女性精靈管轄所有淡水體，例如湖泊和溪流。稚蟲羽化成蟲時必須從水裡出來，屆時翅翼將從外骨骼中伸展開來，逐漸變硬且乾燥，而後蟲體便可開始飛翔。由於稚蟲是如此依賴水源維生，因此族群的健康程度常是水體品質的絕佳指標。

蜉蝣一般為細長的昆蟲，有著寬廣的前翅，但後翅退化或有時完全消失。蜉蝣稚蟲是多種魚類及其他水棲捕食者的主要食物來源，吃起來肯定是美味的。熱愛垂釣的人也視蜉蝣稚蟲為珍寶，孜孜不倦地製作仿效蜉蝣的假餌。飛蠅釣是一個完整的產業，關於如何繫好理想的「初生體」（正在羽化為成蟲的稚蟲），如何巧妙拋拉釣線，讓假餌模仿特定幾個蜉蝣物種在水層中的運動等等，已經寫成不少寶貴著作，且必然將有人持續寫下去。

蜉蝣成體的獨特之處在於保有退化的口器，但並不進食。這表示成蟲只憑幼年時期儲存的養分存活。有些種類的幼體為肉食性，其餘會刮食藻類。蜉蝣成蟲的壽命因而很短暫，很多都僅有寥寥數天或甚至數小時，牠們唯一的目標便是尋找配偶。

這朝生暮死的本質，反映在目名「蜉蝣目 Ephemeroptera」上，在希臘文中，「ephémeros」意為「為期一天」。牠們的生命如此短暫，在尋找適合的配偶時，沒有時間遊蕩或浪費，也因為這樣，雄性和雌性成體的發生期高度同步。成蟲會以大量發生的方式現蹤，特別是在春天或夏天的傍晚，發現一大批蜉蝣在燈光周圍群行並不是什麼稀奇的事，其中最大型的發生，數量可達數千萬隻。已知的群行中，數量和密度甚至大到癱瘓交通，遮蔽駕駛人的視線及阻塞汽車散熱器。

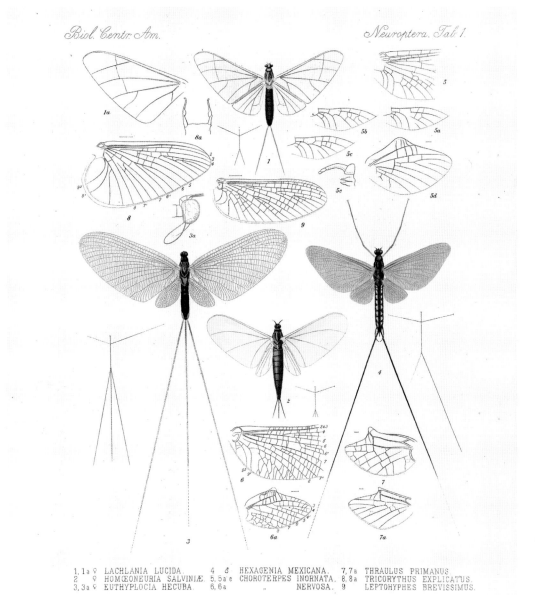

蜉蝣為最原始的飛行昆蟲，例如這些中美洲產的種類：頂部彩圖為明星拉克寡脈蜉（*Lachlania lucida*），底部從左到右為赫庫芭巨突蜉（*Euthyplocia hecuba*）、薩氏荷莫寡脈蜉（*Homoeoneuria salviniae*）、墨西哥巨蜉（*Hexagenia mexicana*）。圖出自《中美洲生物相：昆蟲綱脈翅類蜉蝣目》，1892-1908 年出版。

雖然這些群行行為增加了雄蟲和雌蟲相遇的機會，但也吸引許多機會主義捕食者，迫不及待地來一場蜉蝣大餐。鳥類、蜘蛛、蜻蜓及很多捕食者都受惠於這場盛宴。蜉蝣是古老的類群，我們不難想像一些原始種類的蜉蝣大量群行，並被最古老的鳥類、哺乳類甚至較小型的恐龍大快朵頤的場景。雄性和雌性蜉蝣會在空中交配，後者一般會將卵塊投入水中，雖然有些種類也可能會降落並將腹部插進水中產下蟲卵。任務完成後，也就是完成交配和產卵後，雄蟲和雌蟲就會死亡，蜉蝣成蟲朝生暮死的一生也戛然閉幕。

業餘昆蟲學家相當喜愛蜻蜓和豆娘，因為牠們體形大，通常色彩豔麗而引人注目，並往往於白天出沒，穿梭於池塘和溪流上空。這一群飛行高手共計約有六千種，能夠快速變換方向，並能急停，在牠們的領域盤旋、巡弋。牠們是傑出的空中捕食者，視野銳利，能夠迅雷不及掩耳攫住飛行中的獵物。牠們交配的方式相當奇特，雄蟲首先會將精子轉移至腹部底面的一組器官，再使用腹部末端的攫握器抓牢雌蟲的頸部以固定。雌蟲會彎曲腹部，以便從雄性腹部的輔助器官接收精子。牠們呈現出扭曲的形態，恰如心形。

雖然我們的噴射機引擎是了不起的工程成就，但是蜻蜓早在任何人類或靈長類出現前，就發明噴射推進了。大部分的蜻蜓稚蟲都能夠在水中藉由噴射推進系統來快速移動。稚蟲呼吸時，會將水汲入直腸，再以很大的力道排出，藉此脫離天敵，或衝向獵物。若是後者，獵物接著會被凶猛的唇罩抓住，那實際上是細長的下唇，即口器後面的附肢，延伸至前方而蓋住面部下方，包括其他口器構造。唇罩可以把獵物拉至藏在底部的凶猛大顎，體形較大的稚蟲，獵物可能還包含小魚。

襀翅目

有別於蜉蝣、蜻蜓和豆娘，其他飛行昆蟲的翅膀在不用的時候，幾乎都可向後摺疊並平貼腹部，這樣的翅翼稱為「新翅」（neopterous）。不使用翅膀時，這樣的特化

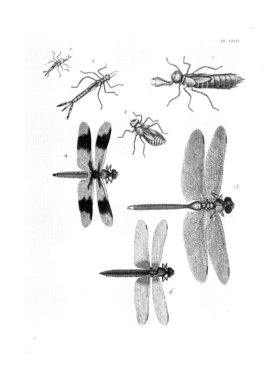

各式各樣色彩斑斕的蜻蜓（蜻蛉目）和牠們的水棲稚蟲，其中一隻（右上）還伸出用來捕獲獵物的凶猛下唇罩。圖出自德魯里的《異國昆蟲學插圖》。

INSECTORUM AQUATILIUM CLASSIS II.

豆娘（蜻蛉目）的水棲稚蟲，以及交配中的成蟲（圖上部）。雄蟲會抓牢雌蟲頸部，一同形成內凹的形狀，令人聯想到心形。圖出自羅森霍夫的《昆蟲自然史》。

可提供保護，並有助於擴增翅膀在飛行以外的用途。石蠅這一目首先擁有這樣的翅膀，他們就像蜉蝣、蜻蜓與豆娘，以稚蟲的形態度過幼生期，並居住於淡水中。只要水中一有污染物，他們就會快速死亡，因而是良好的水質指標生物。石蠅科學上的目名「襀翅目 Plecoptera」，衍生自希臘文「plékō」，意即「裙褶」，指寬大的後翅在休息時褶起來的樣子，不過其實其他幾個類群也有這個特徵。石蠅的雄蟲和雌蟲會以腹部敲擊物體表面來溝通，藉由專屬於每個物種、類似摩斯密碼的訊號，來定位彼此的位置。石蠅物種數接近三千五百。成蟲僅少量進食，把時間花在尋覓配偶和交配。許多石蠅媽媽會在飛行時產卵：低

飛至水面上空，再拋出整團卵，就像轟炸機一樣。其餘種類則會掠過水面，「洗」掉腹部上的卵。

石蠅稚蟲通常吃藻類和水生植物，不過有些類群是雜食性的食腐者，甚至是肉食者。幾乎所有種類的稚蟲都會緊貼在水中的石頭下以躲避捕食者，這也是他們俗名的由來。身軀修長的稚蟲是活躍的游泳健將，腹部有一組獨特的肌肉，游泳時身體能左右擺動，很像魚。他們是唯一能夠這樣運動的水棲昆蟲。

紡足目和缺翅目

這兩個親緣可能很近的昆蟲目別[2]，包含了一些體形嬌小並相當罕見的物種，他們會群居在小型群體裡。首先是由足絲蟻組成的目別。雖然足絲蟻的英文俗名「織網蟲」（webspinner）會使人想到蜘蛛和門廊燈光邊的球狀織網，然而這裡指的是分類學裡的目別「紡足目」，揭示了這類昆蟲很有活力：目名 Embiodea[3] 衍生自希臘字「embios」（意思為「活潑的」），以及「eidos」（意為「外表」或「形狀」）。這些小昆蟲居住在絲質廊道，散布於樹幹或岩石各處，絲線由前足的大型腺體紡成。足絲蟻通常介於 7 至 20 公釐左右，住在成員通常少於 30 隻的群體中，並全數棲息在廊道內的絲質化密室。雌蟲會在廊道內看顧卵，並照顧若蟲。

一般來說，雌蟲建立群體廊道後會蛻下翅膀，不過當還有翅膀時，他們是非比

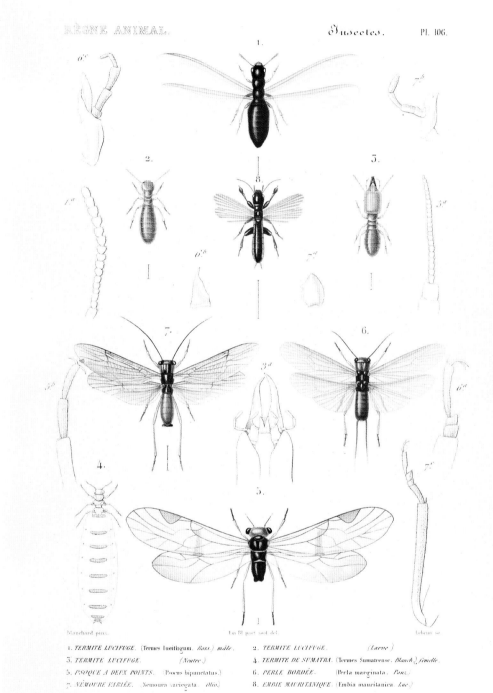

多樣的有翅昆蟲，上排是歐洲散白蟻（*Reticulitermes lucifugus*）的三個階級（上排左為工蟻，最上為有翅蟻后，上排右為兵蟻），茅利塔尼亞足絲蟻（*Embia mauritanica*）位在白蟻工蟻和兵蟻中間，正中央左邊是里斯短翅石蠅（*Brachyptera risi*），右邊是邊紋石蠅（*Perla marginata*），底部是雙斑嚙蟲（*Psocus bipunctatus*）。圖出自居維葉的《動物界》。

尋常的有翅昆蟲。牠們的翅脈輕薄透明，在構成翅膀的薄膜之間形成下陷區域，但很有彈性並易於摺起，這一點很必要，這樣牠們在向後退出絲質通道時才不會被纏住。雖然這樣脆弱的結構以飛行而言似乎相當沒有效率，但足絲蟻卻是空中相當活躍的飛行者。這是透過將血液打入翅翼上的凹摺區域來達成，壓力會使翅膀變硬以支撐飛行。

體形極小的缺翅目雖有類似的群居性，卻不是以絲線築巢，而是聚集在朽木樹皮下方。這些昆蟲通常體長小於三公釐，遲至一個世紀之前的 1913 年才被發現，且因為難得一見，連俗名都沒有，不過有些人試圖提倡叫牠們「天使蟲」。牠們大多看起來就像栗棕色的白蟻，但親緣關係甚遠。牠們必須棲息在柔軟的木頭，軟到可以輕易用手捏碎樹皮。缺翅蟲群體內的個體數大多少於一百。雌蟲每次會產下少量蟲卵，再加以看顧並持續清潔移除病原菌，如細菌或真菌。

或許缺翅目最與眾不同的地方是能長成兩種形態，分別出現在群體生活的不同生活史階段。在大多數時間，牠們眼盲且無翅，並以真菌、線蟲，或有時是蟎類為食。無翅型缺翅蟲首先由義大利昆蟲學者西爾維斯特利（Filippo Silvestri, 1873-1949）發現，從他的大學辦公室向外看，能看見鄰近的維蘇威火山。由於相信缺翅蟲完全無法飛行，西爾維斯特利為牠們取的名字「缺翅目 Zoraptera」意為「完全無翅」（希臘文的「zoros」意為「全然」，再加上前綴「a-」來表示否定，這就是希臘文中所謂的「否定性前綴」）。然而，沒過多久，這個名字的錯誤就顯露出來了。這些昆蟲其實有翅膀，但僅出現在疏散的時候。當居處的木頭快要腐朽一空的時候，又或是群體變得過於擁擠時，有些卵便會生出特別的個體，牠們擁有巨大眼睛及槳狀翅翼，翅上有曾經是翅脈的模糊痕跡。這些完全能飛行的個體會疏散，尋找新木頭，建立新家園，重新產下會孵化出無翅無眼個體的卵。

蛩蠊目

這是另一個很晚才發現的類群，1915 年才首次被分類為一個目，包含北半球無翅的蛩蠊（英文俗名為「ice crawlers」，攀冰者），以及撒哈拉以南非洲的螳蛩（英文俗名為「heel walkers」，腳跟步行者；或「rock crawlers」，攀岩者），兩者都是孑遺動物，一度廣泛分布且原先有翅，如今卻僅存約五十個現生種。兩者合稱為蛩蠊目 Notoptera[4]，指的是牠們的胸背板（希臘文的「nōton」意為「後背」）。命名人克蘭普頓（Guy C. Crampton, 1881-1951）起初相信，牠們之所以沒有翅膀，是由於翅膀被背部細小的延伸構造給取代了。

蛩蠊看起來有些像蟋蟀和無翅蟑螂的綜合體，會在積雪周圍飛奔，以碎屑為食，或獵捕因寒冷而行動遲緩的小型節肢動物。雖然蛩蠊對溫暖的氣溫避之唯恐不及，也並非不受寒冷影響，若溫度遠低於冰點，仍舊會凍死。相反地，牠們在非洲的南方親戚——螳蛩，在溫暖而乾燥的氣候下生機勃發，牠們住在岩石或草地，屬夜行性。螳蛩移動時會舉起腳尖，因而獲得「腳跟

步行者」的俗稱。螳螂就像是蹲伏的螳螂，並融合了竹節蟲的外形。儘管螳螂的標本早在近一個世紀前就靜靜待在研究典藏室裡，卻直至 2000 年才有人描述並發表。

革翅目

蠼螋是人們較熟悉的飛行昆蟲類群，數個世紀以來一直惡名昭彰，如今仍舊會引起恐慌和嫌惡。牠們的英文俗名「earwig」（耳夾子蟲）源自古英語「ēarwicga」（「ēare」為「耳朵」，「wicga」為「昆蟲」，合稱「耳朵蟲」），取名的緣由是一則迷思：人們認為這類昆蟲會在人類耳內挖洞，進入大腦產卵，造成劇痛和精神失常。實際上，這些昆蟲不會做這種事。雖然牠們的確喜歡住在陰暗、溫暖且通常較為潮濕的縫隙，但通常出現在樹皮下或石頭下，或是森林底部的腐植質間。雖然人們發現，在非常罕見的狀況下，有發生過蠼螋爬進人類的耳道或鼻孔的事件，但那僅僅是為了在寒夜中取暖。這樣超級罕見的事件，甲蟲或其他昆蟲也可能發生。

與糟糕的名聲背道而馳的是，有些蠼螋種類被用於控制農業害蟲的族群量，特別是奇異果和一些柑橘作物。蠼螋大約有兩千種，主要見於熱帶和溫暖的溫帶區域，大多為夜行性雜食者，不過有些則是完全的植食者，甚至是肉食者。

蠼螋最易於辨認的特徵，或許是腹部尖端的獨特尾鉗，可用來捕獲獵物、抓住配偶，以及摺起醒目的扇形後翅。然而牠們的目名「革翅目 Dermaptera」，指的是牠們退化的前翅，形態為小而硬化的板片，質地通常如同皮革——「dérma」指「藏」，即藏在皮革般的動物外皮下。這些前翅板沒有任何飛行功能，而是在不使用後翅時作為翅覆，不過也有些蠼螋種類完全無翅。蠼螋是寵溺孩子的母親，雖然不與其他個體組成社會性群體，卻會細心呵護自己的卵和若蟲。事實上，從化石紀錄可知這樣細緻照護的行為由來已久。化石保存了滅絕的蠼螋物種所築的原始巢穴，裡面包含成群若蟲，年代可追溯至一億年前。數次蛻皮後，若蟲就能自力更生，到了此時牠們也必須這樣做，否則曾經慈愛的母親可能會攻擊牠們！

有兩個類群的蠼螋則背離這種生活模式，都寄生在哺乳類上，但源自互不相涉的演化事件。雖然寄生性蠼螋類群專門寄生於不同宿主，但都失去了翅膀、尾鉗和視力，只剩下退化的眼睛。這兩類蠼螋都會直接產下幼體而非蟲卵，體形也都相當扁平，適合在宿主的毛皮間神不知鬼不覺地移動。牠們通常不會只住在宿主身上，不進食時也會撤至哺乳類宿主的巢穴。蠼科（Hemimeridae）產於非洲，住在當地原生鼠類的巢穴，並從宿主身上刮食死皮和真菌。其餘寄生性蠼螋則組成蝠蠼科（Arixeniidae），可見於東南亞地區，並住在蝙蝠身上，行為類似寄生者。牠們就像眾多的非寄生性親戚，不會挖進宿主的耳道，也不會害老鼠和蝙蝠精神錯亂。

直翅目和蠼目

　　草蜢、蟋蟀和螽斯是昆蟲綱裡的歌唱藝術家。蝗蟲與許多親戚共同組成直翅目，該目有兩萬個已知種。「直翅目Orthoptera」一名中，「orthós」希臘文意為「筆直的」或「合乎體統的」，指的是牠們修長而通常筆直的前翅。雖然直翅目以聲音聞名，其鳴聲卻完全不是嗓音，而是翅翼相互摩擦或腿部摩擦翅膀的聲音。想當然耳，有鳴唱，就表示一定有聽眾，以及聆聽的方法。昆蟲的「耳朵」稱為「鼓膜」，由小型腔室構成，表面包覆薄膜，作用類似我們的耳膜。然而，昆蟲的鼓膜並不位在頭部兩側，而是位於前足。直翅目昆蟲另一項特徵則是壯碩的後腿，可用於爆發力極強的跳躍。

　　幾乎所有直翅目都是貪得無饜的植食者，常在花園中和作物葉片上看到。雖說大多數直翅類都是獨居的，但少數種類也可轉為群居態，其中最令人聞之色變的，就是聖經災疫裡的經典要素——大群飛蝗遮蔽天際，使天地昏暗。並非所有直翅目昆蟲都那麼容易見到，很多人都曾經在夜裡爬起，試圖找出那隻在夜裡高歌擾人清夢的惱人蟋蟀。這些物種避免被發現的方法，其實是利用體色，通常近似環境色。例如很多種螽斯的翅膀就很像葉片，因而能在葉子間隱身。

　　但是，若論真正的偽裝冠軍，則非蠼目的竹節蟲和葉䗛莫屬。蠼目的名字，來自牠們能在眾目睽睽下消失得無影無蹤：

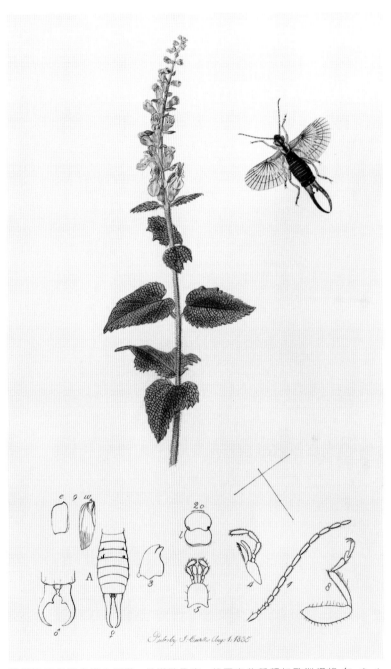

儘管謠傳蠼螋會鑽入耳道，並導致發瘋，然而有些種類如歐洲蠼螋（*Forficula auricularia*）是相當慈祥的物種，雌蟲實際上是非常疼愛子代的母親。圖出自《不列顛昆蟲學》，柯提斯（John Curtis）於 1823-1840 年出版。

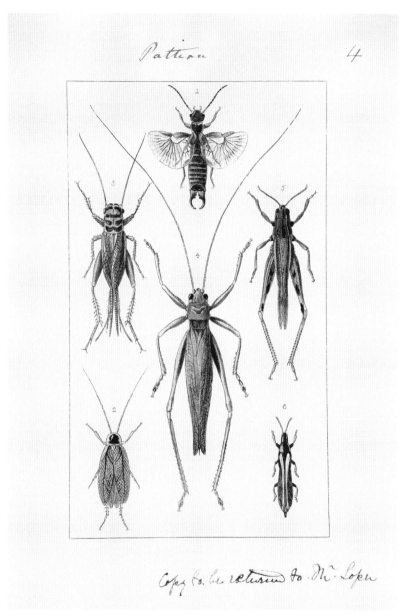

《不列顛的昆蟲》一書中的原始圖版（供著色師在手繪各書的圖版時使用），斯黛華利（E. F. Staveley）於 1871 年出版。這幅畫描繪了各種有翅昆蟲：上方為歐洲蠼螋（*Forficula auricularia*）、中央左圖為家蟋蟀（*Acheta domesticus*）、中央中圖為綠叢螽斯（*Tettigonia viridissima*）、中央右圖為大沼蝗（*Stethophyma grossum*）、下方左圖為拉普蘭姬蜚蠊（*Ectobius lapponicus*）、下方右圖為微小的薊馬（可能是管薊馬屬 *Phlaeothrips* 的一種）。

䗛目的目名 Phasmatodea，字面上指的是「幽靈之形」，在希臘文中，「phásma」意為「幽靈」，而「eidos」則指「外觀」或「形狀」，因此牠們有時被稱為「幽靈蟲」。所有竹節蟲和葉䗛都是植食性，終生棲息在葉片上、灌叢中，或者那些牠們擬似的林木樹幹上。䗛目的種類超過三千，大部分在夜間很活躍，白天則行動緩慢並融入周遭環境中。由於不太需要飛翔，很多竹節蟲都沒有翅膀。

值得注意的是，在竹節蟲演化的歷程中，翅膀曾多次失而復得，消失和重獲的過程就像有人不斷開燈又關燈。這點可藉由簡單打開和關閉翅膀發育的遺傳機制訊號來達成，而且無翅竹節蟲雖然可能不需要顯現出翅膀，仍完整保留了生成翅翼的基因編碼。

竹節蟲囊括了世界上最長的現生昆蟲，也就是來自中國南方的「中國巨竹節蟲」（*Phryganistria chinensis*），其細長的身軀可延伸達 62.2 公分以上，正好超越兩英尺！有些種類很壯碩，如來自馬來西亞，看起來更寬、更像葉子的「扁竹節蟲」（*Heteropteryx dilatata*）雌蟲簡直是怪獸，重達約 65.2 公克，幾乎是你家可愛倉鼠平均重量的四倍。有種竹節蟲是地球上數一數二稀有的昆蟲。「豪勳爵島竹節蟲」（*Dryococelus australis*）是全身遍布棘刺、無翅的大型竹節蟲。1918 年，有艘貨船擱淺在塔斯曼海中一座與竹節蟲同名的小島，隨之而來的大鼠使得島上竹節蟲瀕臨滅絕。短短兩年內，這些竹節蟲消失殆盡。後來才在豪勳爵島南方 19 公里一座聳立於太平洋、方圓不過 299 公

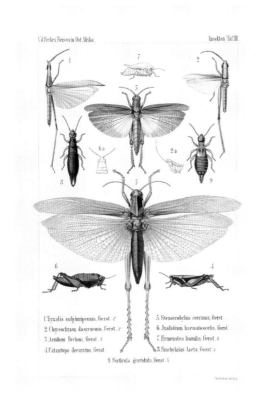

上：各式各樣的草蜢（直翅目）及兩隻蠼螋（革翅目）。圖出自《德肯男爵東非遊記》，格斯塔克於 1873 年出版。

右：多種華麗的蟲斯躍然紙上，包括唐氏副珊蟲（*Parasanaa donovani*）、帝王珊蟲（*Sanaa imperialis*）、血紅史坎葉蟲（*Scambophyllum sanguinolentum*）、八斑卡羅綠蟲（*Calopsyra octomaculata*）。圖出自韋斯特伍德的《東方昆蟲學藏珍閣》。

尺的孤立岩峰上發現一個迷你族群，數量不超過 24 隻。

　　螳目內有很多物種的雄蟲都特別稀少且難以發現，但這跟牠們的偽裝無關。雄蟲稀缺，是由於孤雌生殖盛行。雌蟲無需雄蟲就能產下受精卵，世世代代自我複製。甚至可以戲謔地說，這些雄蟲藏得太好了，以至於變得無足輕重。

螳螂目、蜚蠊目和等翅下目[5]

　　螳螂、蟑螂和白蟻，也就是螳螂目、蜚蠊目和等翅下目，是三個近緣類群。基本上，白蟻就是一類特化的社會性蟑螂。

　　英文俗名為「Praying mantis」（祈禱蟲）

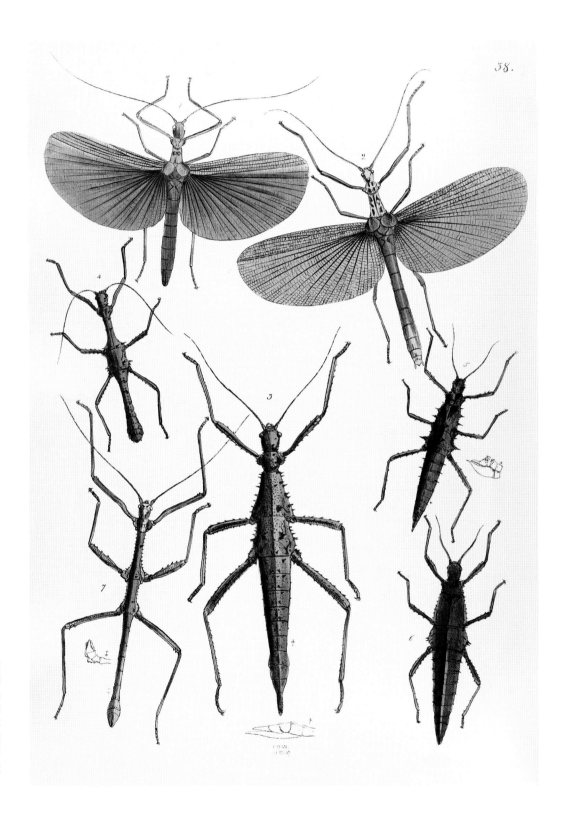

全球有超過三千種竹節蟲和葉䗩，雖然有很多種類的翅膀都退化了，或是完全消失，仍有不少種類保留飛行能力。翅膀在不使用時，會沿著修長的軀體緊密摺疊。圖出自韋斯特伍德的《東方昆蟲學藏珍閣》。

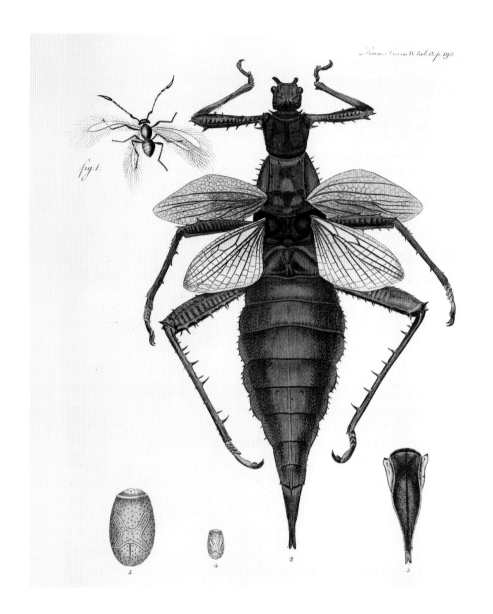

巨大的馬來西亞產扁竹節蟲（*Heteropteryx dilatata*）若蟲，牠是䗛目中最重的種類，可達 65.2 公克，也是昆蟲中蟲卵尺寸的紀錄保持者，長達約 12.7 公釐。圖出自《林奈學會會刊》的物種解說，帕金森（John Parkinson）於1798年出版。

的螳螂，或許更該稱為「Preying mantis」（劫掠蟲），本目約有二千五百種本領高超的捕食者。牠們的巨大眼睛位於靈活的頭部，頭部從長長的頸部向前突出，使牠們擁有寬廣的視野。不出意料，牠們具備優秀的視覺感知，會盯著你的手指，隨之移動。螳螂的前足巨大且可攫握，通常嵌著棘刺，以用來牢牢抓住獵物。前足一摺合，便造就螳螂獨特的「祈禱」姿態，進而得其目名「螳螂目 Mantodea」（希臘語的「mantis」意指「占卜者」）。牠們極為敏捷，可從空中快速捕獲飛行中的蒼蠅，如果你曾經試圖抓住飛行中的蒼蠅，就會知道有多麼困難。最大型的螳螂可長達 20.3 公分，有

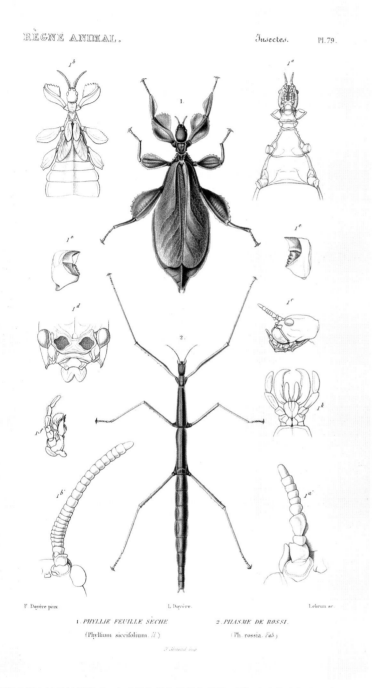

1. PHYLLIE FEUILLE SÈCHE
(Phyllium siccifolium 11)

2. PHASME DE ROSSI
(Ph. rossia. Fab)

F. Doyère pinx.　　L. Doyère.　　Lebrun sc.

螋目中引人注目的模仿者，包含演化得像葉子的種類，例如上方的東方葉螋（*Phyllium siccifolium*），以及偽裝成樹枝或木棍的物種，如下方的歐洲竹節蟲（*Bacillus rossius*）。出自居維葉的《動物界》。

些巨型種類甚至能打倒青蛙、小型蜥蝪及雛鳥。身為捕食者，螳螂通常能藉由體色埋伏在葉片間，神不知鬼不覺。最極端的，是有些種類會擬態成花朵，奇異的身形被認為是用來融入花團錦簇的環境。螳螂因交配行為而聲名狼藉——雌蟲一般會在交配後（甚至交配時）吃掉雄蟲。螳螂會將成群的卵產於固化的、具有保護功能的殼，稱為「螵蛸」，而蟑螂也有此一性狀。

螳螂常讓我們驚奇著迷，蟑螂就不一樣了，名聲不佳，且看起來令人作嘔。蜚蠊目之下有超過四千五百種蟑螂，在昆蟲中，是少數目名起自拉丁文的類群，「蜚蠊目 Blattaria[6]」中的「blatta」指「迴避光線的昆蟲」，而「-āria」是後綴，用來將名詞修飾成某一籠統類群，結合起來便形成能有效指稱「蟑螂這個群體」的學名。蜚蠊目大多數種類偏好溫暖的天然環境，少數種類則相當隨遇而安，在都市中四處出沒。令人遺憾，正是這些少數物種讓蟑螂變成害蟲的典型代表，並錯誤地成為污穢和疾病的同義詞。其實住在野外的蜚蠊物種大多數都相當乾淨，並不會散播傳染病。

多數的蟑螂為夜行性，通常能於森林底層的碎石間發現。雖然有很多例外，但牠們一般為清除者。有些種類很像螢火蟲，可透過發光來溝通，或者藉由摩擦身體製造出尖銳的鳴聲。一般稱作木蜚蠊的隱尾蠊屬（*Cryptocercus*）物種為群居性昆蟲，住在朽木中，以木材為食，就像是白蟻。事實上，木蜚蠊是白蟻已知的最近緣親戚，並且如同後者，腸道內有共生的微生物，讓牠們得以消化木頭。

白蟻，或稱蜚蠊目所屬的等翅下目（目

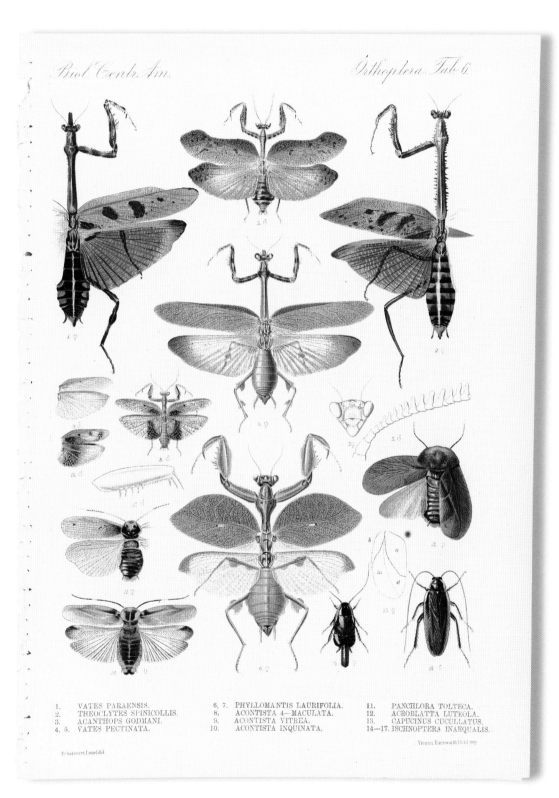

1.   VATES PARAENSIS.
2.   THEOCLYTES SPINICOLLIS.
3.   ACANTHOPS GODMANI.
4, 5.   VATES PECTINATA.

6, 7.   PHYLLOMANTIS LAURIFOLIA.
8.   ACONTISTA 4-MACULATA.
9.   ACONTISTA VITREA.
10.   ACONTISTA INQUINATA.

11.   PANCHLORA TOLTECA.
12.   ACROBLATTA LUTEOLA.
13.   CAPUCINUS CUCULLATUS.
14—17.   ISCHNOPTERA INAEQUALIS.

Zehntner et Lunel del.   Vienna. Kamrotorth Lb.it.imp.

雖然螳螂和蟑螂看似非常不同，例如這些中美洲的螳螂和蟑螂物種，但其實牠們是近親。這兩個類群都會將卵產進固化的殼，稱為蟑蛸。圖出自《中美洲生物相：昆蟲綱脈翅類蜉蝣目》，1893-1909年出版。

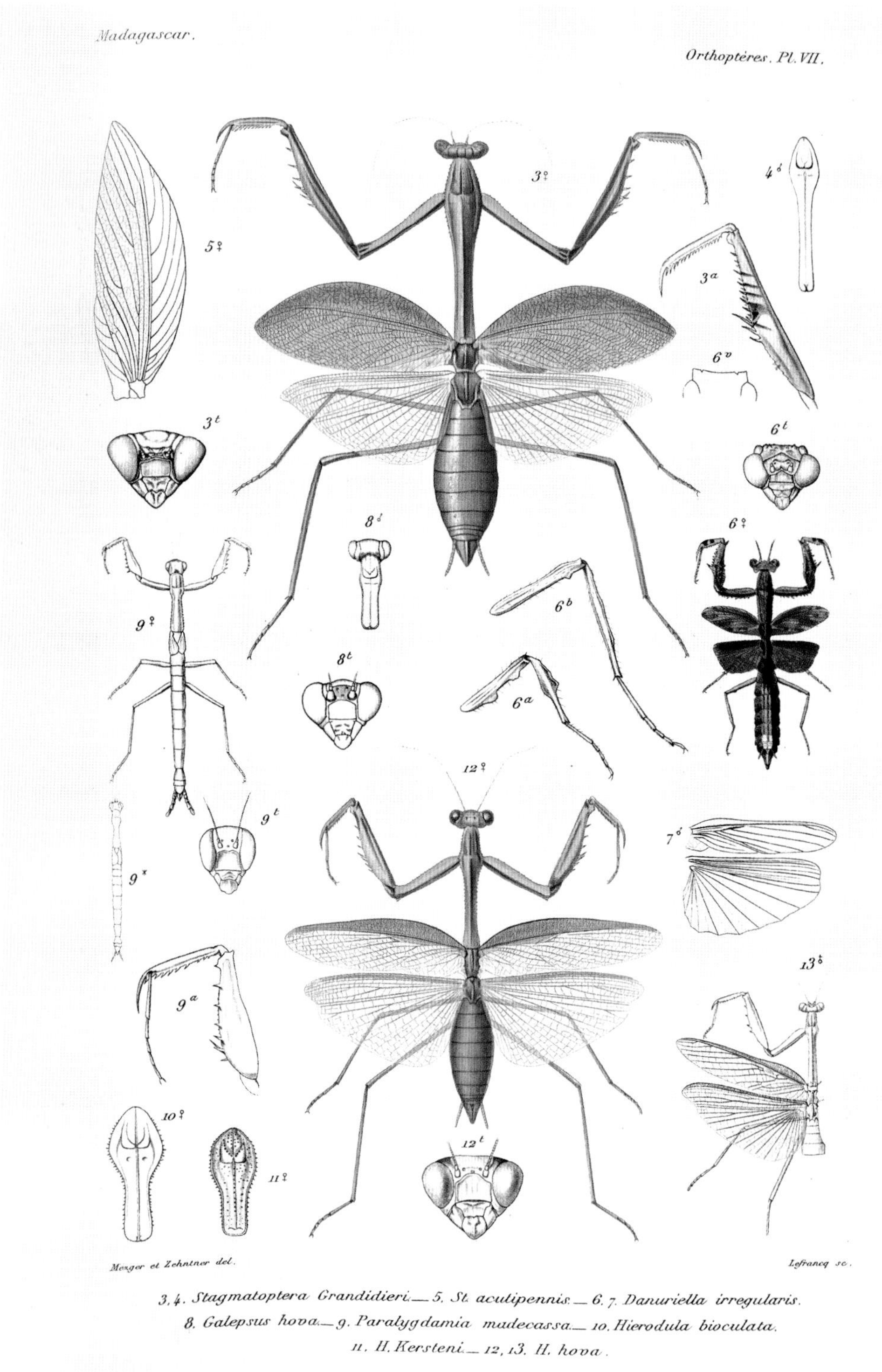
Madagascar.
Orthoptères. Pl. VII.
Mezger et Zehntner del.
Lefrancq sc.
3, 4. Stagmatoptera Grandidieri.— 5. St. acutipennis.— 6. 7. Danuriella irregularis.
8. Galepsus hova.— 9. Paralygdamia madecassa.— 10. Hierodula bioculata.
11. H. Kersteni.— 12, 13. H. hova.

螳螂（螳螂目）為掠食性，前足可用於捕食，例如這些亮澤的馬達加斯加種類，牠們長久以來都是博物學者的最愛。圖出自《馬達加斯加的物理、自然和政治史：直翅目》，索緒爾於 1895 年出版。

名 Isoptera，源於希臘文 *isos*，意思為「相等」，指牠們大體上外形相同的前翅與後翅），是首批真正轉變成社會性昆蟲的物種，在超過一億四千萬年前演化出社會性體制。白蟻有近乎三千一百五十種，均為社會性昆蟲。大多數白蟻生活在大型、常年維持的群體內，社會圍繞著階級系統組織起來。蟻后為群體提供生殖產出，不斷產下卵粒，以穩定生產新生白蟻。工蟻不會生育，並承擔群體生活的主要雜務。有些白蟻擁有第三階級，也就是兵蟻，一樣不生育，而單單特化出防禦功能。有時候特化非常誇張，以至於牠們甚至無法自行進食或照顧自己（見頁 58 的插圖）。兵蟻階級的白蟻形態變異相當大，並使用非常多方法保衛家園。通常兵蟻擁有很大的頭部以容納強而有力的肌肉，這些肌群控制令人生畏的大顎，用來啃咬和撕裂入侵者。兵蟻的頭部也可特化為圓鼓鼓的噴嘴狀構造，用來噴灑有毒膠體，纏住入侵的螞蟻。

如同木蜚蠊，白蟻的腸道有共生微生物，用以分解植物所含的堅韌纖維素。這種食性的特化，加上有效率、有時相當巨大的群體（可多達一百萬隻工蟻），讓牠們成為昆蟲全體成員中更加無所不在的類群，不過其中只有不到 13% 的種類對作物或者房屋結構有害，少於 4% 的種類被認定是嚴重的害蟲。

嚙蟲目、纓翅目和半翅目

蝨子屬於嚙蟲目（目名 Psocodea，源自希臘文「psokos」，意為「摩擦」或「咬嚙」），

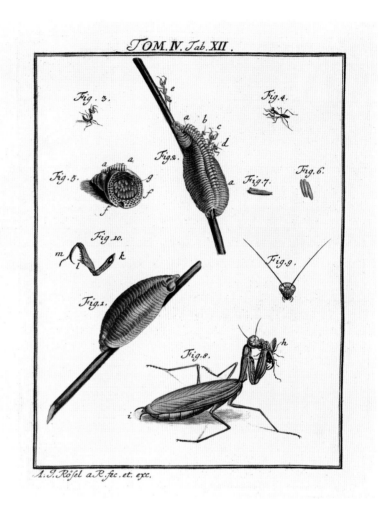

由兩個原先分屬不同目別的近緣類群組成，包括樹蝨（或是書蝨）及真蝨。樹蝨基本上隨處可見，不論是樹皮下還是葉面上，石頭底部或是洞穴內，甚至就在我們家中。事實上，牠們在圖書館內相當常見，且會嚙食脆弱的書頁，對書本造成重大危害，因而獲得另一個綽號──「書蝨」。總體而言，牠們以孢子、植物組織、藻類和地衣為食，有時也吃其他昆蟲。

這個類群有近五千七百個物種，大多數為獨居性動物，不過人們也發現有些種

早期的昆蟲學者和文章時常以圖片描繪完整的物種生活史。此處為薄翅螳螂（*Mantis religiosa*）的生活史和生物學概略圖，從封入蟲卵的堅硬蟻蛸，到孵化中的若蟲，最終蛻變成捕食性的成體。圖出自《昆蟲自然史》，羅森霍夫 1893-1909 年出版。

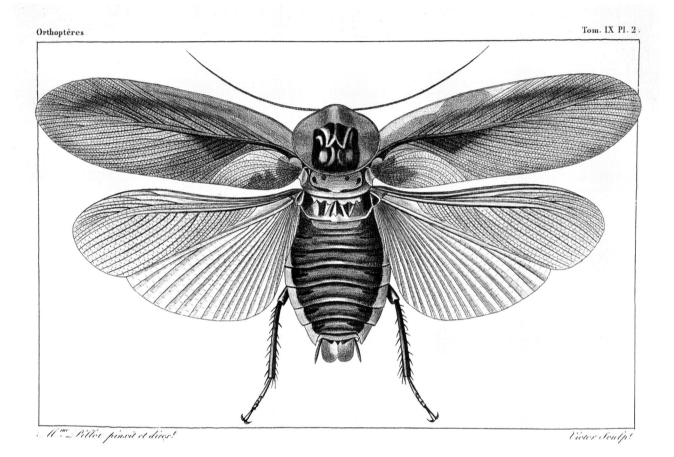

: M.me Pillot pinxit et direx: Victor Sculp:

石版印刷術印製的精細線
條，出色地捕捉洞穴巨人蟑
螂（*Blaberus giganteus*）
美麗翅翼那錯綜復雜的細
節，其雌蟲可長達十公分。
圖出自《昆蟲的自然史》，
奧杜安於 1834 年出版。

類會大量群聚。樹蝨的翅膀相當簡單，比
起多數有翅昆蟲，翅脈的數量更少，此外
翅膀不使用時會蓋在軀幹上，就像帳篷。

本目中，人們最熟悉當然也最厭惡的
成員，非真蝨莫屬，牠們是寄生行為的
典範。真蝨類已知約有五千種，全數以鳥
類或哺乳類宿主的血液為食，通常為了吸
食特定宿主的血液而高度特化，無法在其
他寄主上存活，不過有些物種例外。所
有真蝨類都無翅，在演化出寄生性行為的

過程中喪失了翅翼。雖然有些仍保留樹蝨
親戚那樣的咀嚼式大顎，但其中的特化類
群——「蝨亞目」（Anoplura），也就是吸蝨，
擁有一根細小的喙，用以刺進宿主。

雖說蝨子多樣性高，但僅有三個物種
以人類為食，分別為頭蝨、體蝨以及陰蝨，
蝨如其名，可在哪裡發現，一目了然。蝨
子終生住在宿主身上，將稱為「蟣子」（nit）
的蝨卵牢牢黏在宿主身上的羽毛或毛髮。
至於人類蝨子，當孩子因為感染蝨子而提

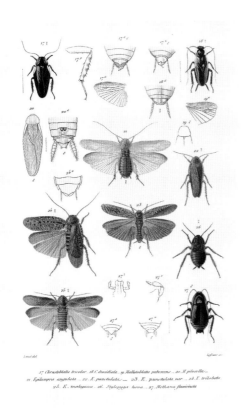

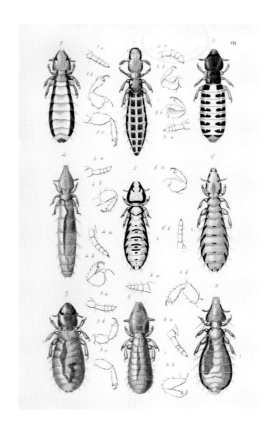

左：來自馬達加斯加的各式各樣蟑螂類（蜚蠊目），該類群比胎盤哺乳類稍稍多樣，全球物種總數超過四千五百種。圖出自索緒爾的《馬達加斯加的物理、自然和政治史：直翅目》。

右：大概沒有什麼昆蟲比蝨子更惹人厭惡了。真蝨雖然完全無翅，卻是樹蝨（囓蟲目）中有翅先祖的後裔。圖中的英國犬蝨出自《英國產蝨亞目專著》，丹尼（Henry Denny）於1842年出版。

早被學校送回家，父母細心梳理孩子頭髮、挑出蟣子時，蝨子就給了親子充裕的時間培養感情。

與蝨子親緣相近的昆蟲類群，包括兩個主要為植食性昆蟲的目，兩者都有刺吸式的口器，用於穿刺和吸吮。薊馬（英文俗名為「thrips」，跟綿羊「sheep」一樣，單複數同形），或者稱作「纓翅目」，包含五千八百個物種，是專門吃真菌、花粉和植物組織的微小昆蟲。牠們的翅膀纖細，邊緣有細長剛毛，這正是目名 Thysanoptera 的由來——「thysanos」指「緣飾」或「流蘇、纓」。薊馬的體長通常短於一

公釐，會形成密集的族群，有些種類是蔬菜作物或觀賞花卉的害蟲。這類薊馬進食造成的傷害有時並不嚴重，卻無意中傳播了植物疫病，例如造成番茄及其他作物大面積萎凋的病毒。儘管有這樣令人討厭的傢伙，其他薊馬卻是重要的授粉者，為花兒所深深依賴，譬如杜鵑花科（Ericaceae）的物種。很多薊馬在進食或者將卵產進植物體內時，會催生植物長出癭組織（不正常增生）。對其中一科薊馬而言，這些癭可作為小型社群的巢穴，社群由后蟲及沒有繁殖能力的工蟲組成，甚至還有兵蟲，如同白蟻的階級制度。

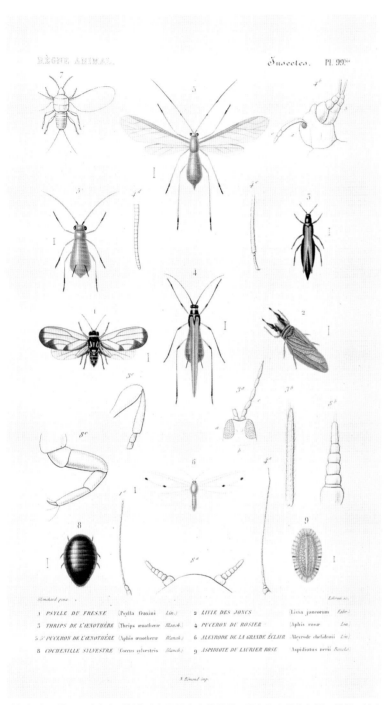

RÈGNE ANIMAL.   Insectes.   Pl. 99.

1 PSYLLE DU FRESNE   (Psylla fraxini   Lin.)   2 LIVIE DES JONCS   Livia juncorum   Fabr.
3 THRIPS DE L'ŒNOTHÈRE (Thrips œnotheræ Blanch.)   4 PUCERON DU ROSIER   Aphis rosæ   Lin.
5 5° PUCERON DE L'ŒNOTHÈRE (Aphis œnotheræ Blanch.) 6 ALEYRODE DE LA GRANDE ÉCLAIR Aleyrode chelidonii Lin.
8 COCHENILLE SYLVESTRE (Coccus sylvestris Blanch.) 9 ASPIDIOTE DU LAURIER ROSE   Aspidiotus nerii Bouché.

N. Rémond imp.

雖說蚜蟲、粉蝨及介殼蟲看似為半翅目昆蟲中的異數，但實際上親緣與蟬、蠟蟬、椿象很近。此處還包含一隻薊馬（上排靠右的暗褐色小蟲），代表親緣與半翅目極近的纓翅目。圖出自居維葉的《動物界》。

　　另一個擁有刺吸式口器的目別——「半翅目」，是第一個實質意義上的超級多樣性類群，物種數略微超過十萬，分別是蚜蟲、粉蝨、介殼蟲、蠟蟬、蟬、提燈蟲以及椿象。雖然英文的「bug」（蟲子）經常用於蔑稱任何昆蟲，實際上專指半翅目中的一個多樣類群，例如椿象、盾椿、緣椿、床蝨、水黽以及更多。「半翅目 Hemiptera」一名來自希臘文「hémisus」，意思為「一半」，源於椿象類部分硬化的前翅，僅有前翅靠近末端的一半為膜質。這個動物支系的成員看似迥異，然而全體都有獨特的刺針式喙部（類似鼻部的突起）。

　　很多半翅目昆蟲，包括蚜蟲、粉蝨、蠟蟬、蟬和提燈蟲，是主要的農業害蟲，透過刺吸式喙部來吸食富含養分的植物汁液。與之相反，大多數椿象成為了捕食者，不過返祖為植食性生活型態的椿象也隨處可見，例如棕櫚椿及精巧美麗的網椿。掠食性椿象大多捕食其他昆蟲，但有些則演化成以鳥類或哺乳類的血液為食，包含床蝨和錐獵椿，後者會傳播熱帶性的寄生蟲病——「恰加斯病 7」，因而惡名昭彰。

　　昆蟲能大獲成功，翅翼無疑是重要因素。飛行確實讓許多支系得以繁衍生息、占據多樣棲地，再加上取食和其他特化，造就了有翅昆蟲浩瀚的多樣性。然而這並不表示翅膀就是昆蟲成功的全部因素。認定某個演化上的創新造就了多樣化，是通

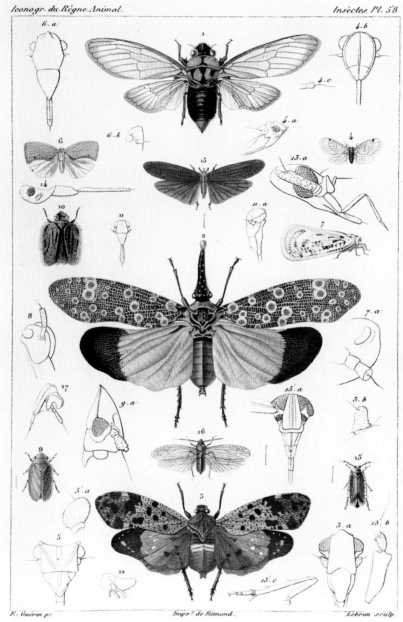

E. Guérin pt.　　　　Impr.º de Rémond.　　　　Lebrun sculp.

1. Cicada _Diardi, Guér._ 2. Fulgora _Lathburii, Kirby._ 3. Aphæna _variegata, Guérin._
4. Cixius _pellucidus, Guér._ 5. Tête de Lystra _lanata, F._ 6. Ricania _marginella_
Guér. 7. Pœciloptera _maculata, Guér._ 8. Tête de Flata _floccosa, Guér._ 9. Tettigo-
metra _virescens, Lat._ 10. Issus _pectinipennis, Guér._ 11. Tête d'Iss. _coleoptratus, F._
12. Id. d'Otiocerus _Coquebertii, Kirby._ 13. Anotia _coccinea, Guér._ 14. Tête de Derbe _pallida, Fab._
15. Asiraca _clavicornis, F._ 16. Ugyops _Percheronii, Guér._ 17. Tête du Delphax _minuta, F._

大部分為植食性的半翅
目（見次頁）昆蟲中，
蟬、蠟蟬、提燈蟲一同
構成最主要的物種多樣
化事件之一。圖出自梅
納維爾的《居維葉動物
界插圖》。

提燈蟲（蠟蟬科 Fulgoridae）有時會被誤認為色彩繽紛的蛾類。因頭上常有中空突起而有此一名，十九世紀前的藝術家錯以為這個構造會發光。圖出自韋斯特伍德的《東方昆蟲學藏珍閣》。

俗的誤解，雖說這樣的過度簡化確實能引人注意。實際上，生物多樣性是眾多演化因素共同造就的，也就是數個關鍵性狀交互作用，再加上大環境、隨機事件、與其他生物支系共同演化。以昆蟲的多樣性而言，翅膀起源後有另一項重大變革徹底改變了飛行昆蟲中的一個巨大類群，使之成為演化上的超級強權，稱霸我們的世界。

有些椿象的外表帶有棘刺或花邊，例如這些緣椿科（Coreidae）的物種。這是骨化的翅膀和胸部延伸出來的構造。此處圖中的金卵椿因背負橙色的卵而得名。圖出自韋斯特伍德的《昆蟲學奧秘》。

譯註

1：原書出版後，2021 年 Geraldine Wright 當選第六位講座教授。

2：然而近期的系統基因體學研究（Wipfler et al., 2019）並不支持紡足目和缺翅目的近緣關係。

3：也拼寫為 Embioptera。

4：蛩蠊目早期目名為 Grylloblattodea，但後來與螳䗛目 Mantophasmatodea 合併後有人認為可使用 Notoptera 這個學名代表整個目別，不過也有人認為 Notoptera 是一個總目，而蛩蠊目 Grylloblattodea 與螳䗛目 Mantophasmatodea 仍是獨立的兩個目。

5：舊時分類位階為獨立目別「等翅目」，但近期系統發育學證據顯示白蟻為蜚蠊目的一部分，現降級為等翅下目或白蟻上科，這裡翻譯成等翅下目以符合最新科學進展。

6：也有人使用「Blattodea」這個拼法。

7：又稱為查加斯氏病、美洲錐蟲病和南美錐蟲病。

5

完成
蛻變

> 「毛毛蟲的單幅圖片上，
> 沒有蛛絲馬跡能讓你知道
> 牠將蛻變成蝴蝶。」
>
> ——富勒（R. Buckminster Fuller），1992年，《宇宙結構學》

頁76：蛾類的幼蟲、蛹和成蟲細節。《歐洲昆蟲史》，梅里安，1730 年出版（同見頁 80）。

右：鍬形蟲的各個成長發育階段：卵（左下）、幼蟲（右下和左中）、蛹（右中和下中）、蛹室（上）。圖出自《昆蟲自然史》，羅森霍夫於 1764-1768 年出版。

對頁：梅里安在蘇利南生活期間繪製的精美對開本，是闡明昆蟲蛻變過程最偉大的著作之一。上到下分別為：長牙大天牛（Macrodontia cervicornis）、棕櫚象鼻蟲（Rhynchophorus palmarum）、環帶蘭蜂（Eulaema cingulata）。圖出自《蘇利南昆蟲之變態》，梅里安於 1719 年出版。

孩童時期的我們，基本上就是日後自己的袖珍版。許多昆蟲類群也如此，我們在先前章節提到的昆蟲目別，幾乎所有的幼生期很大程度都與成體形態相似。若蟲從卵粒孵化後，會在每次蛻皮後逐漸長大，最後蛻皮為成蟲後達到性成熟，並獲得功能完整的翅翼。這樣的發育形式稱為「半變態」（hemimetabolous，源自希臘文的「hemi」，意為「一半的」，以及「metabolos」，意為「可轉變的」），有時也稱為「不完全變態」，會有此名，是因為每次蛻皮的變化相當細微，且若蟲的生活型態基本上與成體類似。舉例來說，草蜢若蟲的食性及習性與成體一樣，但體形更嬌小，有不具備飛行功能的翅芽，也還無法傳宗接代。然而，有翅昆蟲中最為多樣的類群，都是從幼蟲期的生活開始，不論是毛毛蟲（蝴蝶和飛蛾）、蠐螬（甲蟲）或者蛆蟲（蒼蠅），發育模式就和成蟲截然不同，並且在從幼蟲到蛹，最終進入成年期時，歷經了更加劇烈的形態變化。相反地，半變態的昆蟲，如前述的草蜢，在成年前沒有幼蟲期或蛹期，僅有若蟲期。完全變態的正式專有名詞為「holometabolous」（希臘文中「hólos」意為「完全的」或「全體的」），和半變態形成鮮明對比。完全變態的昆蟲以幼蟲的形態自卵粒中孵化，

SCARABAEORUM TERRESTRIUM CLASSIS I.

Tab.IV.

A.J. Röfel fecit et exc.

J. Mulder Sculp.

CLXXI

在斯瓦默丹和梅里安的著作出版之前，此處所繪的飛蛾幼蟲、蛹和成蟲都被認為是相異的動物，而非單一物種連續的生活史階段。圖出自《歐洲昆蟲史》，梅里安出版。

會先歷經一連串蛻皮，而後在轉變為成蟲前，進入大體上靜止的發育轉變期，稱為「蛹」。蛹期有時會在繭內度過，例如眾所皆知的蠶繭。幼蟲與成蟲差異巨大，並且在多數案例中，個體在這兩個生活史階段的生存模式會完全不同。幼蟲的棲地經常與成蟲迥異，食物也不同，並需要不同的環境條件才能生存繁殖。由於幼蟲和成蟲是如此不同，以至於人類長久以來誤以

為幼蟲與成蟲毫無關聯，是完全不同的動物。數世紀以來，觀察者均未能發覺這些完全變態的昆蟲成蟲源自何處，或者，若他們將幼蟲與相關成蟲連結起來，便假定是因為發生了奇異的變化，從而誕生了全新的動物。

多年來，出現了許多荒誕假說。人們一度相信多數昆蟲並不交配，而是直接生自爛肉或腐植之類的朽敗物質。其中一個有名的假說，便是蜜蜂誕生自牛隻腐朽的屍體。這個誤解在撥雲見日前，竟持續超過千年之久。塞維亞的聖依西多祿（見頁16-17）在著作《詞源》中，便講授了蜜蜂的工蜂來自腐爛的牛隻、虎頭蜂源自分解中的馬匹、雄蜂誕生自潰爛的騾，而有些胡蜂則產自朽敗的驢。

有趣的是，我們如今所了解的昆蟲蛻變細節，主要奠基於十七世紀末兩位人士的詳實闡述，而他們都來自阿姆斯特丹，分別是荷蘭解剖學者斯瓦默丹（Jan Swammerdam，1637-1680，見頁82-83），以及德裔的插畫家暨博物學家梅里安（見頁94-96）。兩位都在解開昆蟲發育之謎上貢獻了專長，各自發表的報告都說明了完全變態昆蟲生命的連續性——從卵粒到幼蟲，再到蛹，最終是成蟲。

雖然本章開頭引用了富勒的話，但發育中的幼蟲體內其實有島狀原基組織，那代表成蟲獨有的身體結構，例如翅膀、觸角和生殖器官。斯瓦默丹發現的這些成叢細胞群稱為「成蟲盤」（imaginal discs），而他也正確地闡釋了成蟲盤在蛻變發育中的角色。

完全變態昆蟲占據昆蟲多樣性的一大

部分，所有昆蟲中，約有 85％會歷經完全變態。事實上，昆蟲的優勢有部分可歸功於完全變態，幼蟲和成蟲因此得以過上截然不同的生活。本章討論的目別皆隸屬於完全變態昆蟲（Holometabola）這個主要類別，該稱呼明顯指出這個獨特的發育模式。儘管完全變態昆蟲相當成功，但至少以昆蟲的標準來說，並不是所有完全變態昆蟲的目別都種類繁多。有四個類群的物種數超過十萬，其他類群卻都只有一萬左右，或更少。

廣翅目、蛇蛉目、脈翅目

這是完全變態昆蟲中三個關係緊密的類群，最常稱為石蛉、蛇蛉、脈翅類，正式名稱則是廣翅目、蛇蛉目、脈翅目。這些是完全變態昆蟲中物種數較少的類群，所屬支系可追溯至二億八千萬年前，在五千萬年前逐漸式微。如今，這三個類群的昆蟲分別約 380、250、5,800 個物種，相比於甲蟲、蛾類、蠅類的物種數，根本是九牛一毛。這三個類群均擁有神經密布、膜質化的翅翼，但程度不一，且雖說昆蟲學者對於主要昆蟲支系彼此間的關係莫衷一是，對這三個昆蟲類群間的演化近緣性卻幾乎從未有重大爭辯。

石蛉及親緣相近的魚蛉和泥蛉在幼生期棲息於水中，體形相當大，並以「地獄石」（hellgrammites）之名為漁夫所熟知。這些昆蟲通常又大又強壯，其中一種 2014 年發現的怪異物種，翅展竟達 20 公分。因此，「廣翅目 Megaloptera」的名字來由相當貼切，

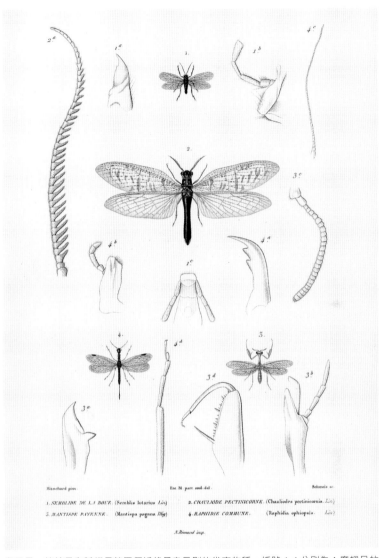

廣翅目、蛇蛉目和脈翅目等三個近緣昆蟲目別的代表物種。編號 1-4 分別為：廣翅目的灰泥蛉（*Sialis lutaria*）和櫛角魚蛉（*Chauliodes pectinicornis*）、脈翅目的史泰利亞螳蛉（*Mantispa styriaca*）、蛇蛉目的模式蛇蛉（*Raphidia ophiopsis*）。圖出自《動物界》，居維葉於 1836-1849 年出版。

熱烈投入變革的人

　　千年以來，人們總假定幼蟲、蛹和成蟲毫不相關，各自代表全然不同的物種。同時人們也相信很多昆蟲都源於自然發生，有時會從其他動物腐敗的肉身中突然出現。荷蘭生理學者斯瓦默丹破除了這樣的想法，把這些迷思從昆蟲學中──驅除，只不過他的宗教狂熱終究使他拋棄了科學研究。

　　1637 年，斯瓦默丹生於阿姆斯特丹。1661 年他就讀萊登大學，於此受訓成為醫生，在短暫休學並赴巴黎工作後，於 1667 年畢業。在巴黎時，他結識了路易十四的皇家圖書館員泰弗諾（Melchisédech Thévenot，約 1620-1692），泰弗諾隨後寄給斯瓦默丹一份 1669年出版的《蠶蛾》複本，此書由義大利解剖學家馬爾皮吉（Marcello Malpighi, 1628-1694）所著，是有關蠶蛾解剖的書。斯瓦默丹原先就對昆蟲那毫微的生命著迷不已，馬爾皮吉的作品更進一步激起他的興趣，這讓斯瓦默丹的父親感到錯愕，他一心希望兒子能投身神職或者行醫。

左：伯豪斯（Johann Peter Berghaus）仿照林布蘭作品繪製的斯瓦默丹肖像，約 1840 年。右：《昆蟲學總論》的 1685 年版書名頁，斯瓦默丹於 1669 年所著。這本書破除了舊時對於昆蟲蛻變的迷思與誤解。

　　斯瓦默丹專心投入自然史。他在家中飼養昆蟲，甚至用自己的血餵養吸血性昆蟲，並透過顯微鏡和精熟的顯微解剖技術研究蚊子、蛾類、螞蟻以及其他昆蟲的習性和生活史。他自行組裝研究器材，提升了精準度，以研究極細微的昆蟲器官。眾多發現都歸功於斯瓦默丹，並且不限於昆蟲學，還包括肌肉收縮的神經傳導，以及至今仍以他為名的淋巴管瓣膜。此外，他最為人所銘記的成就，便是糾正了任何昆蟲都是自發生成的想法，並且明確證明了幼蟲、蛹和成蟲都是單一個體的不同生活史階段。他解剖蜂后的腹部，發現了卵巢，以實據證明蜂后的性別。他也發現雄蜂的雄性器官。斯瓦默丹憑一己之力完成所有製圖工作，並使用時下最新的印刷術──銅版雕版印刷。

　　斯瓦默丹熱切投入研究，而這其實是源於他對上帝創造萬物的敬畏。然而他的宗教信

仰卻愈發狂熱極端,以至於在
1673 年,他終究與科學分道揚
鑣。到了 1675 年,他受法裔
佛拉蒙人布里妮翁(Antoinette
Bourignon, 1616-1680)的蠱惑,
這位精神狂亂、擅長勸誘的神
秘主義者領導一小群人在歐洲
各地傳播她所受的天啟,並分
發宣傳冊。不過,斯瓦默丹發
現他精神上的空虛無法填滿,
很快就在 1677 年離開該宗派,
這也不太令人意外。回到阿姆
斯特丹後,他快快不樂,病痛
纏身。他的父親當時已去世,
斯瓦默丹和妹妹為了遺產劍拔
弩張。他死於 1680 年,年僅
四十出頭。

　　不過在被宗教狂熱吞沒
前,斯瓦默丹於 1669 年出版
了他初步的昆蟲學觀察報告
《昆蟲學總論》。然而他最龐
大且重要的成果,是由零散的
研究手稿集結而成的彙編,由
布 爾 哈 夫(Herman Boerhaave,
1668-1738)翻譯成拉丁文。斯
瓦默丹逝世後五十七年,這本
文集終於在 1737 年以《自然
聖經》之名出版。虔誠的斯瓦
默瓦所著的自然「聖經」透過
實徵科學,如實詠讚了萬物的
多樣性,以及有機體一生中可
能歷經的巨大改變,就跟斯瓦
默丹自己一樣。

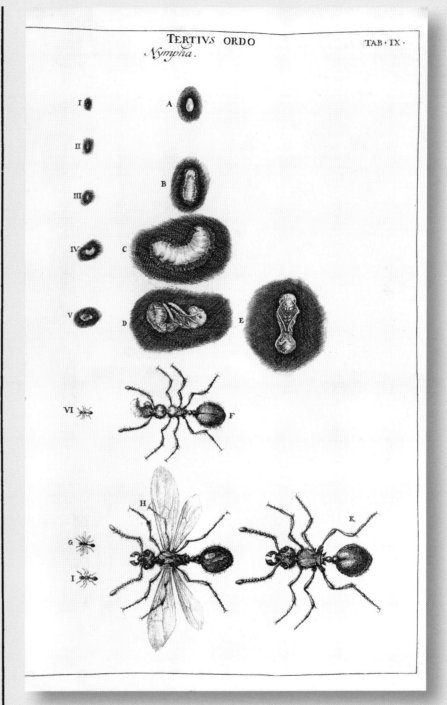

斯瓦默丹解開螞蟻(蟻科 Formicidae)的不同發育階段,並精心在銅版上精心繪製圖像,圖出自《昆蟲學總論》。

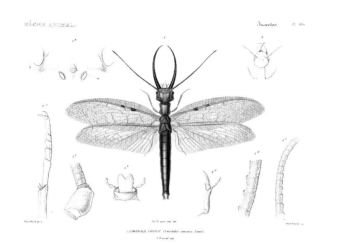

上：巨型石蛉的捕食性幼蟲稱為地獄石，是垂釣者喜用的誘餌。此處所示為具角齒蛉（*Corydalus cornutus*）成蟲。圖出自居維葉的《動物界》。

右：蛇蛉（蛇蛉目）的俗名得於蛇般的頸部，這讓牠們看起來年邁，幾近佝僂。圖中細節出自《依學門的百科全書》，奧利維耶（M. Olivier）於1811年出版。

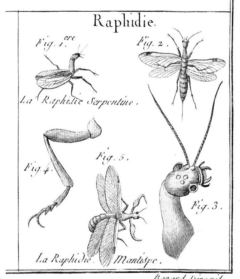

希臘文的「mégas」和「pterón」指「巨大的翅膀」。石蛉一生大多數的時間都為幼生期，在土裡建立蛹室，之後羽化為生命短暫的成蟲前，會住在水裡好幾年。雄性石蛉外貌凶猛，有修長的獠牙狀大顎，然而這僅是求偶時對雌性展示的裝飾，並用來攫握配偶，而非狩獵，因此大體上是無害的。廣翅目昆蟲可見於全球各地。

蛇蛉誠如其名，擁有修長的頸部和纖細的頭部，常擺出狀似微微畏縮的姿勢，非常像小蛇。然而目名「Raphidioptera」的前半部分指的是身體的另一端。雌性蛇蛉的產卵管細長且呈針狀，這項特徵正是學名的由來——希臘文「raphidos」，意為「繡針」。蛇蛉在六千五百多萬年前一度遍布全球，如今僅存於北半球的溫帶森林，是日間掠食者，通常以小型節肢動物為食。蛇蛉用修長的產卵管在樹皮底下產卵，這是多數蛇蛉幼蟲成長的地方。幼生期的蛇蛉在完全變態的昆蟲中相當特別，原因有二：首先，為了完成發育，終齡幼蟲或蛹必須經歷一段溫度接近冰點的時光，這項生活史性狀也部分解釋了牠們的棲地為何僅局限於較冷的北方地區或者海拔較高處。其次，雖然一般昆蟲的蛹通常靜止不動，但是蛇蛉的蛹卻會動且相當活躍，並會像成蟲一樣獵捕小型獵物。

最後則是脈翅類，本類群還包括蟻蛉（蟻獅）和蝶角蛉。牠們輕薄透明的翅翼上纖細的翅脈交錯密布，數量比石蛉及蛇蛉更多。目名「Neuroptera」的開頭衍生自希臘字「neuron」，意為「神經」，正指出這個事實。脈翅類的成蟲通常為夜行性動物，多以花粉或花蜜為食，有些則捕食小型節肢動物，或者因活不夠久而不需要食物，根本什麼都不吃。雖然成蟲顯得嬌弱優美，幼蟲卻是凶猛的掠食者。所有脈翅目幼蟲均有特化的顎，其大顎與小顎結合，形成吸血鬼般的細管，可用來吸乾獵物的體液。草蛉的幼蟲是高效率的蚜蟲殺手，往往透過精巧的偽裝來隱匿形蹤，如全身覆上地衣碎片、植物殘屑，甚至獵物的屍

體（見頁 170-171）。牠們是非常成功的掠食動物，因而又俗稱「蟻獅」，人們有時會用來做生物防治。蟻蛉的幼蟲會用尾部向後掘進鬆散的土壤或沙子，而後待在小窪坑的底部，張開結實的顎，等待在劫難逃的螞蟻或其他節肢動物失足跌入。脈翅類中最特別的，或許是稱為水蛉的昆蟲，其幼蟲演化成淡水海綿的掠食者，而這種獵物不會移動，因此不必苦苦追捕。

鞘翅目

　　甲蟲，正式名稱為鞘翅目，整體外觀跟脈翅類、石蛉、蛇蛉天差地別，因此當得知牠們的親緣關係很近時，總令人震驚。甲蟲在昆蟲多樣性中獨占鰲頭，有超過三十六萬個已描述種，並且每年都穩定湧入新種，即便是物種似乎已經研究透徹的北美洲和歐洲地區，也會發現新種。鞘

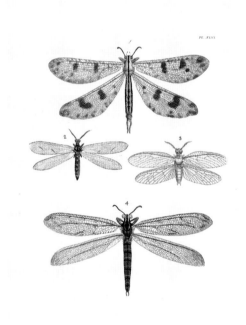

上：蟻蛉類（脈翅目蟻蛉科 Myrmeleontidae）和魚蛉類（廣翅目齒蛉科 Corydalidae）囊括了各自所屬目別中一些最大型的種類。由上至下是：蜻形鬚蟻蛉（*Palpares libelluloides*）、華麗優普蟻蛉（*Euptilon ornatum*）、櫛角魚蛉（*Chauliodes pectinicornis*）、美洲麗蟻蛉（*Vella americana*）。圖出自《異國昆蟲學插圖》，德魯里於 1837 年出版。

右：比起大多數完全變態昆蟲，脈翅類（脈翅目）和近親的翅翼上有更密集的神經。此處羅列了蝶角蛉、蟻蛉、螳蛉、旌蛉、一隻魚蛉（廣翅目，最左上）。圖出自《東方昆蟲學藏珍閣》，韋斯特伍德於 1848 年出版。

左：脈翅目的蟻蛉（蟻蛉科 Myrmeleontidae，上框格）和蝶角蛉（長角蛉科 Ascalaphidae，左下框格）的成蟲，以及長翅目的蠍蛉（蠍蛉科 Panorpidae，右下框格）。圖出自奧利維耶的《依學門的百科全書》。

右：常見的歐洲蟻蛉（蟻蛉科）的幼蟲。蟻獅會在沙土中挖出特有的漏斗狀洞穴，等待路過的獵物失足跌落。圖出自羅森霍夫的《昆蟲自然史》。

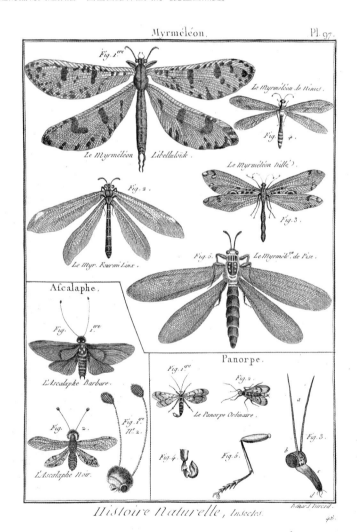

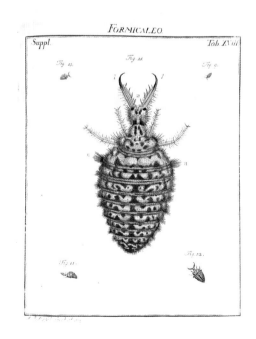

翅類多樣性的成長似乎沒有盡頭，且地球上全體已知物種有近五分之一都是甲蟲。從這一點，我們就能真切理解霍爾丹為何說上帝似乎過分偏愛鞘翅目。

「鞘翅目 Coleoptera」目名中的「coleos」在希臘文意為「外鞘」，指的是甲蟲軀體上的保護性硬質包覆殼。這個富有特色的「殼」，實際上由一對前翅構成，這種特化的前翅稱為「翅鞘」。甲蟲飛翔時僅使用後翅，不使用後翅時，寬闊的翅翼會以獨特的方式摺起，安全藏入翅鞘下、腹部上，如此一來，腹部和後翅就都有硬質化的前翅包覆保護。

甲蟲各式各樣、尺寸不一，從體長超過十公分，貼切地命名為歌利亞甲蟲的非洲物種（圖繪參見對頁），到當今最小的甲蟲——尼加拉瓜的纓毛蕈蟲「穆薩瓦斯擬苔纓毛蕈蟲」（*Scydosella musawasensis*），

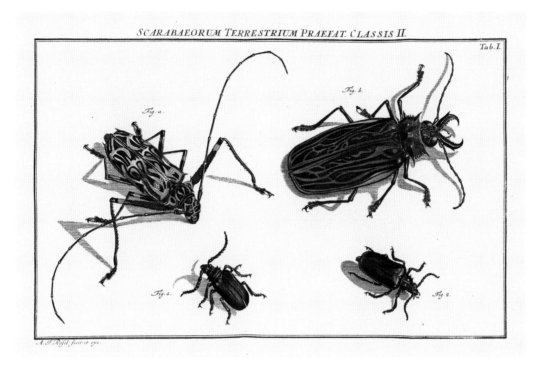

SCARABAEORUM TERRESTRIUM PRAEFAT. CLASSIS II.

Tab. I.

上：具代表性的大型甲蟲，左上為長臂天牛（*Acrocinus longimanus*），右上為長牙大天牛（*Macrodontia cervicornis*）。圖出自羅森霍夫的《昆蟲自然史》。

左下：巨大的阿特拉斯南洋大兜蟲（*Chalcosoma atlas*）來自東南亞，體長可超過 12.7 公分，其名得自希臘神話中以肩扛負天國的泰坦巨人阿特拉斯。雄蟲求偶時，會以顯眼的犄角與競爭對手比試。圖出自《印度昆蟲自然史》，唐納文於 1838 年出版。

右下：產於非洲赤道東部地區的歌利亞大角花金龜（*Goliathus goliatus*）是該屬中數一數二的大型物種，體長可達 11 公分。圖出自德魯里的《異國昆蟲學插圖》。

體長僅稍稍超過 0.25 公釐，肉眼幾乎看不到。我們為某些甲蟲類群取了特別的名字，如螢火蟲、瓢蟲、金龜子、象鼻蟲，這些不過是這個廣泛支系中的特定形態。對於人們想像得到的任何生活模式，必定都有一種甲蟲符合描述：寄生者、掠食者、授粉者、菌食者、植物害蟲、水棲者，甚至喜歡在泥濘與糞便中攪和的物種。不論到哪裡，幾乎都能找到甲蟲。當中最龐大的類群為特化的植食者，與開花植物一同演化出多樣化。不過甲蟲更加古老——可辨認出的甲蟲物種化石，年代能追溯至

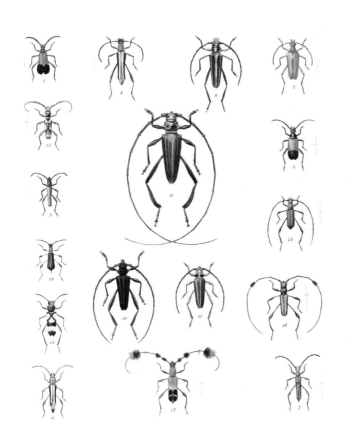

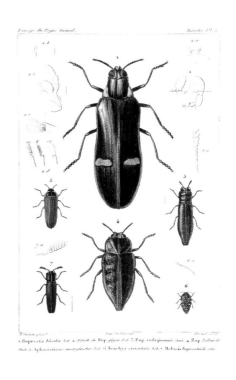

左：豐富的美洲熱帶地區天牛（天牛科 Cerambycidae）。圖出自《中美洲生物相：昆蟲綱鞘翅目》，1880-1911 年出版。

右：甲蟲硬化的前翅（稱為「翅鞘」）時常飾有花紋與色彩，加上物種數量驚人，業餘愛好者或專業昆蟲學家通常都非常喜愛。大型物種的翅鞘色彩變化多端，從綠色、藍色到紅色都有，外觀甚至如珠寶般璀璨奪目，例如圖中的雙色琉璃麗吉丁（*Megaloxantha bicolor*）。圖出自《居維葉動物界插圖》，梅納維爾，1829-1844 年出版。

二億八千萬年前。甲蟲的變化永無止境，幾百年以來都是收藏家的最愛。許多新進昆蟲學者原本都是甲蟲迷，達爾文便是其中之一。

撚翅目[1]

撚翅蟲，英文叫「twisted-wings」（沒錯，就叫這個名字），隸屬撚翅目，約有六百種，全都是寄生者。撚翅蟲極為突出，或許是所有昆蟲中最怪異的一群。撚翅蟲如此特別，似乎是甲蟲的近親，儘管如此，昆蟲學家一直很困惑，不知如何找出牠們最近緣的親戚。撚翅蟲的外形和生物學都讓人相當難忘，並且正因牠們占比極低又稀有，也沒辦法研究得更透徹。雄性成蟲無疑極富特色，擁有大型、球根狀的眼睛，類似黑莓。前翅退化為小而細的柄狀物，不具備飛行功能，卻提供感覺訊號，協助定向。撚翅蟲僅憑後翅便能飛行。相對於

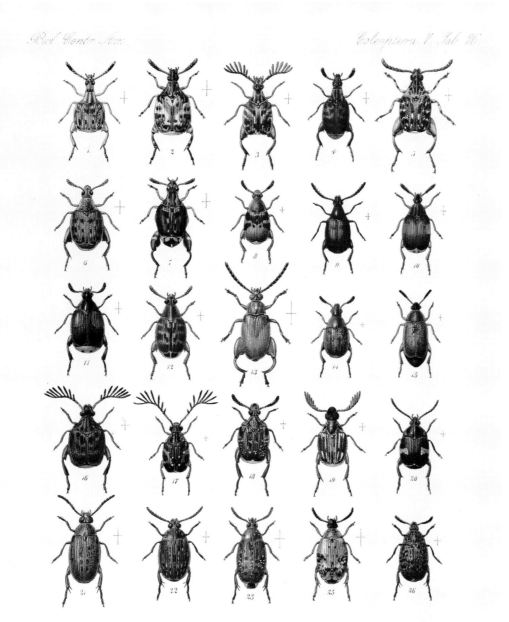

1 BRUCHUS LONGIFRONS.
2   "   ALBOTECTUS.
3   "   GODMANI.
4   "   INCENSUS.
5   "   SALVINI.
6   "   COLUMBINUS.
7   "   ABERRANS.
8   "   SUAVEOLUS.

9 BRUCHUS CYANIPENNIS.
10   "   ALTICOLA, var.
11   "   MILITARIS.
12   "   LINEATICOLLIS.
13 CARYOBORUS CHIRIQUENSIS.
14 BRUCHUS BREVIPES.
15   "   LONGULUS.
16♂   "   CUBICIFORMIS.
17♂   "   IMPIGER, var.

18 BRUCHUS COMPACTUS.
19♂   "   LEUCOSPILUS.
20 SPERMOPHAGUS PROPINQUUS.
21   "   DISPAR.
22   "   DYTISCINUS.
23   "   CENTRALIS.
24   "   MARMORATUS.
25   "   IRRORATUS.

W. Purkiss lith.   Hanhart imp
413.

豆象（豆象亞科 Bruchinae）
是金花蟲（金花蟲科
Chrysomelidae）中的一
個多樣類群。幼蟲會嚙食
多種植物的種子，有些會
嚴重危害作物。圖出自
《中美洲生物相：昆蟲綱
鞘翅目》。

前翅，後翅很寬，且幾乎不再有翅脈（翅脈經常橫亙於昆蟲翅翼）。撚翅蟲目名 Strepsiptera 源於薄弱的翅翼，希臘文「streptós」意指「搓捻、扭轉」。雄性的觸角有眾多分支，且大顎退化，成為感官構造而非用於進食。

雌性的撚翅蟲則完全不同。幾乎所有撚翅蟲的雌性成蟲都是「幼態延續」的，該名詞指的是，雖然已是成蟲，但外觀還維持幼蟲的形態。因此，幾乎所有的雌性都缺乏眼睛、觸角、翅膀、足，甚至是看似必要的器官，例如直腸。作為寄生蟲，雌性住在宿主的體內，如蜜蜂或蟋蟀，除了從宿主外骨骼的節間膜向外露出一小部分構造簡單的頭部，並不會現身，而頭部

也成了牠與外界唯一的連結。另一項奇異的「twist 變形」，便是雌蟲頭部的外露開口同時是與雄蟲交配的部位，也是隨後產下幼體的產道，而多數昆蟲產下的是卵粒。如同攤商最愛講的：「嘿！等等！不只這樣，還有更多！」擁有翅膀的雄性會找到寄生性的雌蟲，與雌蟲外露的頭部交配，而後離開。受精卵最後會流入雌性體腔內發育，最終長成一齡幼蟲。這些初齡階段的幼蟲非常活躍，會經由雌蟲頭部的管道跑出來，在環境中散開，找尋新寄主。一旦如願，幼蟲便會使用消化酶在寄主的身上「鑽孔」進入，之後蛻變成高度簡化、無足且大多靜止不動的幼蟲形態，逐漸從其犧牲品體內吸取養分。最終，雄蟲會從

左：神秘的撚翅蟲（撚翅目）。雄蟲翅膀發達，雌蟲卻永不離開寄主，並且看不太出來是昆蟲類。從左上順時針為：胡蜂薩諾蜂蟊（*Xenos vesparum*）、大利蜂蟊（*Stylops dalii*）、纖鬚枝角蟊（*Elenchus tenuicornis*）以及柯蒂斯櫛角蟊（*Halictophagus curtisii*）。圖出自居維葉的《動物界》。

右：人們首次發現並描述柯蒂斯櫛角蟊時，推測牠們會危害隧蜂屬（*Halictus*）成員，而所取的學名也反映了這個生物學假說，字面上的意思是「取食隧蜂屬」。然而，後來人們發現牠們其實是寄生在蠟蟬、棘角蟬以及這些類群的近親上，這個屬名因而顯得誤導。圖出自柯提斯，《不列顛昆蟲學》，1823-1840 年。

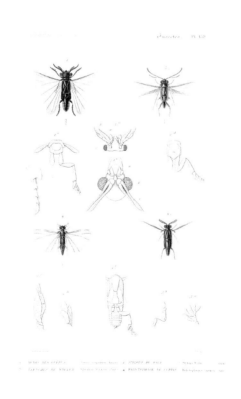

寄主體內鑽出，化蛹後變為成蟲，而雌性則重演母親的生命週期。

膜翅目

———◆———

　　螞蟻、蜜蜂以及胡蜂全都是膜翅目的成員（目名 Hymenoptera，希臘文的「hymenos」意指「膜質」），構成了四個高多樣性的昆蟲目別之一。膜翅目的物種數超過十五萬五千種，是整體多樣性極度被低估的類群之一，也就是說，若徹底清查，其多樣性或許會是現在的兩倍。很少人知道螞蟻和蜜蜂不過是特化的胡蜂，因此我們或可直接說，膜翅目其實就是胡蜂的目別。寄生性可說是胡蜂類演化學中的大議題，其物種數的 75% 為寄生者。然而，最原始的胡蜂幼蟲卻只吃植物，有時候會形成大型群體，並變成害蟲危害森林。植食性物種僅有八千個，包括木蜂和鋸蠅[2]。鋸蠅的名字源自鋸齒狀的產卵管，牠們會用產卵管將卵放入莖內或其他植物組織內。這些蜂沒有典型的「蜂腰」，腹部與胸節緊緊相鄰。

　　看起來更加熟悉的胡蜂則演化出細窄的腰部，腹部及腹部末端產卵管因而得以大幅度活動，而後者尤其重要。這些具有蜂腰的物種演化出寄生性，起初僅寄生在其他蛀木性昆蟲上，之後拓展範圍，能襲擊各種昆蟲，甚至一些蛛形類。顯然早在開花植物降生前，寄生性就高速推進胡蜂類的多樣化進程。有些寄生蜂的生物學特性簡直是夢魘，甚至部分啟發了人氣電影的主題，例如《異形》。舉例來說，雌性

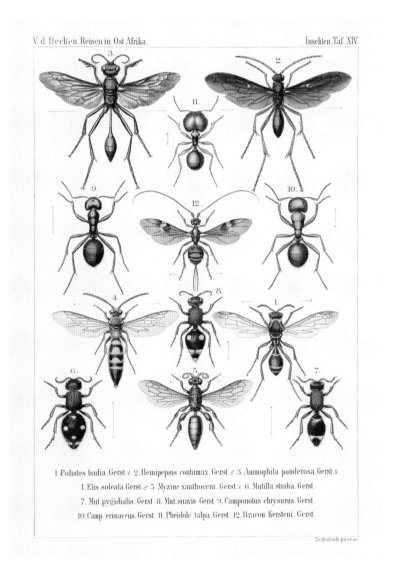

膜翅目包含螞蟻、胡蜂和蜜蜂。許多膜翅目昆蟲會螫人，例如這裡描繪的大多數物種（來自不同科別）。不過出乎意料的是，圖中間這隻有著細長產卵管的物種其實上是不會螫人的寄生蜂：克斯坦巴氏繭蜂（*Bathyaulax kersteni*）。圖出自《德肯男爵東非遊記》，格斯塔克，1873 年出版。

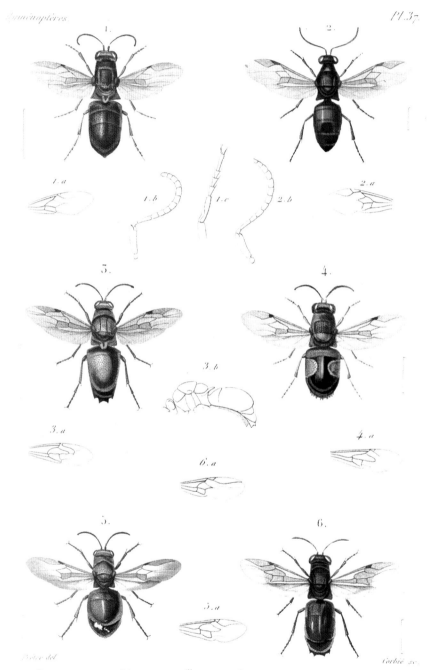

如圖所示，青蜂（青蜂科 Chrysididae）時常展現豔麗的金屬色，並且就像鼠婦一般，會在遭受攻擊時蜷曲起來，形成緊密的球狀防衛姿態。圖出自《昆蟲自然史》，勒佩列捷於 1836-1846 年出版。

1. Chrysis imperialis
2. Stilbum oculatum. 3. Stilbum splendidum.

全球的青蜂物種超過三千種，其英文名為「杜鵑胡蜂」，因為很多種都如杜鵑鳥一樣，會將卵產在其他胡蜂的巢穴，不過有些種類則是竹節蟲或葉蜂的專一性寄生蟲。圖出自唐納文的《印度昆蟲自然史》。

姬蜂會抓牢犧牲品，如毛毛蟲，高高弓起細長的腹部，導引產卵管進行皮下注射，將卵注入活生生的宿主體內。宿主之後會回歸日常生活，寄生蜂幼蟲則開始啃食宿主內部，最終殺死宿主，並從其體內破肚而出，造繭化蛹。這些細腰蜂類的其中一群更進一步演化出產卵管的特化構造，不再用來產下蟲卵，而是用來注入相關腺體製造的毒液，使產卵管搖身變成我們都畏懼的毒針。毒針既可用於制服獵物，也是防禦性武器。由於毒針是特化的產卵管，而雄性顯然缺乏這個構造，因此無法注射毒液。

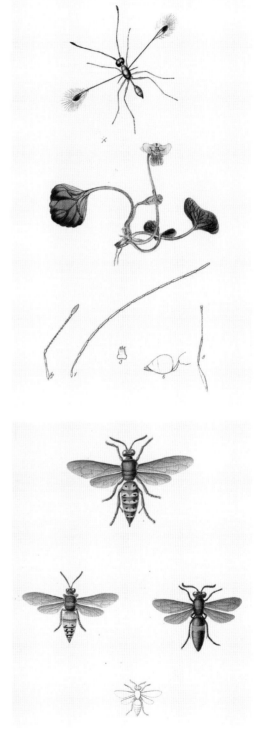

上：微美纓小蜂（*Mymar pulchellum*）的前翅，長度小於 1 公釐，有一細長的柄，在末端擴展成槳狀構造，邊緣有長而挺立的剛毛。這是非常微型的飛行昆蟲獨特的翅膀形式，這些昆蟲飛行時就像在黏滯的流體中游泳。圖出自柯提斯的《不列顛昆蟲學》。

下：西部殺蟬泥蜂（*Sphecius grandis*，上排及下排左）的尺寸令人印象深刻（約 5 公分），會獵捕鳴蟬，而細腰蜂科的單環刺大唇泥蜂（*Stizoides unicinctus*，下排右）則像是杜鵑鳥，會把卵產在近緣胡蜂類的巢穴內。雖說外表和體形令人畏懼，但不會主動進犯人類。圖出自《美國昆蟲學》，塞伊（Thomas Say）於 1828 年出版。

改變的藝術

在那段女性大體上被排除在科學圈之外的時代，梅里安高明地展露了她優秀的博物學才能，並留下世上數一數二知名的昆蟲生活史書冊。就像同時代的斯瓦默丹，梅里安記錄了昆蟲的蛻變，解開亞里斯多德派學者和中古世紀的許多誤解。

1647 年，梅里安生於法蘭克福一戶雕刻師家庭，父親在她只有三歲時去世。一年後，母親嫁給花卉畫家馬雷爾（Jacob Marrel, 1613-1681），而教導梅里安繪畫的，正是繼父。昆蟲的美麗引起少女梅里安的興趣，她也開始素描、彩繪毛毛蟲在植物上的身影，注意毛毛蟲最終如何轉變為蛾類和蝴蝶。馬雷爾是卡拉瓦喬（Caravaggio, 1571-1610）的畫迷，而卡拉瓦喬為著名的自然主義畫家，不怯於描繪腐壞朽敗，他在 1599 年左右所繪的《水果籃》（Basket of Fruit）中，就畫出被蟲啃食的蘋果和遭蟲害的葉片，在當時是大膽的突破。馬雷爾對寫實主義的欣賞想必傳給了梅里安，她的作品超越了藝術的傳統手法，時常在單一場景中展示完整的生活史循環，包括不太宜人的死亡部分。

梅里安於 1665 年嫁給繼父的學生格拉夫（Johann Andreas Graff, 1636-1701）。她有兩個女兒，就像馬雷爾，她教授女兒繪畫。

由尤布拉肯（Jacob Joubraken）仿照格賽爾（Georg Gsell）風格所繪的梅里安肖像畫，圖出自皮爾金頓（Matthew Pilkington）於 1805 年出版的《畫家詞典》。

1675 年，她出版了植物雕版畫的作品集，緊接著在 1677 年和 1680 年進一步出版兩部作品，描繪蝴蝶和其他昆蟲的蛻變，其中一部甚至包含一幅寄生蜂攻擊毛毛蟲的畫作。梅里安的婚姻生活並不如意，1685 年她離開丈夫，到荷蘭的魏窩特（Wieuwerd）加入新教徒社群。她的房東是索摩斯戴克（Cornelis van Aerssen van Sommelsdijck, 1637-1688）——荷屬蘇利南的第一任總督。對於熱帶生活的美好幻想激起了梅里安的興趣。她和女兒在 1691 年搬到阿姆斯特丹。次年，梅里安的丈夫和她離異，長女和阿姆斯特丹的零售商結婚，這人從事蘇利南貿易。梅里安決心探索並繪製熱帶環境的奇觀異事。1699 年，她開始計畫到蘇利南遠行，以販售畫作籌措旅費，她的零售商女婿顯然也有資助。

那年 7 月，她和么女啟航，兩個月後抵達她夢寐以求十多年的殖民地。她在兩年間遊遍蘇利南，熱切地觀察動植物，主要關注昆蟲和牠們的蛻變。相對於她在歐洲的閱歷，這全部都相當陌生新奇。熱帶林木相當高大，有清楚分層，許多昆蟲出沒在高聳的樹冠層，人類很難抓到，也很難看到。梅里安盡其所能取得這些高處的物種，有一次甚至請人砍倒一棵樹，看看爬樹人爬不到的地方有什麼不可思議的奇

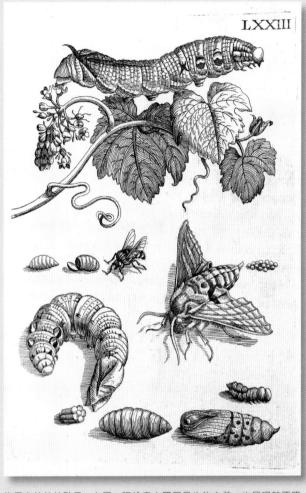

自畫家生涯早期，梅里安就對昆蟲的生命周期相當著迷，經常描繪蛾類和蝴蝶的各個生活史階段，例如幼蟲、蛹和繭，以及成蟲。插圖來自她的《歐洲昆蟲史》。

梅里安的的特點是，在同一張繪畫中既展示生物之美，也呈現較不吸引人的部分，例如這幀來自《歐洲昆蟲史》的畫作，除了描繪一隻蛾的各個生命階段，還畫下其寄生蠅在相同階段中的生活史。

觀。她用客觀、嚴密的眼光觀察每一處。

1701 年 6 月，梅里安感到病懨懨的，或許是罹患了瘧疾，因而不得不返回阿姆斯特丹。回國後她販售標本，花費四年把觀察到的熱帶植物與昆蟲繪製成雕版畫和水彩。這些藝術作品都附有文字，說明昆蟲生活史的細節，最重要的是，

描述了完全變態昆蟲完整的蛻變過程。1705 年，她出版《蘇利南昆蟲之變態》，該書的知識都出自實徵研究，雖獲得成功，賣書的利潤並未讓她就此衣食無虞。梅里安看重科學知識甚於財富和安定，持續以販賣畫作維持生計。儘管她的著作在知識圈內舉足輕重，然而身為女性，她常常被屏除在討

論交流之外，即便討論的主題是她的發現。1715 年，梅里安中風，身體部分癱瘓。她一直沒有康復，在 1717 年與世長辭。若讓她繪製自己的一生，那必然有如她鍾愛的昆蟲，呈現她個人的蛻變——在啟蒙運動拂曉之際，一位女性的前景出現徹底轉變。

旅居蘇利南讓梅里安得以見到大型熱帶蝴蝶，例如夢幻閃蝶[3]（*Morpho deidamia*）。她向我們展示了幼蟲如何啃食寄主植物，也就是西印度櫻桃[4]（*Malpighia glabra*）。至於成蟲，梅里安則繪製了背面和腹面翅翼圖。圖出自《蘇利南昆蟲之變態》，1719年出版。

雖然這些有螫蜂還有一些種類保有寄生性，但多數種類演化為掠食者，獵捕蜘蛛、毛毛蟲、蠟蟬以及很多昆蟲。捕食性的種類包含我們最熟知的膜翅目昆蟲，如虎頭蜂、造紙胡蜂、黃蜂、螞蟻還有蜜蜂，這些大多數也都是社會性昆蟲，擁有錯綜複雜的巢穴和群體結構。雖然蜜蜂並不捕食獵物，而是吃花粉和花蜜，且是卓越的授粉者，然而，即使是在蜜蜂中，寄生仍然是重要主題。蜜蜂多數獨居，社會性種類略少於一千種，占多樣性的 5%，寄生性種類則有幾千種，一般俗稱為杜鵑蜂類[5]，這是因為牠們會將卵粒產在其他蜜蜂的巢穴內，就像杜鵑鳥一般。

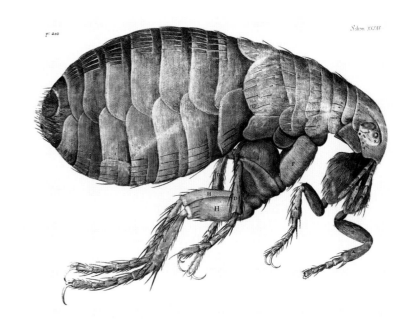

長翅目、蚤目[6]

另一個規模較小的類群為蠍蛉，學名為「長翅目 Mecoptera」（希臘文「mêkos」的意思是「長度」，指本目眾多物種都有的修長翅翼）。如同脈翅類，這些昆蟲為孑遺生物，物種稍微超過七百五十個。本目由迥然不同的幾個類群構成，很多都擁有細長的翅膀和延長的頭部。這些蠍蛉正如其名，雄蟲擁有球根狀生殖器，並可背向弓起至腹部上方，像極了蠍子的尾部，然而是無害的。其他物種則身形瘦長，擁有細長的足，用來懸掛在葉子上以及抓牢食物——小型節肢動物。這些種類稱為蚊蠍蛉或擬大蚊（英文俗名為「hangingflies」，意思是懸掛蚊），看來就像大蚊，然而後者為真正的蚊蠅類，兩者並無親緣關係。

美蠍蛉，英文俗名「earwigflies」或「forcepflies」，為長翅目中另一個特別的科別，現僅存三個物種。雄蟲的生殖器特化成巨大的鉗狀構造，看起來像極了蠼螋的尾部末端。另外，雪蠍蛉科（或稱作雪蚤）的翅膀退化或完全無翅，在冬末和初春會在雪地散開，尋找配偶。蠍蛉類還有一個科別，叫做「水蠍蛉科」（Nannochoristidae），廣泛分布於南半球，且為唯一的水生長翅目昆蟲，捕食淡水中的蚊蠅類幼蟲。水蠍蛉

一隻跳蚤，很可能是人蚤（Pulex irritans）。虎克藉助顯微鏡設備出版的巨著《顯微圖譜》（初版於 1665 年，但此處為 1667 年版），首次展現跳蚤精采和毫微的細節。跳蚤雖然沒有翅膀，但全都來自具備完整飛行能力的共同祖先。

由木板畫可見阿爾德羅萬迪觀察有多精準。畫中可即認出常見的歐洲蠍蛉（蠍蛉屬 Panorpa）修長的頭部和球根狀且背向弓起的雄性生殖器，有如蠍子的尾部。出自《昆蟲及動物七卷》（1638 年版），阿爾德羅萬迪，初版 1602 年。

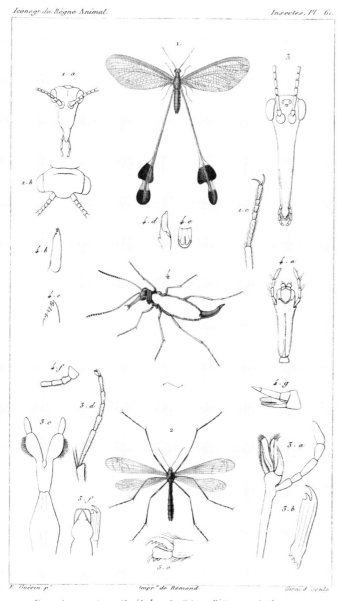

Iconogr. du Règne Animal.   Insectes, Pl. 61.

E. Guérin p.   Impr. de Rémond.   Giraud Sculp.

1. Nemoptera extensa Olw. (halterata Fab.) 2. Bittacus tipularius Latr.
3. détails de la Panorpa communis Lin. 4. Boreus hiemalis Lin.

雖然圖中數者均曾被認為親緣相近，實則不然。上排為展延勒薩旌蛉（Lertha extensa），隸屬於脈翅目。不過翅膀退化的嚴冬雪蠍蛉（Boreus hyemalis，圖中），以及義大利蚊蠍蛉（Bittacus italicus，圖下），親緣則均與蠍蛉所屬的目別（長翅目）相近。圖出自梅納維爾的《居維葉動物界插圖》。

的幼蟲有已完全發育的複眼，在昆蟲幼蟲中絕無僅有。現今針對水蠍蛉演化親緣關係的研究指出，這個類群很可能不該歸類為長翅目，有些人便順理成章將牠們視為自成一目，稱為小長翅目（Nannomecoptera）[7]。

物種數超過兩千五百種的跳蚤類，是很多人寧願生活中不存在的完全變態昆蟲類群。跳蚤是只以吸血維生的寄生蟲，大多吸食哺乳類血液，但也吸食一些鳥類類群的血液。不同於終其一生住在宿主身上的蝨子，蚤類不進食時可離開宿主相當久，宿主一死去，便會快速跳離。於是，雖然有些跳蚤有專一宿主，很多則不然，潛在犧牲者的範圍相當廣。在演化為適合其生活模式的特化形態時，跳蚤失去了翅膀和飛行能力。牠們的頭部很小巧，並擁有能穿刺的口針以吸取血液，蚤目的目名「Siphonaptera」，指的便是這點：希臘文字首「síphōn」意為「吸管」，「ptera」是「翅翼」，前綴「a-」則表示否定之意，結合起來的意思大致指「有吸管但缺乏翅膀」。跳蚤特化的後腿適合跳躍，因此能以獨特的模式脫逃，也能迅速找到下一個宿主。誠如蝨子，跳蚤對於人類文明影響深遠，是淋巴腺鼠疫的傳播媒介。腺鼠疫會造成大瘟疫，十四世紀黑死病就是著名例子。

雙翅目

雙翅目包含真正的蠅類，以及蚊子和蠓蟲。其學名Diptera指「兩片翅膀」（「dís」在希臘文中意為「雙倍」）。不若其他支

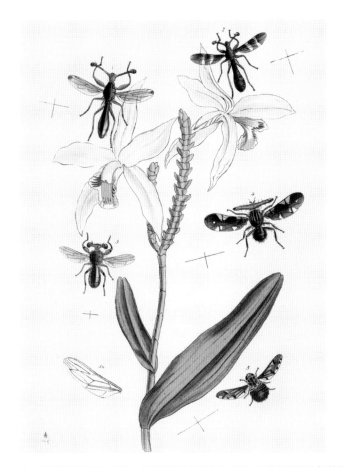
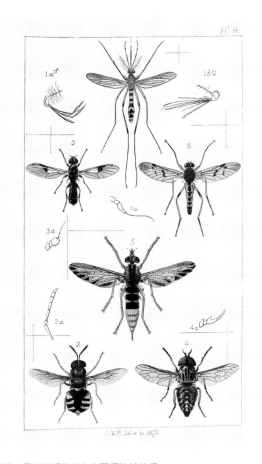

左：蒼蠅是整個昆蟲家族中生態習性最多樣化的成員，有些種類還是教科書中的例子，用來說明雌性在交配選汰時的偏好導致雄性誇張的裝飾，例如這邊繪出的柄眼蠅（柄眼蠅科 Diopsidae）和其近親。圖出自韋斯特伍德的《東方昆蟲學藏珍閣》。

右：斯黛華利於 1871 年出版的《不列顛的昆蟲》一書中各式各樣的蠅類（雙翅目），由上至下分別為：尖音家蚊（*Culex pipiens*）、異色水虻（*Stratiomys chamaeleon*，左上）、銅色瘦腹水虻（*Sargus cuprarius*，右上）、秋虻（*Tabanus autumnalis*，左下）、蜂形食蟲虻（*Asilus crabroniformis*）、模式鷸虻（*Rhagio scolopaceus*，右下）。

系，雙翅目昆蟲的後翅退化為小型的柄狀構造，稱為「平衡桿」（halteres），有助於穩定飛行。蒼蠅飛行時雖然僅依靠兩片翅翼，卻是優秀的飛行者。蠅類極為成功，已發現、記述的種類超過十五萬五千個，但這可能只是總體多樣性的四分之一或更少。當我們想到蒼蠅，多數人想到的是常見的家蠅（*Musca domestica*）。然而，蠅類

的生態比任何昆蟲類群都更加多變，想簡要地概括是艱難的挑戰。

　　或許在每一個想像得到的棲地環境，都能發現特化的蠅類。牠們遍布全球，雖然是獨居性，卻如其他節肢動物類群，展現出複雜、令人眼花撩亂的行為。蒼蠅放大後可能相當驚人，華麗的色彩絲毫不遜於更顯眼的甲蟲。事實上，翅膀有花紋的

石蛾（毛翅目）就像小型的蛾類，因其水棲幼蟲可利用砂子、小卵石或植物碎片來建造特殊的殼而得名。圖出自羅森霍夫的《昆蟲自然史》。

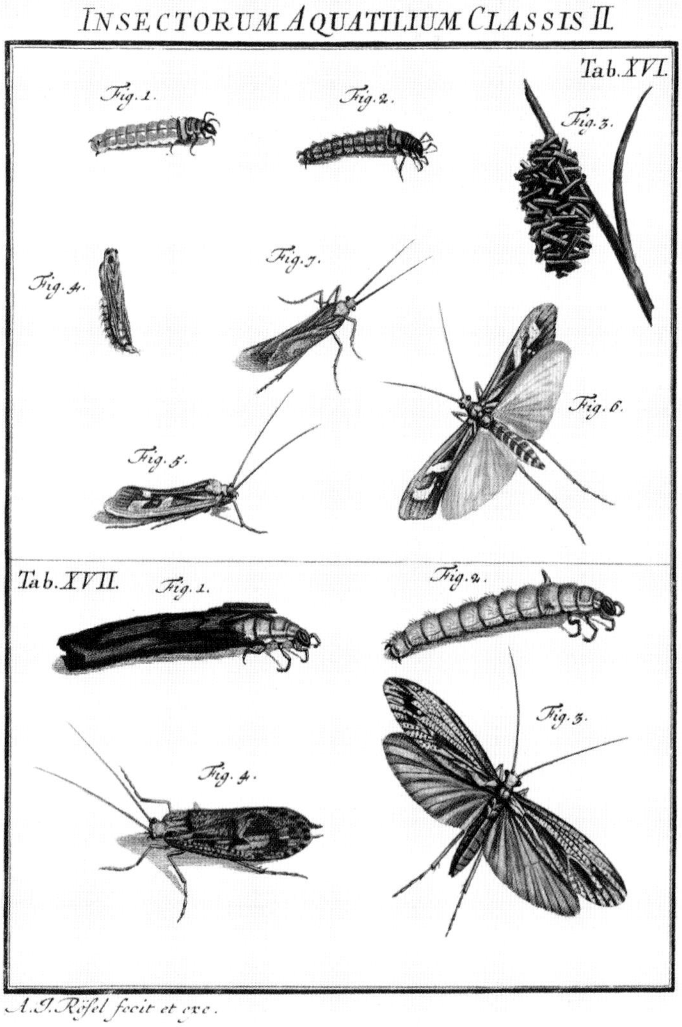

INSECTORUM AQUATILIUM CLASSIS II

Tab.XVI.

Fig.1.
Fig.2.
Fig.3.
Fig.4.
Fig.7.
Fig.6.
Fig.5.

Tab.XVII.
Fig.1.
Fig.2.
Fig.3.
Fig.4.

A.I.Röfel fecit et exc.

種類求偶時，若觀察其展示行為會發現，那就像水手用旗語打出信號。有些種類演化為無翅，並寄生在蜜蜂和蝙蝠身上，有些類群的頭形則很誇張，複眼分得很開，位於長柄狀頭部的兩端，用於求偶展示。吸血的種類，如眾多的蚊子、采采蠅和其他蠅類，對人類健康相當有害，傳播的微生物會造成嚴重疾病，例如瘧疾、黃熱病、利什曼病、昏睡病和腦炎。其他種類為家畜害蟲，如螺旋蠅，雖說他們的幼蟲也有助於法醫學，讓調查人員能精準判定謀殺案中受害者的死亡時間，甚至是地點。

話雖如此，但事實上蠅類大多是有益的，只不過有些種類的行為讓大多數成員被誤解是有害的。除了自身外，人類研究最透徹的物種便來自雙翅目——實驗室中的果蠅，正式名稱為黑腹果蠅（*Drosophila melanogaster*）。果蠅已經成為解開遺傳學和發育生物學基本法則的模式生物，直接引領上個世紀以來人類健康領域的許多進展。人體內會致病的基因，有 75% 也可見於果蠅，遺傳關係如此接近，又易於操作研究，讓果蠅成為醫學研究的理想工具。

蒼蠅也是第二重要的授粉昆蟲支系，僅次於蝴蝶、蛾類、甲蟲和蜜蜂。大多數蠅類體形微小，但來自巴西的擬蜂虻——英雄巨擬蜂虻（*Gauromydas heros*），翼展可達十公分。大多數蠅類幼蟲都俗稱為蛆蟲，然而牠們就像成體一樣，形態多變。蠅類幼蟲為重要的循環再利用者，以腐爛的植物、真菌為食，甚至也吃動物屍體。雖然蛆蟲一詞常讓人聯想到腐敗和疾病，但是絲光銅綠蠅（*Lucilia sericata*）的幼蟲卻有治療功能，會啃食壞死的組織，促使傷

口癒合，因此可以用來清理壞死的傷口。

毛翅目、鱗翅目

最終的兩個支系為親緣相近的石蛾以及蝶蛾類，正式名稱為毛翅目和鱗翅目。

石蛾物種數約達一萬四千個，幼生期也為水棲，幼蟲住在各式的水域棲地，並建造小型的殼或藏身處。海棲的兩個昆蟲支系之一為石蛾，另一則是隸屬於榮光搖蚊屬（Clunio）的物種。海棲的石蛾屬於海石蛾科（Chathamiidae），住在潮間帶的藻類之間，但是普通菲藍海石蛾（Philanisus plebeius）會把卵粒產進淺盤海燕（Patiriella exigua）這種海星的孔洞裡，如此一來卵粒孵化為幼蟲並離開海星的身體前，都能受到良好保護。

石蛾的藏身處由幼蟲分泌的絲線紡成，有些種類會織出小小的網，從水中過濾食物或捕獲獵物。其餘種類則為活動水域中活躍的掠食者，會製造絲質的「安全線」，在四處游動以捕捉小型節肢動物時，能將自身繫在岩石上。石蛾最令人印象深刻的建構物是由各種材料築成的外殼，依據不同種類，材料從小木片到細石子都有。有些外殼固定在基質上，其他則不然。幼蟲短小的足從殼的前端伸出後，便可拖著殼尋覓新位置。如同幼蟲，蛹也會在水中織出小型絲質遮蔽所，最終羽化為嬌弱的成蟲，翅膀遍布纖細刺毛，看起來毛絨絨的。毛翅目之名 Trichoptera，字面上指「長滿毛的翅膀」，因為希臘語「trichos」為「毛髮」。石蛾成蟲很像細長的蛾類，生活於

蝴蝶和蛾類（鱗翅目）或許是人類最熟悉的訪花性昆蟲，翅膀遍覆細緻鱗片，通常飾有華麗的花紋或粉彩，如這隻斯里蘭卡帛斑蝶（Idea iasonia，左上）、鬼臉天蛾（Acherontia lachesis，右）和芝麻鬼臉天蛾（Acherontia styx，左下），都被畫在爪哇罈花蘭（Acanthephippium javanicum）的周圍。鬼臉天蛾屬（Acherontia）的成員由於胸部背面的骷髏花紋而得名，可模擬蜜蜂的氣味，藉此襲擊蜂巢。圖出自韋斯特伍德的《東方昆蟲學藏珍閣》。

POMPHOPTERA MAGELLANUS, Felder, 1,2, ♂ (Opalescent colours).
1a, 2a, Xanthochroic cols, 3,4, Felder's ♀ type, 5,5a, neuration of ♂.

在鱗翅目中，蝴蝶普遍受到大眾喜愛。或許沒有什麼種類比大型的鳥翼蝶更具代表性，例如這隻菲律賓產的珠光裳鳳蝶（*Troides magellanus*）。圖出自《鳥翼鳳蝶屬圖譜》，里彭，1898-1907 年出版。

陸地上，口器通常都退化了，鮮少吃花蜜以外的東西。成蟲壽命不長，僅夠尋找配偶和繁殖。雌蟲會將卵產在水面，或者突出水面的植被上，讓新生的幼蟲可以潛入水中，並編織絲質傑作。

蛾類與蝴蝶有約十五萬七千個物種，讓石蛾相形見絀，是至今最多樣的植食昆蟲類群。不像石蛾，蝶蛾類的翅翼覆蓋著細小的鱗片，林奈因此命名為鱗翅目 Lepidoptera，希臘文中「lepidos」意為「鱗片」。除了秀美的鱗片翅膀，所有的蝴蝶和蛾（最原始的蛾類除外）都有捲起的管狀口器，可用於吸食汁液，如花蜜、水，或腐果流出的果汁。不過其中一個奇特的例外是來自東南亞的瓣裳蛾屬（*Calyptra*）蛾類物種，牠們演化出從哺乳動物身上吸血的習性。

蛾類與蝴蝶的幼蟲稱為毛毛蟲，幾乎所有毛毛蟲都是植食性。有很多種類的蛾類毛毛蟲是重大的農業害蟲，例如番茄天蛾和菸草天蛾，兩者都是菸草天蛾屬（*Manduca*）的物種。還有家中的騷擾性害蟲，如袋衣蛾（*Tineola bisselliella*）。但有些蛾類卻被認為很有價值。蠶蛾屬的家蠶（*Bombyx mori*）是野蠶（*Bombyx mandarina*）的馴化型，並非自然出現的物種。家蠶以桑樹為食，近五千年以來人類持續篩選培育，並採收絲質蠶繭，小心翼翼抽絲剝繭，製造珍貴的紡織品。在古代，蠶業或養蠶的秘訣可說受到嚴厲看管，洩漏者足以處死刑。這些蛾類在全世界文化傳統中不可或缺，以至於橫跨亞洲的古代貿易路線稱為「絲路」，即便其中交易的物資不是僅有絲綢。

大多數的蛾類體形微小，除非夜裡在燈下振翅飛行，不然實在不太引人注目。不過有些種類如皇蛾（Attacus atlas）和北美水青蛾（Actias luna）卻又大又色彩繽紛，前者翼展可達 25.4 公分。很多蛾類和大多數華麗的蝴蝶一樣有美麗的花紋。

說穿了，蝴蝶就是耀眼的日行性蛾類，有約一萬八千八百個種類，或許是人類最熟知和喜愛的昆蟲。千年以來，蝴蝶都是狂熱的收藏家和博物學者夢寐以求的目標，也是無數藝術家、詩人和夢想家的靈感泉源。人們為了收集最大、最能拿來炫耀的物種而揮霍財富，因此不太讓人意外，許多十八到十九世紀的專著都圍繞著蝴蝶精心繪製，數量之多，或許僅有鳥類與花卉才能超越。事實上，最早的昆蟲學會，同時也可能是第一個動物學會，便是為了蝴蝶而成立。蝶蛹學會（The Aurelian Society，今日皇家昆蟲學會的前身）於十七世紀末葉創立於倫敦。其名「Aurelian」得自「aurelia」，為蝶蛹（硬質蛹皮）的古拉丁文，該字衍生於「aureus」，意為「黃金般的」，指的則是有些種類的蝶蛹在羽化為成蝶前短暫呈現的色澤。蝴蝶的色彩絢麗奪目，那通常表明了一定程度的毒性，用來警告掠食者不要吃。不過，也不是一切都像表面上那樣，因為騙術是反覆演化的，無毒的蝴蝶往往藉由色彩的擬態來提醒掠食者自己有毒（見頁 177-179）。蝴蝶的色彩美麗又優美，但有時候是用於欺騙，這大概會傷害十八世紀大多數蝴蝶愛好者的感情吧！

完全變態的飛行昆蟲實現了我們夢寐以求的事——活出兩種不同的生命，至少是隱喻層面的不同生命。斯瓦默丹和梅里安悉心觀察其他人無法覺察的現象，向我們展示了這些截然不同的生命其實皆為同一物種：幼蟲為了一系列環境條件而特化，在水裡扭動、於陸地奔馳，或在腐泥鑽掘，並在之後長出嶄新外皮，住在新棲地，換上新身分，也就是具備翅翼的成蟲。

譯註

1：又寫作捻翅目。

2：廣腰亞目（Symphyta），英文俗稱鋸蠅（Sawfly），又稱葉蜂、鋸蜂。根據近年的膜翅目親緣譜系研究（如 Blaimer et al. 2023），廣腰亞目並非一個單系群，而為一個位處於膜翅目基部的並系群。

3：也可稱為夢幻摩爾福蝶。

4：也可稱為亮葉金虎尾。

5：英文俗名被稱為杜鵑鳥蜂的類群有兩類，一是青蜂科，其英文名為「杜鵑鳥胡蜂」（Cuckoo wasp），另外一類是蜜蜂科下的杜鵑蜂亞科（Nomadinae），英文名為「杜鵑蜂」（Cuckoo bee）。

6：根據 Meusemann et al. (2020) 和 Ti-helka et al. (2020) 發表的親緣基因體譜系論文，蚤目為長翅目中一個形態和生態高度特化的支系，而非一個獨立目別，然而尚有一些昆蟲學家繼續使用這個目名（如 Bossard et al. 2023）。

7：又稱為小長翅亞目。

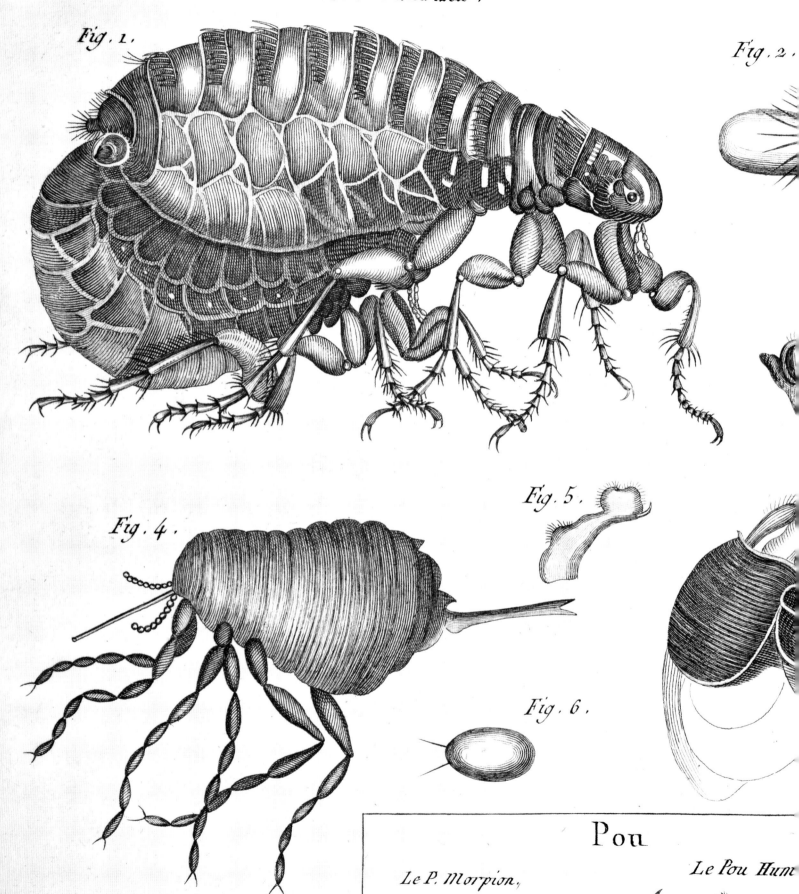

La Puce Penetrante.

Fig. 1.

Fig. 2.

Fig. 4.

Fig. 5.

Fig. 6.

Pou

Le P. Morpion,

Le Pou Hum

6

害蟲
寄生蟲和瘟疫

> 「因此，博物學家注意到，
> 跳蚤身上有更小的跳蚤在進食，
> 而這些小跳蚤又有更小的跳蚤在叮咬，
> 如此不斷。」
>
> ——史威夫特（Jonathan Swift），1733年，《詩集》

大多數昆蟲不咬人也不螫人，然而我們仍傾向將全部的蟲都視為害蟲或威脅。作為自然保護機制，人類會記住受創事件，往後都對創傷來源警惕有加，有如驚弓之鳥。這種對於安全保護的關注，在文化層面上及物種層面上都有。因此就能理解我們為何會離昆蟲遠遠的，那是基於我們對過去的叮咬或螫刺有根深蒂固的反應，無論是發生在我們自己身上、群體中，還是遙遠的祖先。的確，某些昆蟲會因為和我們競爭糧食而造成危害、毀壞我們的家園，或者直接威脅我們的健康，特別是某些昆蟲身上可能有毒素，會加重某些過敏性症狀。

但是，儘管害蟲與寄生蟲在我們的集體意識中相當突出，卻僅占整個世界昆蟲物種的九牛一毛，因此我們應該按捺與生俱來的本能衝動，不要直接拍打或痛罵。大多數昆蟲不僅對我們一點危害都沒有，還以各種方式協助我們的生態系運作，因而對人類有益，但我們對這些昆蟲的生活全然視而不見。話雖如此，當昆蟲確實有害、確實在「騷擾」我們時，本領的確相當高超。

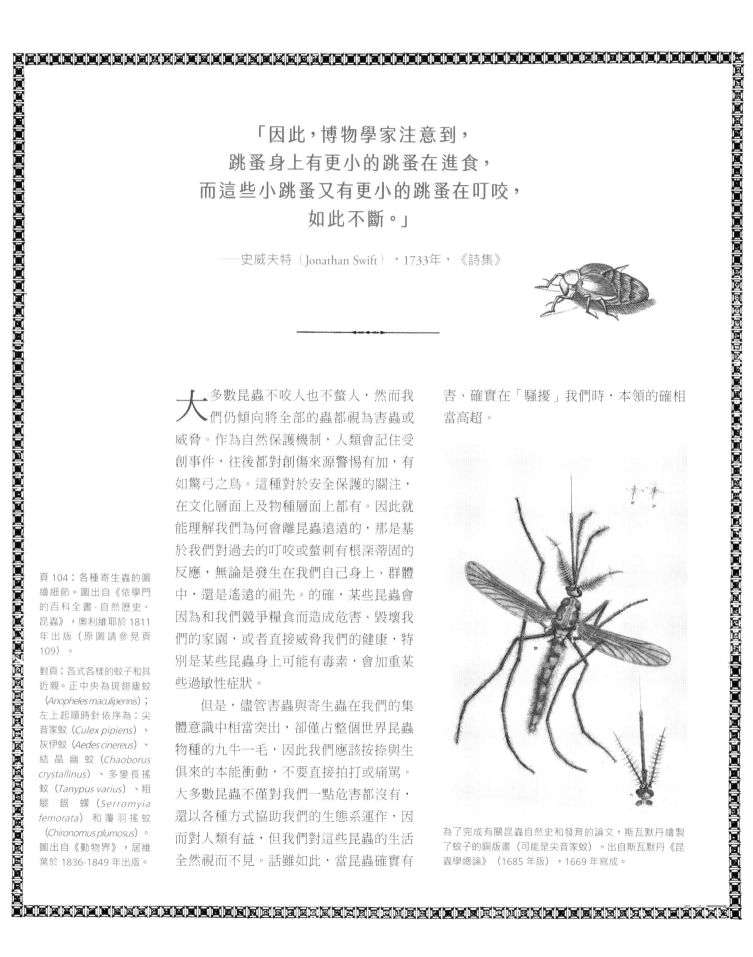

為了完成有關昆蟲自然史和發育的論文，斯瓦默丹繪製了蚊子的銅版畫（可能是尖音家蚊）。出自斯瓦默丹《昆蟲學總論》（1685 年版），1669 年寫成。

Blanchard pinx.   Em Bl part zool del   Schmelz sc.

1 *COUSIN COMMUN.*   (Culex pipiens.   *Lin.*)   2. *ANOPHÈLE À AILES TACHETÉES.* (Anopheles maculipennis. *Meig.*)

3. *AEDE CENDRÉ.*   (Æ.des cinereus.   *Meig.*)   4. *CORÉTHRE PLUMICORNE.*   (Corethra plumicornis.   *Meig.*)

5. *CHIRONOME PLUMEUX.* (Chironomus plumosus. *Lin.*)   6. *TANYPE BIGARRÉ.*   (Tanypus varius.   *Fabr.*)

7. *CÉRATOPOGON FÉMORAL.* (Ceratopogon femorata. *Meig.*)

N.Rémond imp.

跳蚤和蝨子

美國內科醫生津瑟（Hans Zinsser, 1878-1940）分離出斑疹傷寒的病原體，並研發了疫苗來對抗，他在 1935 年的著作《老鼠、蝨子和歷史》中公允地寫道：「在左右國家的命運上，利劍、銳矛、弓矢、機關槍，甚至爆裂物，都遠遠比不上散播斑疹傷寒的體蝨、帶來瘟疫的跳蚤和傳染黃熱病的蚊子。」單單斑疹傷寒和腺鼠疫就能讓征服者大軍伏首稱臣、將城市化為萬塚千墳，比任何暴行都更能將恐懼傳遍人類文明。

舉例來說，一般認為查士丁尼大瘟疫

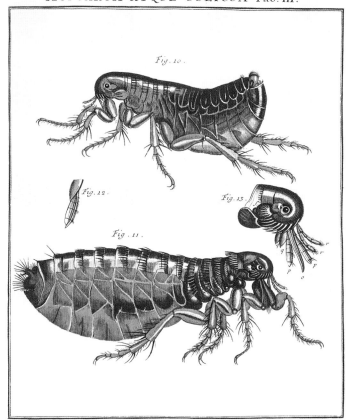

MUSCARUM ATQUE CULICUM Tab. III.

A. J. Rösel fecit et exc.

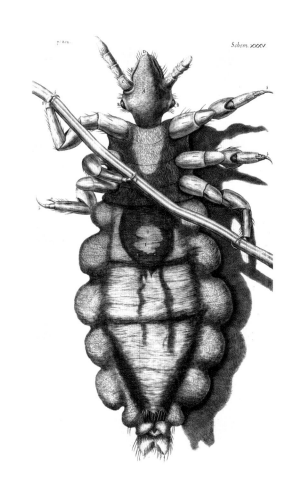

左：人蚤（*Pulex irritans*）等跳蚤的宿主範圍相當廣，很容易在不同物種間轉移，例如從寵物轉到人類身上。圖出自《昆蟲自然史》，羅森霍夫於 1764-1768 年出版。

右：名著《顯微圖譜》中的人類體蝨（*Pediculus humanus*），虎克在 1665 年出版，是第一本透過各種顯微鏡鏡片來觀察、描繪微小動物與植物細節的專書。虎克藉由鏡片之助，得以率先描述細胞並為細胞命名，並且也描述了昆蟲複眼和其他結構的精緻解剖細節。

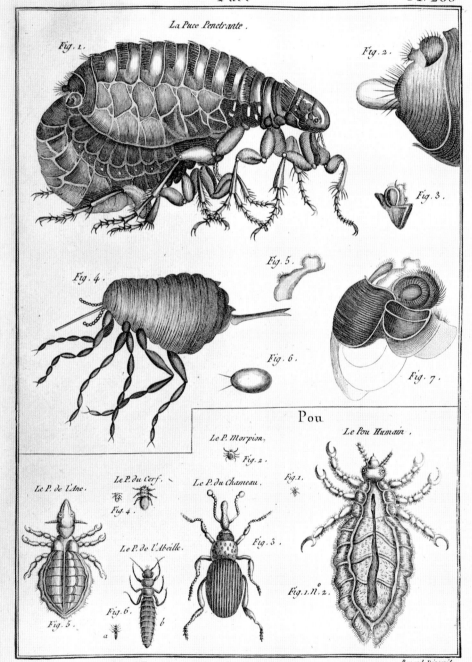

Puce Pl. 253

La Puce Penetrante.

Fig. 1.

Fig. 2.

Fig. 3.

Fig. 4.

Fig. 5.

Fig. 6.

Fig. 7.

Pou

Le P. Morpion,
Fig. 2.

Le Pou Humain.

Le P. du Cerf.
Fig. 4.

Le P. du Chameau.

Fig. 1.

Le P. de L'Ane.

Le P. de L'Abeille.

Fig. 3.

Fig. 6.

Fig. 5.

Fig. 1. n.º 2.

Histoire Naturelle, Insectes

Benard Direxit.

126

大量的寄生蟲，包括一對交配中的跳蚤（蚤目，左上）、陰蝨（*Pthirus pubis*，左下）和體蝨（*Pediculus humanus*，右下），以及其他寄生性節肢動物，從甲蟲到蜱都有。圖出自奧利維耶的《依學門的百科全書‧自然史‧昆蟲》。

源自埃及和巴勒斯坦地區，由鼠蚤傳播，於西元 541 年一路蔓延至君士坦丁堡。由於當時氣候變化加劇，嚴重的腺鼠疫最終在歐洲及黎凡特[1]地區帶走兩千五百萬條生命，據信約為當時世界總人口的 13%。若等比例估算，等於在現代奪去美國人口數三倍以上的生命。以建造聖索菲亞大教堂聞名的查士丁尼大帝（統治期間約為西元 527-565 年），雖也被傳染源重重包圍，但奇蹟似地成為少數倖存者。不過令人遺憾的是，查士丁尼的帝國在這場瘟疫中受創太重，以致瘟疫還以他為名。偉大的英國史學家吉朋（Edward Gibbon, 1737-1794）就在 1776-1788 年出版的著作《羅馬帝國衰亡史》中寫道：「查士丁尼的統治被人類明顯銳減一事玷汙了，世上最美的一些地區再也沒有修復。」

另一位皇帝拿破崙挾著約六十萬大軍之勢，於 1812 年進軍俄羅斯，然而他的浩大雄師飽受嚴冬、營養不良以及蝨子帶來的斑疹傷寒的蹂躪，只能撤退。戰役僅開始一個月，斑疹傷寒便已帶走他超過十分之一的人馬，之後還有更多士卒病死。六個月過去，歷經戰役慘敗、饑荒、嚴寒以及疾病的痛擊，他們只得撤回法國，此時僅剩三萬人左右。

除了以上疾病，還有瘧疾、登革熱、黃熱病、利什曼病、昏睡病、恰加斯病等，我們有十足理由謹防這些病媒昆蟲。不過，沒有任何昆蟲僅靠本身就能致病，致病的是某些昆蟲帶有並傳播的病原體，包括細菌、原生動物以及病毒等。

有趣的是，流行性斑疹傷寒對於蝨子和人類同樣致命。體蝨（Pediculus humanus humanus）是已知會傳給人類普氏立克次體（Rickettsia prowazekii）的物種，而該細菌會造成斑疹傷寒（傳播方式並非叮咬，而是透過蝨子的排泄物，被叮咬的患者搔抓時，會將蝨子排泄物搓進傷口內）。蝨子吸入斑疹傷寒患者的血液後，會感染立克次體，在死亡前可能將病傳染給另一人。該細菌體會在蝨子的腸道內大量增殖，最終穿破腸壁，造成蝨子死亡。所以從蝨子的角度來看，可以說我們人類才是攜帶病原的媒介，把疾病傳染給牠們。

錐獵椿、采采蠅和蚊子

恰加斯病以近似流行性斑疹傷寒的傳播模式擴散。該病盛行於熱帶美洲地區，病原體是稱為克氏錐蟲（Trypanosoma cruzi）的原生動物。就像流行性斑疹傷寒，克氏錐蟲見於其昆蟲媒介的排泄物，不過昆蟲病媒為錐獵椿亞科（Triatominae）中某些種類的「親吻」蟲。這些錐獵椿住在家中的屋椽或周邊區域，於夜間覓食，進食後立即排便，而人類搔抓後，寄生蟲便得以進入我們體內。有些史學家相信，成年後大半時間都罹患恰加斯病的達爾文，就是在小獵犬號航經阿根廷時被錐獵椿叮咬而染病。

昏睡病（或稱為非洲人類錐蟲病）的病原也是錐蟲屬（Trypanosoma）的原生動物，然而是在采采蠅吸食我們的血液時被注入血流中。瘧疾的傳染途徑類似，也就是寄生性原生動物——瘧原蟲屬（Plasmodium）的物種經瘧蚊屬（Anopheles）蚊蟲傳播到我們身上。這種原生動物會入侵蚊子的唾

腺，並在蚊蟲叮咬我們的時候轉移到我們身上。鼠疫則是由鼠疫桿菌（*Yersinia pestis*）造成，該細菌會感染齧齒目動物。在都市區域，大鼠為主要的帶原者，但是小鼠、松鼠甚至沙鼠也都會感染。感染的齧齒動物若來到人類周遭，被印度鼠蚤（*Xenopsylla cheopis*）叮咬，鼠蚤再叮咬人類，便會將細菌傳染給人類。在歷史上的鼠疫中，亞洲因氣候導致的那一次爆發很可能源自野生沙鼠，而後席捲歐洲，憑藉齧齒動物和跳蚤在中世紀城市骯髒的環境傳播，最終導致災難性的後果。

床蝨和蛆蟲

不是每一種蝨蟲或跳蚤都能造成如此大的傷害，即便那些叮咬我們的種類。一般來說，蚊子叮咬不過就是帶給我們一些惱人、發癢的紅腫，然而有些吸血性昆蟲卻可能造成嚴重的發炎或過敏反應，導致疼痛。床蝨這種禍患因人類濫用殺蟲劑而增加了抗性，正再次大舉回歸我們的城市。僅憑吸血維生的臭蟲科（Cimicidae），物種數不到一百種，其中便包含了床蝨。在這些物種中，僅有三種會吸食人類血液，這三種中又只有兩種危害較烈。

臭蟲科的其餘物種演化為吸食蝙蝠、鳥類或者小型哺乳類的血液，並不理睬我們。床蝨的學名為「*Cimex lectularius*」，種小名取自床或沙發的拉丁文。就目前所知，床蝨並不會傳播病媒，更令人們憂慮的是惱人的叮咬和侵襲。這些無翅的半翅目昆蟲是如此無所不在，以至於我們甚至在夜晚祝福摯愛之人能有舒適的一覺時說：「晚安，睡個好覺，別讓床蝨給咬了！」床蝨原本的宿主很可能是蝙蝠，現今仍然可在蝙蝠、雞隻或其他豢養動物的身上發現。

據信，床蝨最早經常接觸到人類，是發生在中東地區同時有人類與蝙蝠居住的洞穴中，而後隨著人類文明推展，傳播至全人類。床蝨不會終生住在宿主身上，僅在夜晚為了覓食而大膽爬上宿主身體，並在白天撤至周遭區域休憩和繁殖，如棲木、巢穴，或者人類的寢室。早期的一些殺蟲劑公司便是因床蝨而在 1650 年代的倫敦出現。1730 年，英國殺蟲劑業者索塔爾（John Southall）出版了一本床蝨小冊，書名為《蟲子論》，比起之前的研究，該書更徹底闡述床蝨的生物學。索塔爾提供他的「極品瓊漿」——一種神秘的混合物，可用於家具和房屋，據說能最有效根除害蟲，是他 1727 年旅行至牙買加時，由一位上了年紀的非洲人傳授給他的。索塔爾不願公開配方，但不是每一個人都接受，一位庫克先

床蝨和人類伴生相隨的歷史可追溯到古代中東地區人類還住在洞穴的時代，之後牠們跟著我們散播至全世界。居維葉的《動物界》細節。

人蟲之間

十九世紀最美麗的圖鑑甚少繪製人類的外寄生蟲（生活在寄主體外的寄生蟲），例如跳蚤或蝨子，這其實並不奇怪。畢竟，看見這些招人痛罵的動物印成彩圖，能有多開心？然而，當時最卓越的專著之一，卻特別將焦點放在蝨子上。丹尼（1803-1871）是英國昆蟲學家，公認首屈一指的寄生蟲專家。1825 年，丹尼受聘為里茲文學與哲學學會的首任館員，此學會創建了里茲市博物館。他於 1842 年出版了《英國產蝨亞目專著》，一部探討蝨亞目的專書，該吸食性蝨子類群包含了三個危害人類甚巨的物種。蝨亞目在全球約有 550 個物種，絕大多數住在哺乳類身上，宿主範圍廣泛，從土豚、大象到狐猴，甚至包含海豹。

丹尼於 1827 年開始這項計畫，在閒暇時著述，前後花了十五年。他時常因為研究這個類群而遭致非難，誠如他在專著序言所說：「牠們的名字本身就足以讓人噁心。」他個人包辦了寫作計畫的大小事項，包括準備細緻、精確的解剖插圖，繪製類群中所有物種，並總結當時所有關於該類群的知識。很難想像蝨子可以繪成華麗的圖片，但丹尼的「蝨」集做到了。丹尼的時代尚不理解生物的演化過程，或人類體蝨散播致病微生物的角色，因此對於寄生蟲在自然界中的起源和行為意圖，有些不太適當的觀點。丹尼在書的序言寫道：

關於寄生動物最早被創造的時期，我不願發表意見，因為這屬於不可能證明的推測性理論。不過我德高望重的朋友，也是英國昆蟲學家之父的柯比博士暨牧師猜測，寄生蟲這類侵擾人類的昆蟲是在亞當墮落之後才出現的。他說：「我們能相信，人類在光榮、美麗、莊重的無瑕狀態下，會成為這些不潔、可厭生物的住所和獵物嗎？」

然而事實上，蝨子是相當古老的生物。德國的頁岩出土一隻保存狀態驚人的鳥蝨，年代可追溯至約莫五千萬年前。蝨子在人類出現之前那極其漫長的時期，便已侵擾哺乳動物，當然也會侵擾人類祖先。丹尼也提到：

這些生物在宇宙運行中的確切用途並不容易定義，雖然我還不至於像（林奈）那樣，竟然認定蝨子能讓飽食的男孩免於咳嗽、癲癇，但我認為蝨子可能在一定程度上有益健

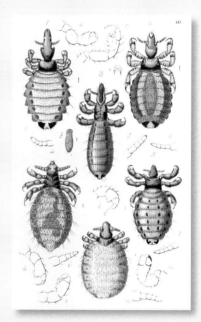

如此令人生厭的蝨子卻能變得崇高，證明丹尼畫技超群。此處所列是吸食有蹄類的蝨子（獸蝨科 Haematopinidae），會叮咬我們飼養的很多牲畜，圖出自《英國產蝨亞目專著》。

康，因為能促進清潔。若置之不理，蝨子群體占據一地後很快就會大量增長。若非如此，有些不修邊幅的人士可能根本不會清洗自己。但因為有蝨子這種特殊的刺激，不時洗澡就變得絕對有必要。

要是丹尼當時已了解蝨子會傳播細菌，造成戰壕熱和斑疹傷寒等破壞性極大的疾病，或是傳播牲畜和家禽的致病媒介，那他看著這些蝨蟲時，大概會更加惶恐和擔憂。可以說，比起蝨子造成的單純搔癢，更嬌小的細菌是緊要得多的清潔誘因。

丹尼企圖擴展作品，納入外國產的蝨子，並收集同行的標本，包含達爾文於小獵犬號航行時採集的標本。他花費數年準備精細的石版印刷畫，來搭配他雄心萬丈的增刊。令人遺憾，該書的設想過於宏大，以至於在他逝世時成了未竟之業。牛津大學赫波昆蟲學講座教授兼館長韋斯特伍德（見頁 50-53）向丹尼的遺孀購買他的蒐藏和圖版，想要完成該書，但即便是不屈不撓的韋斯特伍德也被其宏圖和預算給嚇到。如今，這些材料還遺留在牛津博物館。

最終，丹尼僅有兩部著作出版，分別為《英國產蝨亞目專著》，以及另一部更早出版（1825 年）並同為佳作的英國產蟻塚蟲和蘚苔蟲論著。不過，他對於寄生蟲學研究的貢獻還是相當大，整整過了半世紀，才有真正更好的作品，那便是瑞士昆蟲學者皮亞傑（Édouard Piaget, 1817-1910）於 1880 年出版的《蝨子專論》。雖然皮亞傑收錄的種類數多過前輩，但是丹尼的精采圖繪仍舊略勝一籌，且我們因他的藝術手筆而不那麼嫌惡這群生物，或許甚至還發現了牠們的細緻之美。

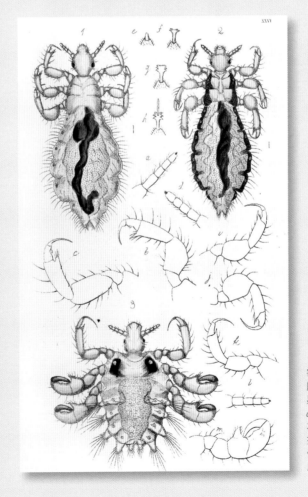

寄生人類的蝨子，從左上順時針依序為：體蝨、頭蝨（*Pediculus humanus capitis*）、陰蝨。體蝨和頭蝨為同一物種的不同亞種，據推測兩者分化的時期不過僅僅十萬年前左右。圖出自丹尼的《英國產蝨亞目專著》。

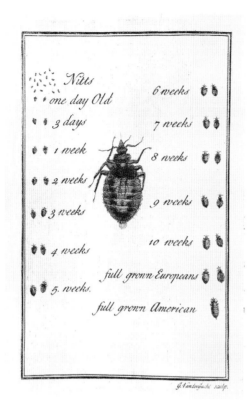

《蟲子論》的卷首插圖和書名頁，索塔爾於 1730 年出版。他正是在該書作中宣傳他的「極品瓊漿」——他在牙買加旅行時學會配製的天然藥品，用以對付床蝨。該卷首插圖展示了床蝨不同的成長發育階段。

生（J. Cook）就曾去信《倫敦雜誌》，譴責他的做法。

想當然耳，害蟲不僅僅以我們為食，也會攻擊牲畜和作物。我們培育的每一種哺乳類或禽鳥類，包括我們愛護的寵物，都有相當多寄生昆蟲樂於大啖。在最嚴重的情況下，寄生蟲侵擾造成的破壞會導致饑荒，以及其他災禍。

會嚴重影響馬匹和牛隻的昆蟲種類有很多，包括吸血性的虻、蚋、狂蠅、螺旋蠅、蝨子、跳蚤，不一而足。這些昆蟲可直接造成傷害和死亡，或者作為媒介，導致耗弱和致死疾病。蠅蛆病指的是有蠅蛆在哺乳類宿主的組織內取食。狂蠅和螺旋蠅（某些麗蠅的蛆蟲）是蠅蛆病案例中一些更加聲名狼藉的禍首。舉例來說，新世界螺旋蠅（*Cochliomyia hominivorax*）對牛隻的傷害特別大，其蛆蟲會鑽入健康的組織啃食，在皮膚造成可怕的傷口。這些形似小螺絲的蠅蛆一鑽入，唯一外露的部分便是身體尾部末端的呼吸管。牠們的近緣種——第二螺旋蠅（*Cochliomyia macellaria*）則較愛吃死亡的組織。由於這種蠅蛆在屍體內的發育進程可反映死亡的時間和地點，因此成為法醫和刑警的重要工具。這項應用也協助催生出了法醫昆蟲學。

蝗蟲和其他植食者

潰爛傷口中的蛆蟲令人作嘔，但各式各樣以蔬果和穀物為食的毛毛蟲、蚜蟲、椿象及甲蟲，看起來就沒那麼噁心了。也許這之中最有名的農業害蟲便是蝗蟲。人類早在還使用楔形文字和埃及象形文字的時候，便記錄了蝗蟲的災害。飛蝗類的蝗蟲在特定環境中可能出現群行，好幾種蝗蟲都容易受到這樣的影響。昆蟲通常是獨居態，會因食物短缺或乾旱導致的過度擁擠而激發出群居態，這種狀態又是由血清素增加所帶動。這會導致生理和行為的一連串轉變，包括更高的新陳代謝，使得個體更加貪得無厭地進食、更快速地繁衍、更加受彼此吸引，最終成為協同行動的群體。有些種類進入群居態後，體色會與獨居態完全不同。

最大的蟲群由多達數十億隻蝗蟲組成，可以覆蓋廣袤地區。一整群展翅高飛時，很容易被氣流改變方向，所以有些蟲群會被推入海裡喪生，甚至被埋入冰河。有人就在數千年歷史的厚厚冰層中發現這樣的蟲群，讓我們有機會一瞥古代的蝗蟲大爆發。可想而知，數十億蝗蟲需要數量龐大的食物，每隻蝗蟲每天都會嚥下與體重相當的植物，而農耕地就變成了大快朵頤的去處。也就難怪當風突如其來從空中帶來厚雲般的蝗蟲群，狼吞虎嚥吃光糧食並招致饑荒與死亡時，埃及人和其他古人會如此害怕。

如今蝗蟲仍然為禍甚鉅，損害的作物

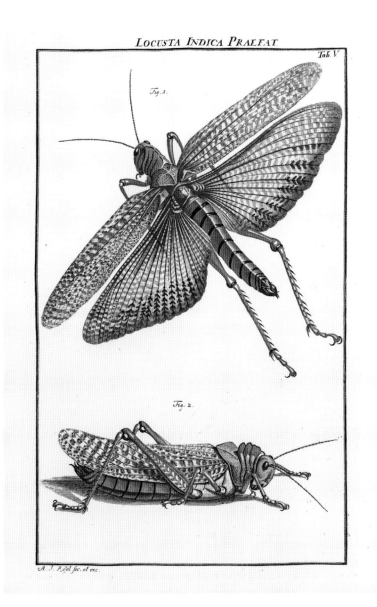

蝗蟲和其他草蜢持續與我們競爭糧食，深深影響人類的社會、文化和千年以來的神話故事。此為大型且多彩的紅翅美洲巨蝗（*Tropidacris cristata*）。圖出自羅森霍夫的《昆蟲自然史》。

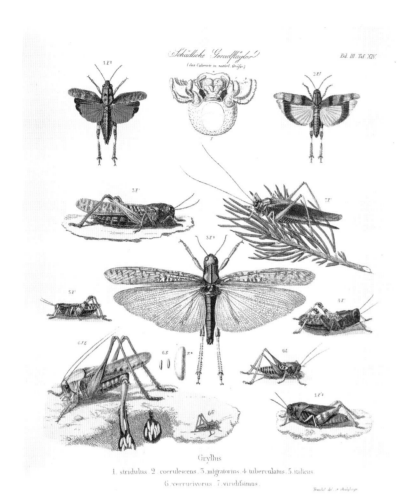

Grylus

1. stridulus 2. coerulescens 3. migratorius 4. tuberculatus 5. italicus

6. verrucivorus 7. viridissimus.

金花蟲（金花蟲科 Chrysomelidae）的生物學和外形相當多樣，有些因為擴展的骨化翅鞘，看起來像小型彩色烏龜。圖出自《南極和大洋洲之旅》，迪維爾（Jules-Sébastien-César Dumont d'Urvillem）於 1842-1854 年出版。

傑出的森林昆蟲學之父拉澤堡（Julius Theodor Christian Ratzeburg）繪製的美麗專著，這裡描繪的是見於德意志地區森林中的草蜢，包括其外形和生物學。圖出自《森林昆蟲》第三冊，1844 年出版。

價值可高達數百億元，其中最有破壞性的種類為沙漠飛蝗（*Schistocerca gregaria*）和飛蝗（*Locusta migratoria*）。

各式各樣的植食性昆蟲啃食我們的田地和存糧，或者毀壞我們的觀賞植物與硬木材，將葉子啃到只剩葉脈，或使葉子凋萎，也會鑽入枝條和莖幹，還有製造出醜陋的蟲癭。這樣的植食性害蟲名單相當長，但大多是甲蟲和蛾類的幼蟲，以及蚜蟲、薊馬、椿象、草蜢和蚤斯的若蟲及成蟲。

科羅拉多金花蟲（*Leptinotarsa decemlineata*）

是世界上的主要害蟲。雖然英文名字 Colorado potato beetle（馬鈴薯甲蟲）來自牠們對馬鈴薯的危害，但是這些甲蟲也喜歡其他茄屬（*Solanum*）的農作物，包括番茄。造成危害的是幼蟲，而其數量可迅速成長，以至於區域內幾乎每株植物都被圓滾滾的紅色幼蟲啃過。這種甲蟲最初於十九世紀早期在科羅拉多的山區發現，原產於墨西哥和美國，現在全世界任何栽植馬鈴薯、番茄和茄子的地區都有這種害蟲了。在冷戰時期，美國中央情報局（CIA）就被

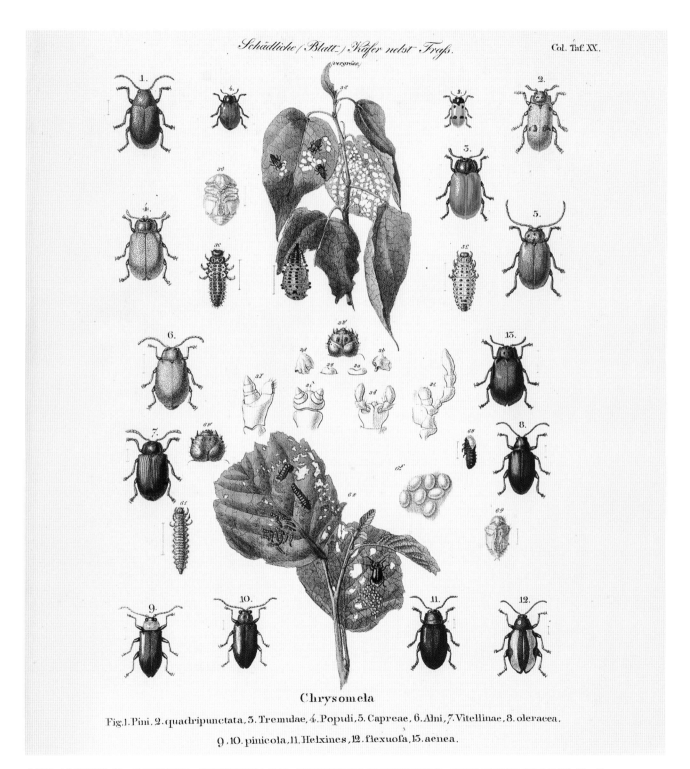

Chrysomela

Fig.1.Pini. 2.quadripunctata, 3.Tremulae, 4.Populi, 5.Capreae, 6.Alni, 7.Vitellinae, 8.oleracea,
9.10.pinicola, 11.Helxines, 12.flexuofa, 13.aenea.

金花蟲（金花蟲科）是一個多樣的類群，種類超過三萬七千個，飢腸轆轆的幼蟲會啃光植物的葉子。圖出自拉澤堡的《森林昆蟲》第一冊。

森林的昆蟲

各個領域總是不停進步，每年穩定累積新穎和重要的資訊，並於最後迎來轉折點，接著發生劇烈的統合和重塑，也就是範式轉移，讓人以全新目光看待過去的所有成果，並拋開許多錯誤見解。而在昆蟲學門的其中一個分支裡，推動這般智識革命的，是拉澤堡（1801-1871），森林昆蟲學學者的主保聖人，甚至可說，這個領域能成為獨立學門，他是當之無愧的創建者。

森林中住著許多昆蟲，但森林昆蟲學涉及那些會促進或妨礙森林管理的物種，關注的是森林資源的發展。在拉澤堡之前，勉強可約略歸類為森林昆蟲學的研究，不過是記述一些昆蟲數量大爆發的事件，而不是真正去調查隱藏在表象之下的生物學成因。貝希斯坦（Johann M. Bechstein, 1757-1822）和夏芬博格（Georg L. Scharfenberg, 1746-1810）一同出版了當時最權威的森林昆蟲專書，然而他們的三冊《森林有害昆蟲的完整自然史》（1804 年）中，處理森林昆

拉澤堡精準呈現宿主植物上的森林昆蟲，所以《森林昆蟲》在德意志地區廣為流傳，成了鑑定和引用的標準參考資料。本圖版來自第二冊，描繪了五種不同的尺蛾物種（尺蛾科 Geometridae）。尺蛾科有很多成員是惡名昭彰的害蟲，並擁有數個俗名，例如圖中間最上方的樺尺蛾（*Biston betularia*）。

蟲的親身經驗相當少，內容主要是總結了他人的資訊，而這類資訊往往錯誤百出。

拉澤堡在離柏林不遠的埃貝爾斯瓦爾德（Eberswalde）開始他的執教生涯，並在周遭區域親眼見證大規模的森林蟲害。他立刻查閱貝希斯坦和夏芬博格的著作，隨即發現這些書籍的草率之處，意識到需要有人進行實質而嚴謹的工作，於是在 1835 年開始積極投入大量精力，推出這部迫切需要的綜合專書。

如今，我們似乎理所當然地認定任何科學調查研究都必須在一開始先回顧並爬梳現有文獻，然而在當時，這樣的流程實屬稀有。不過拉澤堡仍然盡力整合並徹底消化所有可取得的森林昆蟲相關文獻，也寫信給每位林業工作者和自然史博物學者，吸收整合他們的回覆。他悉心詢問他們的親身觀察、查核過去的發現，以及他們可能有什麼對付特殊害蟲的經驗。最後，政府指示所有林業公務員將相關資訊直接寄給拉澤堡，而他的辦公室也成為所有昆蟲和森林相關資訊的中心。

這些都很好，也很可貴，但拉澤堡認為真正了解這些物種的唯一方法，是親身觀察、親自經歷。因此他幾乎每天的

大部分時間都待在森林中，既寫下許多相關物種生活史的詳細筆記，也證實或反駁通信者寄來的無數觀察紀錄。拉澤堡把很多物種帶回研究室飼養，因而能夠訂定實驗條件，再觀察這些狀況如何影響每種昆蟲的生存或發育。透過這個方

第三冊某一圖版呈現各種植食性蜂類的生活史，這些蜂一律俗稱為「鋸蠅」（膜翅目葉蜂科 Tenthredinidae）。鋸蠅幼蟲的外表極似毛毛蟲，如果置之不理，會啃光整棵樹的葉子。

法，他得以更正那些流傳已有數十年，甚至數世紀的錯誤觀念。

1837 年，拉澤堡出版三冊森林昆蟲學專書的第一冊，介紹了該主題，並探討甲蟲和象鼻蟲[2]。而後他於 1840 年出版第二冊蛾類，1844 年的第三冊是關於其他昆蟲類群，如蝗蟲、蚜蟲、鋸蠅、脈翅類和蒼蠅。每一冊皆搭配精細的彩色圖版，描繪出特定種類，更重要的是，囊括了很多物種的幼生期，以及幼生期造成的植物傷口範例。這些圖繪格外精確，且大多數由拉澤堡本人親手勾勒草圖。節儉的政府竟出錢把本書一一寄送給普魯士的林業公務員，證明了本書的廣度和價值。拉澤堡的《森林昆蟲》在往後整整一個世紀，都是該主題的著作中內容最廣泛且詳盡的作品。即使在今日，他優美的昆蟲蝕刻畫仍以其精細、準確而顯得精采非凡。

拉澤堡的三冊森林昆蟲專書充滿有害昆蟲的精細觀察，但是更為實用的，是書裡細緻的石版畫，描繪了昆蟲、牠們的生活階段，以及有時牠們造成的典型危害，例如此處出自第二冊的三隻蝴蝶圖繪，包含松天蛾（*Sphinx pinastri*，上）、絹粉蝶（*Aporia crataegi*，左下）、榆蛺蝶（*Nymphalis polychloros*，右下）。

誣指以這些甲蟲為生物武器，暗中破壞蘇聯的農業生產。蘇聯共產黨中央委員會並不清楚，這些甲蟲不需要任何政府組織協助，憑自身便能蔓延開來，降下災疫。而今，由於金花蟲抗藥性愈來愈強，因此變得更加棘手，永續農法成了我們和科羅拉多金花蟲「和解」的最大希望。

象鼻蟲

象鼻蟲（象鼻蟲總科 Curculionoidea）這支特化的甲蟲支系，是所有昆蟲中數一數二成功的類群，以修長的鼻吻狀構造聞名，但由於會對植物造成很多危害，因此也惡名遠揚。全世界已記載的象鼻蟲約有六萬種，但即便是最粗略的昆蟲調查，也能找到新種象鼻蟲。各式各樣的象鼻蟲演化出以植物的幾乎每一個部位為食的能力，成蟲和幼蟲特化後能吃根、莖、葉、花、種子和這之間的任何東西。如此寬泛的食性，很大程度歸功於口喙。象鼻蟲細長的口喙並不是用來汲取液體（雖說有此一誤解），實際上牠們有一對大顎，位於口喙頂端，只是形態退化了。這樣的口喙讓象鼻蟲不僅能攝食原本吃不到的植物，也能深入嚼食特定的植物組織，或者鑽入土壤，製造孔洞以放入卵粒。就像大多數甲蟲，象鼻蟲的產卵管不太顯眼，而口喙則可讓牠們把卵產到原本碰不著的地方。理想上，幼蟲孵化後就能直在根、莖或其他植物部位取食，導致相當大的損害，特別是族群量很大的時候。

棉鈴象鼻蟲（*Anthonomus grandis*）原生於墨西哥中部，在 1890 年代被引入美國，到了咆哮的二〇年代，已席捲整個美國南部，如今仍舊是棉花的主要害蟲。對很多極其重要的糧食作物而言，米象鼻蟲屬（*Sitophilus*）的物種會造成毀滅性危害，牠們會吃稻米、小麥和玉米粒，並在其中發育成長。並不是所有象鼻蟲都與我們競奪食物，有些物種會鑽進園林花卉的嫩芽和花瓣中，成為園藝栽植者的夢魘，

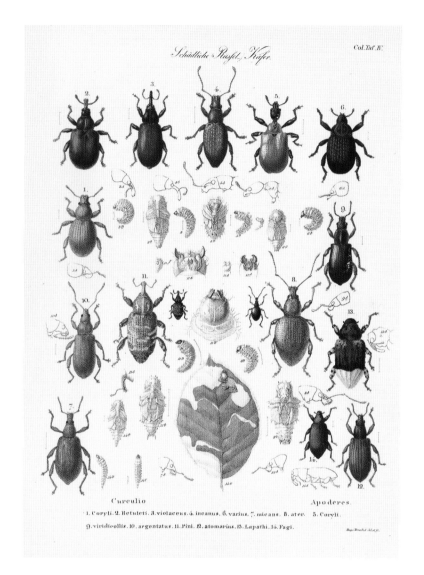

全球有合計超過六萬種的象鼻蟲（象鼻蟲總科），牠們是危害最烈的甲蟲類群之一，典型的解剖構造讓不同種的象鼻蟲得以取食植物的幾乎每個部位。圖出自拉澤堡的《森林昆蟲》第一冊。

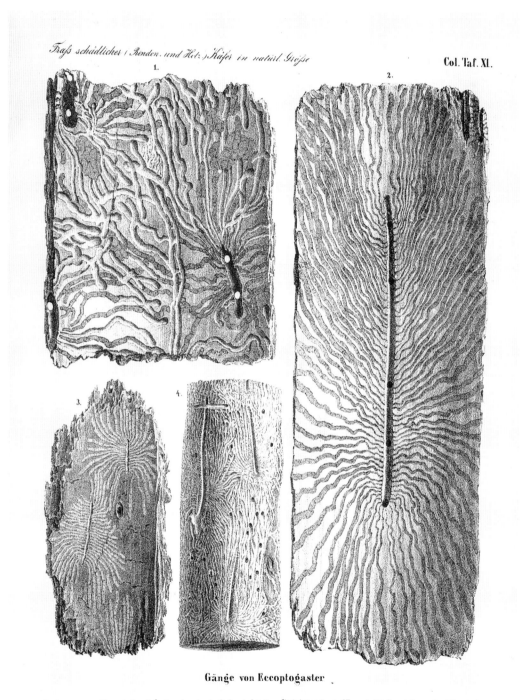

Traß schädlicher (Rinden- und Holz-) Käfer in natürl. Größe

1.

2.

3.

4.

Gänge von Eccoptogaster

1. Scolytus (unter Ulmenrinde). 2. destructor (unter Birkenrinde). 3. multistriatus (unter Ulmenrinde). 4. rugulosus (auf Pflaumenholz).

小蠹蟲製造的坑道（小蠹蟲科 Scotylidae[3]），雖然對於樹木危害很大，看起來卻相當漂亮。其實小蠹蟲不過就是特化的象鼻蟲，只是在演化的歷程中失去了標誌性的口鼻狀構造。圖出自拉澤堡的《森林昆蟲》第一冊。

就像亮紅的玫瑰捲葉象鼻蟲（*Merhynchites bicolor*）。其他種類如美雕齒小蠹蟲（*Ips calligraphus*），雖說因為口喙的二次丟失（指後裔在演化上恢復到祖先的狀態），看起來不太像象鼻蟲，但是仍然具備相等的破壞性。這些昆蟲一般俗稱為小蠹蟲[4]（這混淆了牠們實際上為特化的象鼻蟲此一事實），會危害許許多多我們喜歡用來做為木材的硬木。*Ips calligraphus* 之名源自這些甲蟲刻出的「calligraphy」（書法），指幼蟲在木頭上鑽掘留下的紋路，雖創造出非凡的圖樣，卻使這些木材變得無用。各式各樣的小蠹蟲是林業極其重大的威脅，特別是入侵物種，因為牠們缺乏本地物種演化出的自然調控機制，這種機制可用來反制牠們族群大肆成長。

世上還有數以萬計的寄生性和植食性昆蟲種類不會襲擊人類或大啖糧食作物，因此對我們無害。雖說對受到衝擊的物種而言，這些昆蟲是害蟲，但造成的危害通常不會引起任何注意。大部分寄生性昆蟲的宿主是其他昆蟲，雖然嚴格來說也是寄生者，但我們認為其中有幾種是益蟲，原因是我們可以利用牠們的能力，通常是用來進行自然防治，對付那些會衝擊到我們的物種族群。舉例來說，寄生蜂對於牠們所攻擊的昆蟲來說很可怕，然而在生物防治法裡卻符合我們的利益。隸屬於黃小蜂屬（*Aphytis*）的微小寄生蜂便會寄生在粉介殼蟲和其他介殼蟲上，而這些介殼蟲會吃柑橘、橄欖和其他果樹。寄生蜂將卵粒產進宿主體內，之後發育中的幼蟲會從內部啃噬牠的犧牲者。一個物種可以是惡魔，也可以是另一個物種的救星。

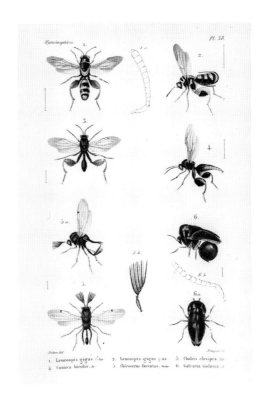

有些寄生性動物是有益的，我們可以利用小蜂類（小蜂總科 Chalcidoidea）來做生物防治媒介，將作物害蟲的族群量控制在可管理的水平。圖出自《昆蟲自然歷史》，勒佩列捷於 1836-1846 年出版。

譯註

1：原意為義大利以東的地中海土地，或稱為近東地區。

2：雖然象鼻蟲也是甲蟲類的一員，但這裡指的是「非象鼻蟲的其他甲蟲類」與「象鼻蟲類」。

3：此處的分類過時了，小蠹蟲應屬象鼻蟲科下的小蠹蟲亞科（Scotylinae）。

4：英文為樹皮甲蟲（bark beetle）。

7

昆蟲的
共同生活

「沒有人是座孤島。」

——多恩（John Donne），1624年，
《緊急時刻的祈禱：沉思第十七篇》

人類是社會性動物（至少大部分是），所以我們應該會特別喜歡那些表現出類似我們社會本能的其他物種，這再自然也不過。我們在這些動物身上看見自己，以及與我們自身演化的相仿之處。社會性互動的形式有著相當寬廣的層次，從程度各異的親代照料，到充斥著沒有上萬也有上千個體的大型群落。在程度相當複雜的社會性動物中，除了人類之外，幾乎所有的案例都是節肢動物，這其中絕大多數又散見於昆蟲類。

想當然耳，社會群體由個體協力組成。最簡單的社會性表現可以是長期的照料，也就是母親照料子代。昆蟲的世界裡不乏護子心切的母親，從蠼螋到金花蟲都有，很多行為基本上無異於照料蛋或哺育幼雛的鳥類。群居性的夥伴關係，例如跳蟲的大型群聚，或者行動一致的大規模蝗群，也代表了簡單的社會性行為形式。某些種類的昆蟲，同世代的成員會聚集在一個共同的構造體裡，例如地底的分歧通道，或者樹上的紡絲叢。在這些集體構成的巢穴裡，社會群落獲得了集體防衛的優勢，不過每一個母體都得獨自撫育子代。這些社群可見於俗稱帳篷毛蟲[1]的蛾類、一些蜜蜂和胡蜂類，還有甲蟲。

終極的社會性表現，則是好幾代雌性個體共用巢穴，合作養育子代，即使子代只由其中一隻或少數幾隻雌性產下。這種形式的社會性行為稱為「真社會性」（Eusocial），該名詞於 1966 年由美國蜜蜂生物學家芭特拉（Suzanne Batra，生於 1937 年）所創，字面上的意思為「真正的社會性」（字首「eu」意指「真實的」，衍生自古希臘文的「好」或「佳」）。在真社會性的群體裡，一些雌性個體會放棄自身的繁殖，以協助撫育由另一個或一小群血緣相近的雌性產下的子代。這些不繁殖的雌性稱為「工人」，而產下卵粒的則為「王后」，這便是社群中涇渭分明的階級制度。在最原始的真社會性群體裡，工人仍有能力產下後代，卻不這麼做，而選擇不交配，

Stylops
melittæ.

Vespa arborea
et son nid.

Nomada
ruficornis.

Formica rufa
et son nid.

Cilissa
hæmorrhoïdalis.

Eumenes et
son nid.

Andrena
nitida.

Andrena
Trimmerana.

Larre et nid
d'Andrena.

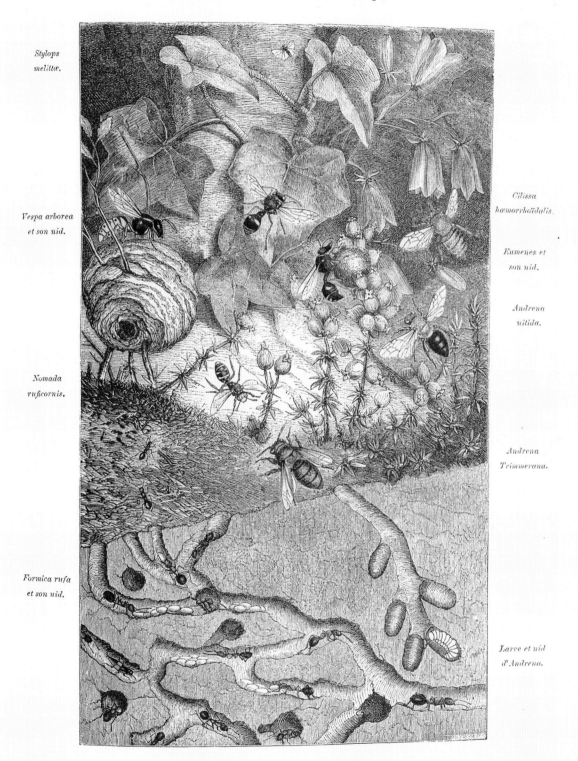

HYMÉNOPTÈRES. — Pl. XI

NEST OF THE COMMON HUMBLE BEE (B.TERRESTRIS.)

歐洲熊蜂（*Bombus terrestris*）的巢穴由一系列簡單的壺狀小室鬆散地成叢群集，其中有些用來貯存食物，其他則是幼蟲發育的小室。圖出自《蜜蜂：英國和其他國家蜜蜂的用途和經濟管理，以及已知野生種的描述》，查丹（William Jardine）約於 1846 年彙編出版。

只埋頭勞動，以協助那位不是姐妹就是母親的王后。要是王后受傷或死亡，任一工人便可能繼位成為新王后。因此，階級是以行為來區分，社會結構是有彈性的。熊蜂的社會結構就是基於這個模式。

然而，有些真社會性昆蟲的群體擁有更加嚴密穩固的階級制度，不孕的工人和王后階級的解剖構造差異相當大。在這些群體中，工人不可能取代王后。事實上，所有昆蟲中，最為無所不在且在生態上占盡優勢的類群裡，有一部分便是這些展現出高度真社會性的物種，特別是由白蟻、螞蟻和某些蜂類（包括蜜蜂）組成的三巨

頭。所有的螞蟻和白蟻都有高度真社會性，然而在蜂類裡，社會性行為則為特例，而非通則。在兩萬種蜂類裡，大部分種類均屬獨居性，而那些構成獨樹一格的真社會性群體的種類，則占約不到 5%。這三支昆蟲支系的真社會性群體幾乎構成了橫掃我們世界的霸權。不過，牠們並非唯一的真社會性類群，有些蚜蟲和薊馬也是真社會性的，甚至還有一種原始真社會性的菌蟲蟲，分布在澳洲東南部，並在當地的桉樹心材裡製造通道來棲息。

在昆蟲之外，真社會性非常稀有，除了一些蜘蛛和槍蝦，就僅有兩種動物——

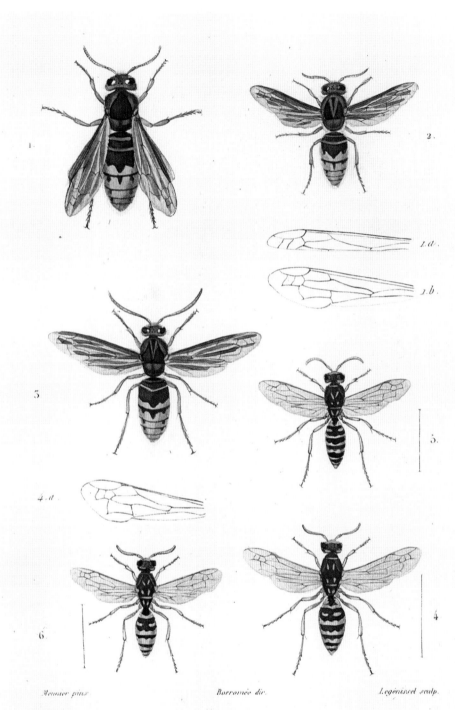

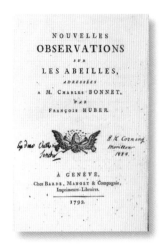

左：兩種高度真社會化的胡蜂的三個階級：左上三隻為黃邊胡蜂（*Vespa crabro*），右下三隻為高盧長腳蜂（*Polistes gallicus*）。圖出自《昆蟲自然歷史》，勒佩列捷於 1836-1846 年出版。

右：《關於蜜蜂的全新觀測》書名頁，胡貝爾於 1792 年出版，在書中闡述了對於西方蜜蜂（*Apis mellifera*）的自然史研究，即便他是全盲人士（參下頁）。

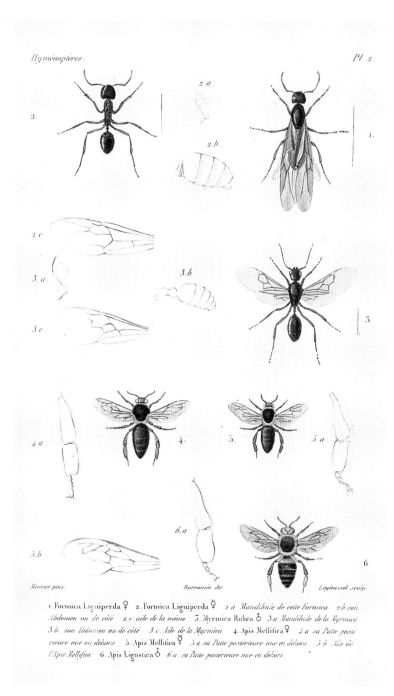

Hyménoptères.   Pl. 2

1 Formica Ligniperda ♀ *2* Formica Ligniperda ♂ *2 a* Mandibule de cette Formica *2 b* son
Abdomen vu de côté *2 c* aile de la même *3* Myrmica Rubra ♂ *3 a* Mandibule de la Myrmica
3 b son Abdomen vu de côté *3 c* Aile de la Myrmica *4* Apis Mellifica ♀ *4 a* sa Patte posté-
rieure vue en dehors *5* Apis Mellifica ♀ *5 a* sa Patte postérieure vue en dehors *5 b* Aile de
l'Apis Mellifica *6* Apis Ligustica ♂ *6 a* sa Patte postérieure vue en dehors

兩種最具代表性的社會性昆蟲類群──螞蟻（蟻科）和西方蜜蜂，以及牠們的三個階級：
王后、不孕雌性工人和雄性（在蜜蜂裡稱為雄蜂）。圖出自勒佩列捷的《昆蟲自然史》。

住在非洲之角的裸鼴鼠和南部非洲的達馬
拉鼴鼠是僅有的真社會性脊椎動物。有些
人認為人類社會中的次族群符合真社會性
行為的條件，所以我們也應將自身納入這
個與眾不同的團體裡。

　　人類的大半歷史中，大部分人生活在
領導者的統治之下，這人通常是男性，或
許是酋長、國王，或是皇帝，不論他是否
公正、有智慧，或甚至很瘋狂，都會決定
所有人的命運。在很多早期博物學者心中，
社會性昆蟲的群落就是我們自身文明的縮
影，因而理所當然地認為勞苦功高的昆蟲
工人是雄性，而凌駕於這些工人之上的君
主必為國王。

　　1586 年，西班牙農學家兼作家多利士
（Luis Méndez de Torres）首度猜測，蜜蜂的群
體中，所謂的國王實際上是王后。二十年
後，人稱現代養蜂之父的英國牧師巴特勒
（1560-1647）於 1609 年出版了開創性著
作《女性君主制》（見頁 163-165）。斯
瓦默丹（見頁 82-83）在往後的 1670 年代
透過解剖蜜蜂的顯微觀察研究，證實了蜜
蜂的君王實際是雌性。他驗明所謂的「國
王」擁有卵巢，所以必定是雌性。工蜂也
被證明為雌性，揭露了蜜蜂的社會是由雌
性支配和運行，而雄性僅僅用來讓王后受
精。儘管王后的性別終得平反，然而先前
認為牠從未交配的觀念仍持續了很長一段
時間。斯瓦默丹堅持雄蜂是藉由他稱之為
「精氣」（aura seminalis）的某種精液靈體來
使王后受孕，無法真實交配。直到瑞士博
物學家胡貝爾（François Huber, 1750-1831）經
由敏銳觀察，於 1792 年出版《關於蜜蜂的
全新觀測》，成功終結了這個糟糕的傳聞。

全盲的胡貝爾竟能有此「觀察」，更顯非凡卓越。胡貝爾起草了縝密的實驗後，由妻子盧琳（Marie-Aimée Lullin）和男僕博寧斯（François Burnens）執行，證實了單一蜂后便可統治整個蜂巢，產下所有的卵，且絕對會與雄性交配。胡貝爾的著作在往後整整一個世代都是蜜蜂自然史和養蜂學的標準參考書，他發明的玻璃板蜂箱也徹底改變了養蜂業。

真社會性蜂類的雄性稱為「雄蜂」。巴特勒正確地看出雄蜂的性別，但以為雄蜂會與工蜂交配。蜜蜂的雄蜂在蜂類中的獨特之處在於交配完就死亡了，雄蜂一從蜂后身上脫離，雄性器官和內臟也會隨之剝離。幸虧其他蜂類的雄性不必遭受如此命運。在白蟻的群體中，具備生殖能力的雄性（僅有一隻）至少得到「蟻王」的皇族頭銜，不過僅有一項功能：擔任蟻后的配偶，並釋放費洛蒙以協助控制群體中其他階級（蟻后也會）。特殊情況下，若蟻后死亡，蟻王會散發費洛蒙促使蟻后的繼承者發育。雄性螞蟻就沒有榮幸能獲得特別名稱，或許是因為牠們完成對於君主的單一責任後便活不久。

昆蟲的階級系統並非總是如此二元，僅僅包含工人和王后。有些昆蟲社群擁有第三個階級——士兵，用來防衛群體。士兵階級可見於蚜蟲、薊馬、一些螞蟻和白蟻（見頁 66 和 69）。士兵階級就像是工人階級，為特化的雌性，不行生殖而產生禦敵用的特化解剖構造。士兵階級演化出許多中世紀風格武器，用來進攻和防禦入侵者。最簡單的通常是大型的頭部和肌肉，以支持細長且可猛咬的大顎，其他種類則更具創意，例如象白蟻（隸屬於象白蟻亞科 Nasutitermitinae）的兵蟻有著狀似擠壓瓶的特化頭部，還有一支朝前的噴嘴，稱為「鼻突」（nasus，出自拉丁文的「鼻子」，並因而延伸出噴鼻或噴嘴的含義）。兵蟻會從鼻突噴出氣溶膠狀的化學物質，這可以驅敵，或者像膠水一樣困住來犯的敵人（通常是螞蟻）。士兵階級往往高度特化，以至於無法自行進食，而仰賴工人階級養育。

最先演化出複雜社會結構的動物便是白蟻，不遲於侏儸紀晚期，或者一億四千五百萬年前，白蟻就完成這項創舉了，那時劍龍、迷惑龍和異特龍還徜徉在科羅拉多州和懷俄明州，翼手龍仍翱翔於上空，形似鳥類的始祖鳥尚棲息在德國。螞蟻和蜜蜂的社會差不多與恐龍一同出現，並在後者滅絕後繼續留存，恐龍則僅剩下一個被覆羽毛的後裔，也就是鳥類。智人約在三十萬年以前出現，在此之前，白蟻、螞蟻和蜜蜂的文明與城市早已包圍地球，並在全球等級的災變中存活下來。這些社會群體固然極為成功且韌性堅強，在人為引發的氣候變遷和棲地破壞所造成的影響中卻很脆弱，這事實發人深省。舉例來說，熊蜂是我們最重要的授粉者之一，但在很多原本數量豐富的地方，卻正在消失。

昆蟲的建築

想當然耳，發展社會性的先決條件，便是居住的共同巢穴結構。然而，不是所

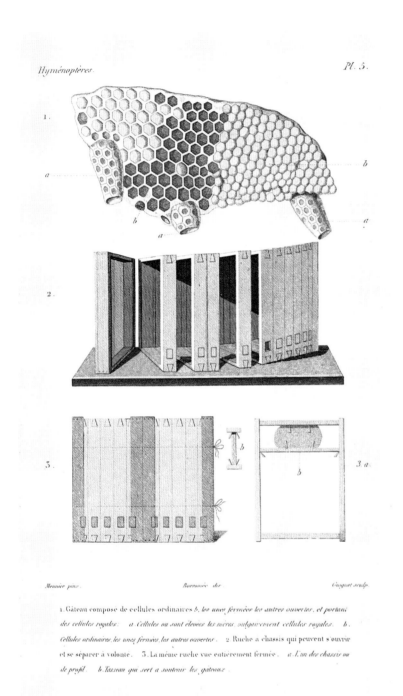

Hyménoptères.　　　　　　　　　　　　　　　　　　　　Pl. 5.

Meunier pinx.　　　　　　Borromée dir.　　　　　　Cugnet sculp.

1. Gâteau composé de cellules ordinaires b, les unes fermées les autres ouvertes, et portant
des cellules royales.　　a. Cellules ou sont elevées les mères, vulgairement cellules royales.　　b.
Cellules ordinaires, les unes fermées, les autres ouvertes.　2. Ruche à chassis qui peuvent s'ouvrir
et se séparer à volonté.　3. La même ruche vue entièrement fermée.　a. L'un des chassis vu
de profil.　b. Tasseau qui sert à soutenir les gâteaux.

或許沒有比產蜜蜜蜂（蜜蜂屬 Apis 的物種）蠟質的六角形蜂房更具辨識度的建築了。
已馴化的西方蜜蜂的蜂房可在木框內輕易操作，使得現代養蜂業成為獲利頗豐的產業。
圖出自勒佩列捷的《昆蟲自然歷史》。

有動物打造的建築都與社會性行為有關。在昆蟲的世界裡，最基礎的建築物便是母體撫育後代時建造的簡易棲所。舉例來說，雌蠼螋會占據一個小型空間，從簡易地下孔道到樹皮或石頭下的裂縫都有可能，並在其中照料幼體。獨居性的胡蜂和蜜蜂會挖掘通道，在其中存放收集來的食料、產下卵粒。石蠶蛾幼蟲會建造外殼作為避難所。保護性的外殼在獨居性的昆蟲中相當常見，對於很多擁有後院的屋主來說相當困擾，特別是那些必須從裝飾物上扯去、由簑衣蟲用植物材料和絲線編織而成的巢袋。簑衣蟲是簑蛾科（Psychidae）蛾類的毛毛蟲。不過，真社會性昆蟲物種所建造的建築體則特別宏偉，自古便激發很多想像。

最為人熟知的真社會性建築，是由蜜蜂構築的六角形蜂巢。七種會產蜜的蜜蜂都會建造蠟質的六邊形巢室，在這些巢室內貯存蜂蜜並養育幼蟲。大部分的蜜蜂種類都會將蜂巢建造在凹處，例如樹洞裡。蜂巢垂直懸掛，工蜂則在外部表面四處走動，形成一面由活體昆蟲組成的活動布簾，有助於保衛並調節蜂巢。蜜蜂十分擅長維持蜂巢恆溫，以此確保巢內環境良好，適合幼體發育和存放群落的貯藏。想保持巢體溫暖時，蜜蜂可以收縮振翅肌，但是不拍動翅膀。由於能量並未經由飛行釋放出去，這樣的運動會產生很大的熱能。蜜蜂也可以搧動翅翼以擾動空氣，進而冷卻密閉性巢體的溫度，特別是在炎熱的日子裡。

熊蜂也是真社會性的物種，儘管是比較原始的形式，也就是說，若有需要，工蜂能夠接任蜂后。熊蜂也在凹洞中築巢，往往使用囓齒類或鳥類廢棄的洞穴地道，

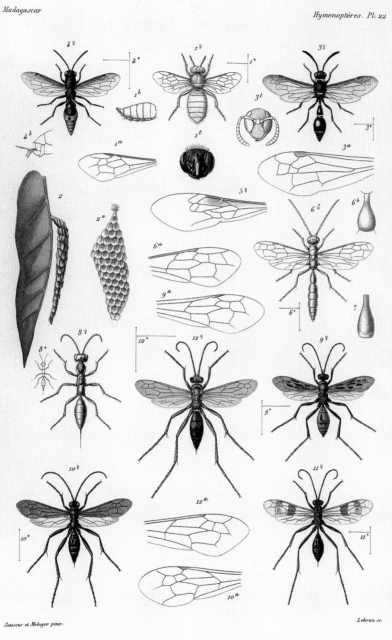

Saussur et Metzger pinx.   Lebrun sc.

1. *Allodape Ellioti.* — 2. *Icaria bicincta.* — 3. *Labus floricola.* — 4. *Odynerus sakalavus.*
5. *Elis Ellioti.* — 6. *Myxine nodosa.* — 7. *M. clavata.* — 8. *Methoca Cambouei.* — 9. *Agenia macula.*
10. *A. nitidula.* — 11. *A. bivittata.* — 12. *Pompilus plebeius.*

Imp. Gény-Gros, Paris

馬達加斯加產的多樣有
螫胡蜂（胡蜂科、小土
蜂科 Tiphiidae 和蛛蜂科
Pompilidae），索緒爾
於 1895 年出版的《馬
達加斯加的物理、自
然和政治史：直翅目》
描繪了這些物種。本
圖包含隸屬社會性長
腳蜂類的雙點鈴腹胡蜂
（*Ropalidia bicincta*）
的精緻蜂房，以一根纖
細的柄（葉梗）掛在葉
子底面。

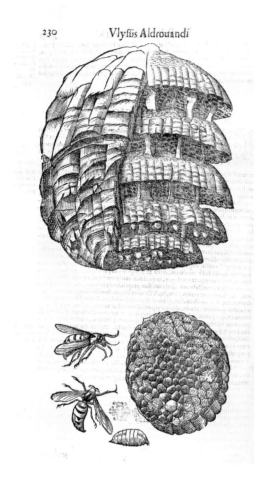

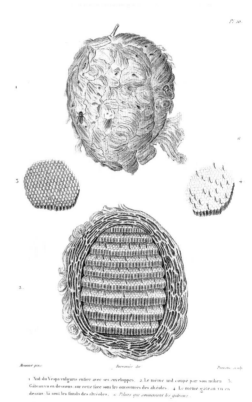

在植被之間或下方築巢。熊蜂建造的蠟杯會不規則地水平群集。有些蠟杯用來養育幼蟲，其他則拿來貯存花粉。其他原始的真社會性蜂類會在土裡挖出密密麻麻的地道，例如隧蜂中的社會性種類。不過其他原始真社會性蜂類支系，例如小蘆蜂族（Allodapini）的蜂類，會在中空的莖幹挖鑿通道。牠們是人類更加熟知的木蜂（*Xylocopa*）的近親。

有螫蜂如造紙胡蜂、虎頭蜂和黃蜂就跟蜜蜂表親一樣，也會建造精巧的巢體，裡面都是一列列小室。有些蜂巢深埋在地底洞穴，有些巢體則更為醒目，吊掛於屋簷，包裹著樹枝，或者由一根細長莖稈輕巧地懸吊。雖然有些巢體為開放式，露出紙質蜂巢，並通常有許多雌性覆在上方嚴加戒備，然而其他巢體則往往穩妥地覆上一層層紙質材料或堅硬的泥質。胡蜂的群體可以相當巨大，有人在巴西的洞穴頂部發現了一系列紙片般的胡蜂蜂巢群，凌空懸吊並彼此相連，容納幾百萬隻胡蜂。群體規模更小的種類，甚至獨居的胡蜂，也都會建造精巧的巢體，有些將巢錨定在葉片上，或捲起葉片以形成部分的建築本體。

螞蟻和白蟻

螞蟻及白蟻就跟蜜蜂一樣，都是優秀的建築師，且其建築在很多方面都讓蜂巢相形見絀。很多蜂類的巢穴都因一致的結構而大放異彩，螞蟻和白蟻的巢穴則以其不規則而顯得格外突出。大多數的螞蟻和白蟻巢穴都以不同的基質建造，例如木頭或泥土。巢穴通常包含小室，以通道網路相連，有一個或多個通向外界的開口。很多巢體都位於地下，這樣的地下通道可以非常錯綜複雜，但人類通常不會注意到。

螞蟻建造地下巢穴時，會將挖掘出來的土帶到地表傾倒，產生小型土堆，與人類採礦產生的廢石堆非常相似。這些群體可挖得相當深，有些螞蟻種類甚至能挖到深達 3.66 公尺以上。雖說挖掘通道和小室看起來似乎很簡單，但這些巢穴其實規劃得相當縝密。最複雜的巢穴包含通風機制，可使空氣循環，以及排水系統，以排出那些育兒、存糧和栽培用的小室產生的水分和廢棄物。就和蜂巢一樣，蟻巢內的溫度也可精確控制。山蟻製造的小土墩是北美洲和歐洲森林常見的景象。這些小土墩可以相當巨大，最大可容納近至四十萬隻工蟻，並形成小丘，高度超過男性的平均身高。小土墩中心通常有小土坑，像火山口一樣，但其他部分都以樹枝或針葉建造。其他螞蟻則於樹中建造巢穴，使用枝條、樹葉以及其他植物材料，一同編織成適合全體群體居住的城市。

最令人印象深刻且易於觀察的巢穴，或許非大白蟻亞科（Macrotermitinae）的蟻巢

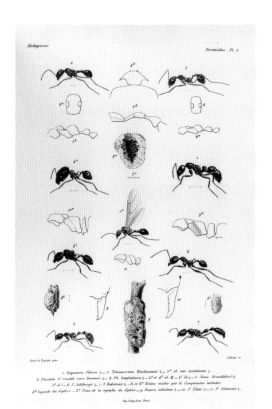

上：社會性昆蟲群像，由馬達加斯加產的各個螞蟻（蟻科）種類的工蟻和有翅雄蟻羅列而成的社會性昆蟲群像。圖出自《馬達加斯加的物理、自然和政治史》，佛瑞爾（A. Forel）1891 年貢獻的圖繪。

下：馬達加斯加產的臘納瓦洛娜舉尾家蟻（*Crematogaster ranavalonae*）的樹棲性巢穴，由枝條和葉片構築成箱形，加上咀嚼過的植物材料和泥土的混合物，可以形成無法穿透的外壁。圖出自佛瑞爾的《馬達加斯加的物理、自然和政治史》。

表現手法細膩動人的石版畫，這是婆羅洲產的叢林突扭白蟻的巢穴。本種最初由哈維蘭發現，他詳盡記錄了牠們精緻的巢體結構。圖出自〈白蟻的觀察暨一新種之描述〉，哈維蘭於 1898 年在發表於《倫敦林奈學會會刊：動物學》。

莫屬。這是僅分布於舊世界的支系，巢穴外觀往往很龐大，不僅能改變廣袤的非洲地景，更是當地一大特色。蟻巢中心有主要通道，或位於地下，或者與周圍土壤同高，還有一個寬廣的地窖，從那裡延伸出小通道，並在土墩的兩側形成開口。這些白蟻會在特化的苗圃室栽培真菌，這些小室位於地底通道網路之上。土墩本身的建造材料是白蟻以唾腺潤濕的泥土。

「混凝土化」這個形容顯得恰如其分，因為土墩極度堅固，不易破壞，通常需要特別強壯的成人揮舞沉重的尖鋤才能夠敲出大的凹陷。白蟻土墩相當透氣，並擁有一系列綿延貫穿的管道協助調節氣流，控制內部的溫度和濕度。

雖然有些大白蟻亞科的白蟻巢確實形似小丘，但其他的蟻巢則向上延伸，有如鋒刃，寬廣卻細薄。為了捕捉黎明曙光，以協助群體在寒夜後變得暖和，刃片狀蟻巢在建造時都會讓廣闊面朝向太陽。放眼望向非洲稀樹草原，可發現大地上矗立著許多這樣的群體。這些巢穴的高度相當驚人，且大到足以讓大象利用老舊蟻丘來搔抓身體。如果要更好地理解這樣的成就，可以想想當前全球最高的建築物——杜拜的哈里發塔。這座令人驚歎的高塔，地面上有 163 層樓，再頂著巨大尖塔，向上聳立而衝破天際，達到驚人的 829.7 公尺。西方男性的平均身高為 1.75 公尺，意思是就算以當前的極限，人類建造的建築物，也不過出約為自身尺寸的 474 倍。這比起昆蟲的本事，簡直就是雕蟲小技。最大型的白蟻物種，也就是非洲產的好戰大白蟻（*Macrotermes bellicosus*），其工蟻，也就是辛苦建造巨大建築物的階級，平均體長為 3.6 公釐，但建造的一些蟻巢卻可向上聳立近 8.2 公尺。所以白蟻的土墩是工蟻尺寸的 2,278 倍。而這只是最保守的估計值，因為很多工蟻更加嬌小，且白蟻的高塔不包括空間不能使用的尖頂。倘若我們要建造相等比例的建築，高度至少要有 4,007 公尺，樓層不能少於 1,314 層！

不速之客和農夫

其他昆蟲也會在社會性昆蟲的巢穴內發展完整產業，牠們全都渴望從這個固若金湯的密閉空間和內部集中存放的物資中獲益。這些昆蟲界的不速之客稱為「客居生物」（Inquilines），包括蟎類、椿象和一群極富多樣性的特化隱翅蟲類。客居生物會無所不用其極地進入巢穴，一旦成功進駐，便想方設法隱身。有些物種如白蟻巢客居椿象（termite bug），外形扁平，背部有岩紋，用以擬似白蟻通道的內壁，並藉由壓低身驅，緊緊貼在通道壁上來遁形。有些隱翅蟲不僅時不時模仿寄主，例如外形看起來像螞蟻的那一些種類，還是優秀的化學家，分泌的化學氣味正如同居的螞蟻或白蟻。牠們甚至會模仿寄主的行為，這些全都是為了能在群體裡四處走動而不觸發警鈴。

雖然我們總喜歡自認聰明，為開發出糧食作物品種和蓄養牲畜而自豪，然而社會性昆蟲早在我們於新石器時代發展出農牧業的千萬年以前，就演化出農業栽植和動物畜養了。螞蟻、白蟻和甲蟲均各自演化出農業系統，培植真菌作物並從中獲取營養。不若我們，百萬年以來，這些昆蟲就持續實行永續農業，我們卻仍力有未逮。然而有一些形式的昆蟲農業在栽培時確實會損害環境。

菌蠹蟲在活體樹木中掘出通道居住，並在通道壁上接種真菌，侵擾周圍樹木。這些真菌長大後，成了甲蟲的食物。接著，當甲蟲遷散時，也會帶著真菌樣本前往新通道。惡名昭彰的中歐山松大小蠹蟲（*Dendroctonus ponderosae*）當前正在加拿大和美國西部森林肆虐，將藍變菌（*Grosmannia clavigera*）引入松樹。這種真菌不僅是甲蟲的食物，也會抑制樹木的天然防衛機制，使樹木無法滲出樹脂。這些甲蟲幼蟲最終會繞著樹木鑽一圈，切斷樹木內部的水流。

阿拉伯樂土（Arabia Felix）的生與死

雖然林奈的名字幾乎是生物分類的同義詞，但他的貢獻遠不止於寫作。林奈同時也是極富教學長才的教授，在烏普薩拉大學的課程非常受歡迎，所組織的植物學踏查也吸引很多學生。林奈一些最年輕有為的學生還參加探險航行，將植物學和其他生物標本帶回烏普薩拉，藉此了解上帝偉大構圖的全貌。人稱這些極富冒險精神的學生為「林奈門徒」。十八世紀的異國旅行通常充滿危險，所以，或許不太讓人意外，並非所有人都能通過嚴酷試煉。這些堅忍不拔的年輕人中，有位福斯科爾（Peter Forsskål, 1732-1763），他是思想自由的瑞典人，於 1759 年就著有一短文《公民自由權之我思我想》，內容囊括一些異端思維，如言論自由，可以說是幾十年後美國權利法案的藍圖。

1760 年，福斯科爾被指派去參與一場探險考察，這趟旅程由丹麥國王弗雷德里克六世（Frederick VI，統治期間為 1746-1766 年）發起，

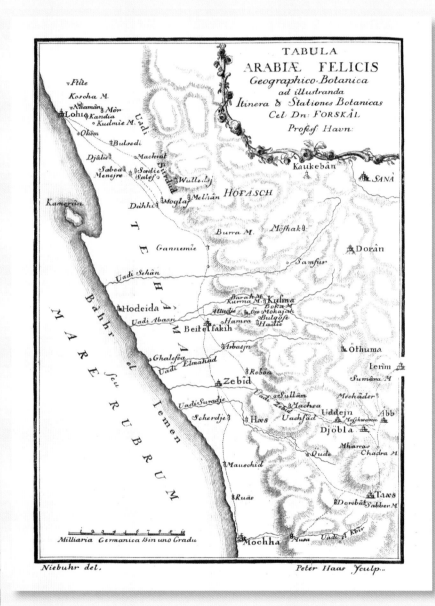

尼布林繪製的阿拉伯樂土地圖，這是福斯科爾去世後，於 1775 年出版的著作《埃及與阿拉伯植物誌》的卷首插圖。福斯科爾是林奈最努力不懈的學生，卻沒有挺過考察旅途中的嚴峻考驗，最終由尼布林將好友的眾多手稿筆記分成數卷出版。

目的地是阿拉伯樂土——阿拉伯半島的西南部分，包含如今的沙烏地阿拉伯南部和葉門。阿拉伯樂土也包含傳說中的示巴王國，當時認定那裡可取得古老的聖經抄本，而這也是本次考察的目的之一。除了福斯科爾，該團隊還包括丹麥哲學家馮・海溫（Frederik C. von Haven, 1728-1763）、紐倫堡的藝術家格鮑恩芬德（Georg W. Bauernfeind, 1728-1763）、丹麥醫師克萊默（Christian C. Kramer, 1732-1763）、主僕役伯格倫（Lars Berggren），以及尼布林（Carsten Niebuhr）。尼布林的出身沒有隊友顯赫，然而是位傑出的數學家兼製圖師。

這支隊伍於 1761 年 1 月離開哥本哈根，首先來到君士坦丁堡和亞歷山卓，而後航向開羅，最終於 1762 年抵達阿拉伯。然而他們在途中最大的危險卻是彼此——多國船員的關係高度緊張，有時氣氛甚至充滿了對於陰謀詭計的慄慄危懼。不過部落民的劫掠和狡詐的地痞流氓等危險，還有行經炎熱乾旱地域的舟車勞頓，最終使他們打成一片，成為了莫逆之交。到達開羅時，除了馮・海溫以外，所有人都採取了阿拉伯式的衣服和生活方式，因

為了解入境隨俗以及與地方人士建立互信同理的友誼，對於生存至關重要。

旅程中福斯科爾都在收藏植物和動物標本，準備返航後和林奈分享大量紀錄，這些標本也將會是阿拉伯和埃及生物相大規模整理研究的基石。遺憾的是，這場考察之旅多災多難。1762 年 12 月 29 日，團隊終於抵達葉門，五個月後馮・海溫不幸死於瘧疾。1763 年 7 月滿懷抱負的福斯科爾步上後塵，也因瘧疾而驟逝。尼布林和其他人在他去世之處——鄰近沙那（Sana'a）的小山城外將他安葬。剩餘的冒險者成功回到海岸，但每位均身染重病。

他們最終登上一艘開往印度的英國船隻，但橫越印度洋時，鮑恩芬德和伯格倫雙雙病亡，遺體被投入汪洋深淵。在孟買時，克萊默也走了，因此到了 1764 年 2 月，僅剩尼布林一人存活。

尼布林踏上歸途，慢慢返回歐洲，先是搭船前往阿曼，而後至波斯，途中造訪了古代波斯波利斯的遺跡，也成了見到這座城市的首批歐洲人之一，事實上，他也是第一位詳細記述其歷史紀念碑和楔形文字的人。途經現在的伊拉克、敘利亞和土耳其後，尼布林終於在 1767 年 1 月再次抵達君士坦丁堡，並在 11 月平安回

福斯科爾逝世後出版的《動物、鳥類、兩棲動物、魚類、昆蟲、蠕蟲之描述》書名頁（1775），該作是關於他在埃及和阿拉伯的旅途中發現的動物物種。

《物種描述》系列圖冊的書名頁，包含了各式各樣福斯科爾在埃及和阿拉伯探險時發現的植物和動物圖繪。

到哥本哈根，距離整趟考察之旅啟航，已整整過了六年。他寫下一部關於本次考察的記述，而為了不讓摯友福斯科爾的努力化為烏有，也出版了福斯科爾遺留的手稿——埃及和阿拉伯紅海生境的植物相與動物相的專著。

　　福斯科爾探討了二十五種昆蟲，包括一種他稱為「群生蟋蟀」（*Gryllus gregarius*）的物種，這就是我們如今所知的沙漠飛蝗（*Schistocerca gregaria*），聖經中上帝降下的天災，相當貪食。他也描述且繪製了地棲性白蟻「歐洲散白蟻」（*Reticulitermes lucifugus*）（福斯科爾本人則稱之為炎熱白蟻 *Termes arda*）的兵蟻和工蟻，以及牠們建造的通道。該物種因為破壞人類建築物而在中東和歐洲等地聲名狼藉。這是最早描繪白蟻階級的插圖之一。福斯科爾的紀錄也包含一種蚊子「地下家蚊」（*Culex molestus*，現今被認為是尖音家蚊的地下家蚊變型[2]），會這樣命名是因為該蟲嗡嗡不止的騷擾[3]。雖然地下家蚊並非傳染瘧疾的物種，但想像牠的兄弟是如何摧毀了林奈門徒和其同行夥伴的旅行，不禁讓人膽戰心驚。

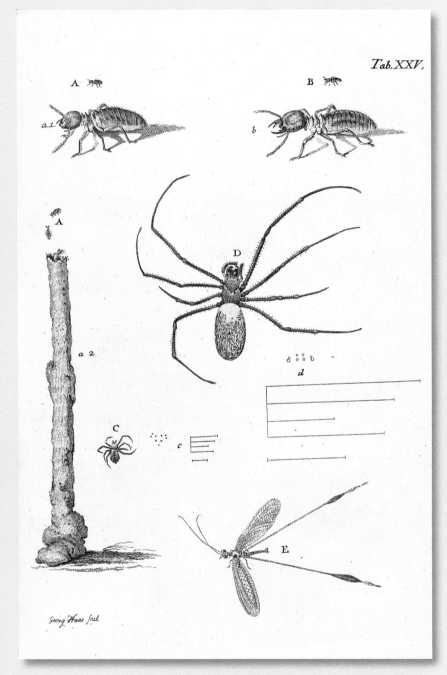

福斯科爾的著作包括史上第一幅描繪白蟻社會性階級的插圖，展示地棲性歐洲散白蟻的工蟻和兵蟻，及其巢體的部分結構。這幅插圖也包含他發現的其他節肢動物，例如扇形金蛛（*Argiope sector*）和疆繩旌蛉（*Halter halteratus*[4]）。

宿主便在甲蟲和真菌的合力下，步向死亡。

白蟻和螞蟻種植真菌的方法更像人類：在栽培園裡種植，將真菌種在巢內深處的特化小室裡。栽植真菌的螞蟻僅分布在新世界，會農耕的白蟻則僅見於舊世界，所以兩個類群絕不會重疊。栽植真菌的白蟻通常會將死亡植物的組織或動物排遺鋪成苗床，在上面種植。等真菌製造出菌瘤，白蟻再採收並食用。建立全新群體的新蟻后必須從周遭環境找到真菌樣本，才能開始栽植。這並不難，他們可以收集舊蟻丘四周發芽的菇體散發的孢子。

然而，最能幹的昆蟲農夫非螞蟻莫屬。栽植真菌的螞蟻技藝更加完善，至少從五千萬年前就開始從事這項工作。不若白蟻，這類螞蟻將葉子剪碎後收集起來，利用這些葉片來培育真菌，想建立新群體的蟻后則會隨身攜帶培養菌，用來開發嶄新栽培園。就像人類農民，這些昆蟲面臨維持合適的氣候和避免作物害蟲的挑戰。以後者來說，其他真菌或細菌可能會摧毀牠們的栽培園。為了避免將任何意料之外的「害蟲」引入栽培園，螞蟻會維持自身整潔，時常清理園區，還會種植特別的細菌和酵母菌做為抗菌劑，功用就像「除草劑」，可以保持栽培園的健康。

其他螞蟻類群也演化出照料蚜蟲或角蟬的行為，並從牠們身上收集「蜜露」。蚜蟲會從宿主植物汲取含糖液體，而為了獲得充足的養分，必須從植物身上吸飲大量液體。蚜蟲體內有大量液體流動，產生相當多液體廢物，因此會排出一滴滴富含糖分的蜜露，和花蜜非常相似，是螞蟻夢寐以求的食物。螞蟻在演化中成為了牧場主，悉心照料成群如微型牲畜般的蚜蟲。有些螞蟻甚至會把蚜蟲當成乳牛來「擠奶」，以敲擊觸角來刺激蚜蟲，指示牠們

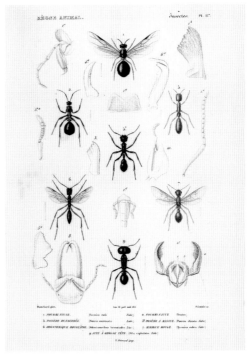

分泌蜜露滴。蚜蟲受螞蟻保護，而螞蟻也吃蚜蟲的蜜露，呈現了理想的共生關係。就像人類的農場主一般，如果一塊「田地」地力耗盡，螞蟻會把蚜蟲帶到更適合「放牧」的新地方。螞蟻甚至會在冬季期間收集蚜蟲的卵粒，帶到蟻穴中，保護卵粒免於嚴寒之苦。新春來臨時，螞蟻會再帶著蚜蟲若蟲外出覓食。

多樣的螞蟻（蟻科），包含蟻后、工蟻和雄蟻。螞蟻是人類最熟知的真社會性昆蟲之一，住在高度整合的社會裡，散布全球。圖出自《動物界》，居維葉於 1836-1849 年出版。

譯註

1：隸屬枯葉蛾科（Lasiocampidae）。

2：但是 Fonseca et al. (2004) 透過分子系統發育學的研究論文又重新證實兩者為不同種。

3：其種小名 *molestus* 為拉丁文，意思是「惱人」。

4：原文拼寫成 *Halter halterata*，但根據國際動物命名規約規定，屬名和種小名必須達成性屬一致，因而此處更正為 *Halter halteratus*。

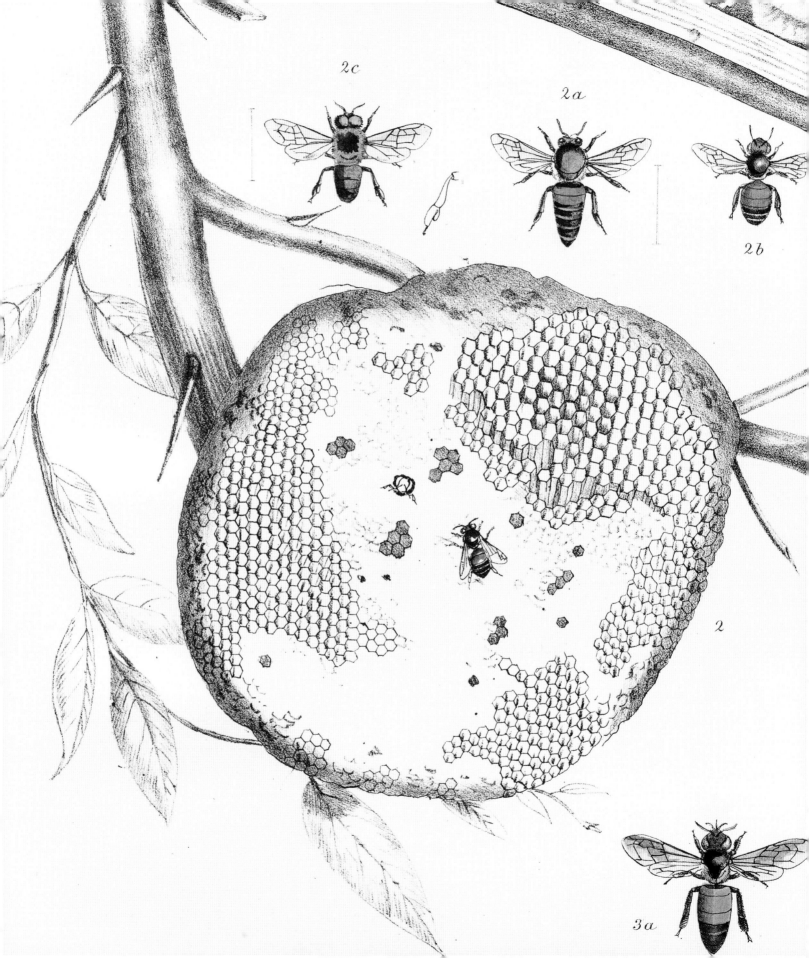

2c

2a

2b

2

3a

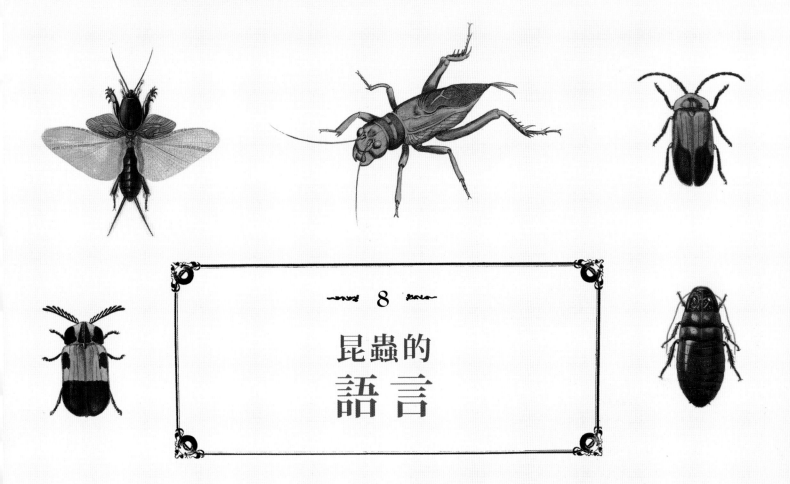

8

昆蟲的
語言

「語言的極限，意味著世界的極限。」

——維根斯坦（Ludwig Wittgenstein），1922年，《邏輯哲學論》

「嗡嗡嗡。」——蜜蜂

美國詩人阿門斯（A. R. Ammons, 1926-2001）曾寫道：在自然界，有兩件事情一暴露就是致命的：「其一為移動，其二為發出聲響。因為這兩者的風險如此巨大，以至於大自然的野性萬物大多靜止且悄無聲息。」然而生命和「野性大自然」都脫離不了冒險。不論我們有沒有注意到，我們四周的物種全都不斷地在冒險移動和發聲。我們周遭圍繞著漸次增強的溝通交流，雖然有時我們的確會像阿門斯所描述的那樣，因為森林「震耳欲聾」的寂靜而感到驚駭，但很多時候，我們會被鳥兒的歌聲、蟋蟀的交響曲等大量生命的聲響所淹沒。

大自然通常不是靜止不動，也不是悄然無聲。然而，紛擾嘈雜的人類世界卻使得我們大多對身邊聲調充耳不聞，程度之嚴重，當我們置身廣大的戶外世界時，可能不會注意到四周的鳴啼是何等多樣。每個聲音、每個動作都可能被掠食者察覺，這固然有風險，但是自然萬物必須為了繁榮昌盛而全盤承受。唯有這樣做，動物，包括昆蟲，才有辦法完成生命週期、找到食物、選擇配偶，並確保物種延續。

我們的生活以溝通交流為中心。我們與摯愛的人、與同事說話，有時候自言自語，甚至有時候對著寵物開口。現在，您正在閱讀一種無聲的交流形式，我們用一組協定好的抽象塗寫，來代表原本會說出口的單詞之聲。我們其他的感官意識其實也會參與溝通交流：氣味告訴我們美味的大餐來了、警告危險出現、讓我們的腦海塞滿了回憶，而觸摸也類似，可提供我們大量的資訊。我們這種收集和分享資訊的天然習性和文化習慣，是定義我們文明和種族的特性之一。

每種昆蟲都會用某種形式溝通，任何美好的夏日傍晚，當唧唧的蟋蟀與轟鳴的夏蟬合唱著背景樂，螢火蟲發出柔和的亮光，都證明了溝通的豐富性。視覺和聲音的演奏會遠遠不止上述我們熟知的信號，還有甲蟲尖銳的摩擦聲、蟑螂的嘶嘶聲、

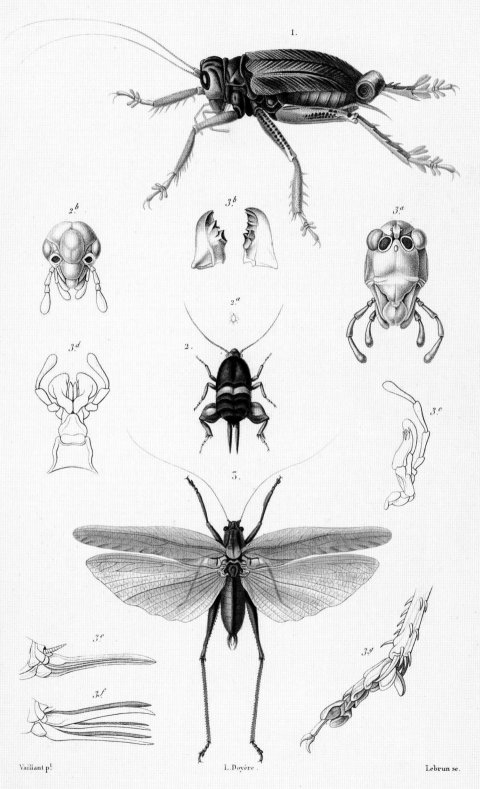

Vaillant p! L. Doyère. Lebrun sc.

1. *GRILLON MONSTRUEUX*. (Gryllus monstruosus.) 2. *MYRMÉCOPHILE DES FOURMILIERES*. (Blata acervorum.)

5. *LA GRANDE SAUTERELLE*. (Locusta viridissima.)

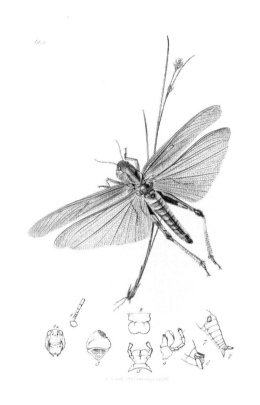

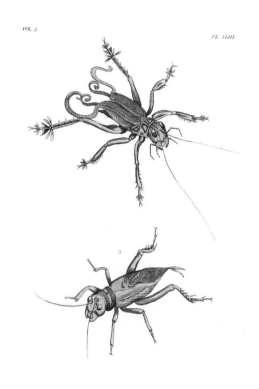

左：飛蝗是分布最為廣泛的蝗蟲物種，能轉化成巨大的蝗群，數量可達每平方公里數千萬隻。圖出自《不列顛昆蟲學》，柯提斯於 1823-1840 年出版。

右：體形巨大的怪奇裂趾蟋（上）擁有獨特的捲曲翅尖和從腿部延伸的平坦瓣片，對於一些原住民來說是美味佳餚。菸草大蟋蟀（*Brachytrupes membranaceus*，下）原產於非洲，會啃食菸草幼苗。圖出自《異國昆蟲學插圖》，德魯里於 1837 年出版。

石蠅的咚咚鼓奏、蛾類傳送的超音波脈衝、角蟬於枝條嗡嗡作響，以及任何類型的昆蟲舞蹈。

事實上，昆蟲可藉由任何我們所能想像的方式進行溝通，包括一些直至近幾十年以前人類都甚少察覺的形式。最基礎的信號─接收系統，可見於雄性與雌性間、親代與子嗣間、獵物與捕食者間。雄性和雌性必須在多樣且不停變動，同時還充斥干擾的環境中找到彼此，母親則得在危險將至時通知子代，此外還有數不勝數的物種透過明亮且突出的獨特色彩來向潛在掠食者發出有毒的警示。不論我們有沒有「聽」到，昆蟲世界的確隨時進行著嘈雜的溝通交流。

化學信號

化學訊號是昆蟲最普遍的溝通方式。費洛蒙引領雄性和雌性相會，促進種族的繁殖延續。大多數蛾類的羽狀觸角對於特定的化學信號極為靈敏。事實上，某些雄性蛾類對於雌性化學信號之敏銳，竟只憑數公里外信號源散發的單一氣味分子就能定位出目標。蛾類的觸角有眾多分枝，有時候形狀還很寬，這都讓飛行中的雄性能有最大量的氣流和循環通過身上眾多的細微受器，受器數量可達數萬。

社會性昆蟲以警戒費洛蒙來警告同伴

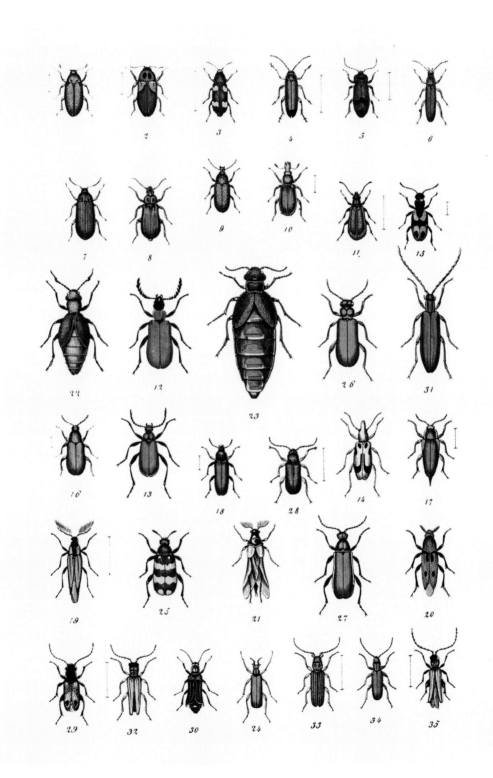

一群五顏六色的甲蟲和一些警戒色的實例。正中間的大型甲蟲（複色短翅芫菁 *Meloe variegatus*）和其最左邊的黑色甲蟲（曲角短翅芫菁 *Meloe proscarabaeus*）為芫菁科的物種。芫菁科的雄性會分泌防禦性化學物質，稱為芫菁素。交配時，雄性會將芫菁素作為求偶贈禮送給雌性，而雌性也會以芫菁素覆蓋卵粒，以防掠食者侵襲。有趣的是，在兩種芫菁之間的黑頭赤翅蟲（*Pyrochroa coccinea*）也會用紅色的體色向掠食者發出有毒警示，但必須自芫菁的背部舔舐芫菁素，才能收集化學防禦物質。圖出自《圖解昆蟲學博物館》，羅斯柴爾德於 1876 年編纂。

有危險。這樣的化學訊號通常用來警示群體有入侵者，可導致大批工蟻或工蜂傾巢而出，或奮力保護巢內同伴，或逃離現場。化學信號也可能發送給不同物種。椿象、竹節蟲以及許多昆蟲的腺體可製造忌避性液體以逼退攻擊者，有時這液體還極度刺激，甚至具腐蝕性且有害。芫菁（見前頁插圖）的英文名稱為 blister beetle（水泡甲蟲），原因是牠們的防禦性分泌物「芫菁素」（cantharidin）非常有效，並能造成化學性灼傷。有毒的物種通常會透過某些形式的體色花紋來宣告牠們的這一面，這稱作「警戒色」。舉例來說，有些芫菁可能會是黑色調，並帶有顯眼的紅、橙、黃色條紋或斑紋，以此發出「不要碰我！」的訊號。其他芫菁可能全黑或是青藍色，但同樣有能力灼傷敵人。

動作與光，以及震動和聲音

—————

由於人類是如此依賴視覺的生物，以至於任何顯眼的東西都可能吸引我們，無論這些訊息是不是針對我們，例如行為展示和鮮明的色彩。前述的芫菁，以及從胡蜂到帝王斑蝶的有害或有毒物種的警戒色，都無疑是「響亮」的溝通，且即便在停棲時也有效。

昆蟲的行動也能傳達相當多意思，或許最常見的視覺表演便屬求偶展示行為了，整個六足類的演化光譜，從跳蟲到囓蟲以至於蝴蝶，都有這種行為。求偶舞包含精

心編排和典型的動作，有時還會結合專屬於該物種（種專一性）的色彩花紋，這不僅能讓個體辨認出彼此是否為同一物種，也供雌性精挑細選。雌性會依據展示行為的高下，挑選出潛在的配偶，而這種挑三揀四有時會導致雄性演化出誇張的特徵，用來互相較量以獲得至愛的青睞。

原始的跳蟲、石蛃和衣魚雖不行交配，仍會對雌性表演儀式化舞蹈，以使對方接受精包。視覺訊號大部分都是在彼此非常靠近時發出，這是因為各昆蟲類群的視覺敏銳度不一。有時候舞蹈還會加入觸覺刺激要素，不然雌性可能完全看不到這些雄性芭蕾舞般的迴旋轉身。不過這並不表示所有的視覺表達都限於近視的物種。

螢火蟲是遍布全球的甲蟲，可說是昆蟲世界最優秀的電報員，在黃昏後發送獨特的熠熠閃光。每個種類都會製造自己獨特的閃光模式，就像發光的摩斯密碼。這種光由甲蟲腹部的特殊發光構造產生，是一種化學作用，依照物種不同，可顯示為粉紅色、黃色，或人類比較熟悉的淡綠色。光亮的持續時間、地點，甚至形狀都十分獨特，讓同種的雄性和雌性可以正確配對。

其他形式的交流溝通還有聽覺和感覺。在昆蟲類之外，我們都知道蜘蛛對於網上的震動很敏感，這告知牠們有大餐落網了。很多昆蟲也利用類似的表面震動。棘角蟬的若蟲會小群聚集進食，通常是當母親坐在不遠處時，透過母親在植物莖上刺出的孔來吸食。掠食者如胡蜂、蠅類或甲蟲接近時，這些若蟲會以震動發出訊號，並傳遍整株植物的莖。當越來越多驚懼的若蟲

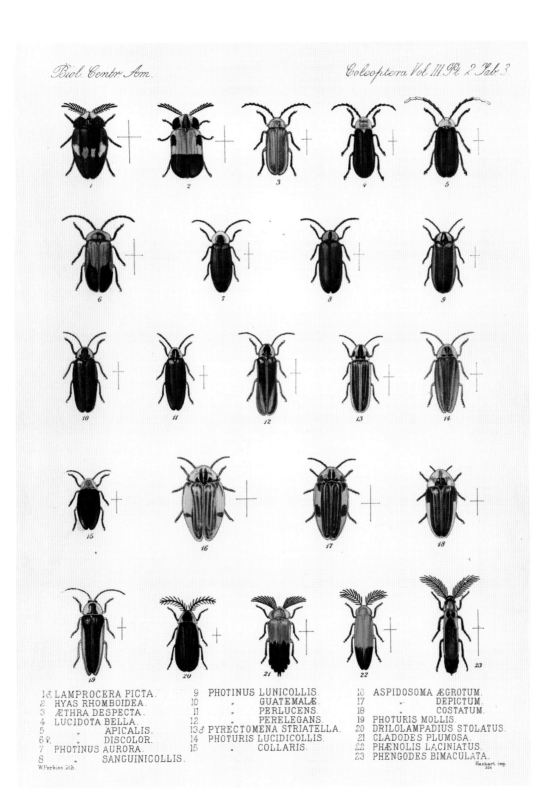

1. LAMPROCERA PICTA.
2. HYAS RHOMBOIDEA.
3. ÆTHRA DESPECTA.
4. LUCIDOTA BELLA.
5.   APICALIS.
6♀.   DISCOLOR.
7. PHOTINUS AURORA.
8.   SANGUINICOLLIS.

9. PHOTINUS LUNICOLLIS.
10.   "   GUATEMALÆ.
11.   "   PERLUCENS.
12.   "   PERELEGANS.
13♂. PYRECTOMENA STRIATELLA.
14. PHOTURIS LUCIDICOLLIS.
15.   "   COLLARIS.

16. ASPIDOSOMA ÆGROTUM.
17.   "   DEPICTUM.
18.   "   COSTATUM.
19. PHOTURIS MOLLIS.
20. DRILOLAMPADIUS STOLATUS.
21. CLADODES PLUMOSA.
22. PHÆNOLIS LACINIATUS.
23. PHENGODES BIMACULATA.

W.Purkiss lith.   Hanhart imp.

一般稱為螢火蟲（螢科 Lampyridae）的類群，其實包含了約兩千個物種。雖然並非所有螢火蟲都會發光，但會發光的種類所發出的閃光對於各自的物種來說是獨特且足以區別的。圖出自《中美洲生物相：昆蟲綱鞘翅目》，1880-1911 年出版。

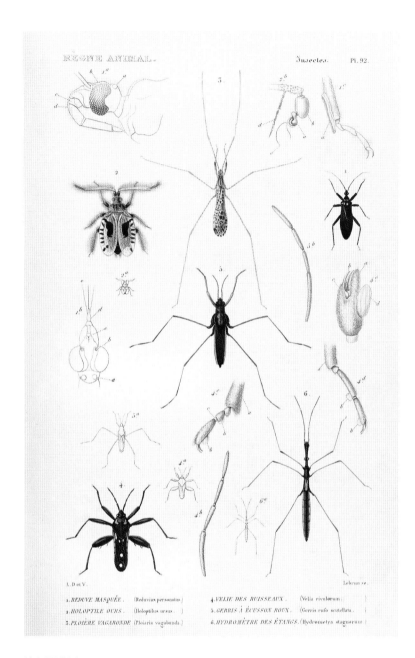

椿象可製造各種不同的溝通交流訊號。水黽可在水面製造漣漪，以傳訊給配偶或嚇退其他水黽，如北方褐電椿（*Limnoporus rufoscutellatus*[1]，足部細長，編號5）。圍繞著水黽，從左上依順時針為熊毛獵椿（*Holoptilus ursus*）、漂泊蚊獵椿（*Empicoris vagabundus*[2]）、偽裝獵椿（*Reduvius personatus*）、滯水尺椿（*Hydrometra stagnorum*）以及河岸寬肩椿（*Velia rivulorum*）。圖出自居維葉的《動物界》。

加入求救的行列，震動訊號將會變得協調且同步，在附近的母親感受到震動後，便會趕來救援，利用硬化的翅膀和足部擊退攻擊者。

水黽——足部細長、可沿著靜水塘緣滑行的椿象，是一般性的捕食者，會抓住意外掉到水面上的無助節肢動物。其中海黽屬（*Halobates*）相當引人注目的特點，便是可以在開放海域的水面滑行。居住在水面上有幾項挑戰，最重要的即是避免溺斃。然而，水黽就像角蟬，會透過震動來溝通，以漣漪的形式傳訊，不同頻率傳達不同意涵。最普遍的漣漪訊號是為了讓周遭的水黽知曉其存在：相互傳出類似的漣漪，叫對方後退。如果雄性水黽送出漣漪，卻沒有收到另外那隻水黽的回覆，便知道這是隻等待交配的雌性。牠接著便會以另一種形式的漣漪來歌唱，以向對方求偶。雌蟲若沒有被打動，會用漣漪要求對方離開。若牠折服於該雄性的魅力，便會調整身軀，以便和雄蟲在水上交配。

最知名的震動溝通便要數「歌唱昆蟲」多樣的啼囀、啾鳴、唧唧、喀嚓和喀啦聲，英國詩人濟慈（John Keats, 1795-1821）正是因這些旋律而寫下「大地詩歌永不消亡」的詩句。

不過這些發出聲響的昆蟲並非真的在「歌唱」，因為牠們全不是透過喉部發聲。相反地，昆蟲更像是小提琴手和鼓手，一同摩擦翅翼、腿足、腹部甚至大顎來創作我們十分熟悉的合奏曲。這些演奏可能為獨奏或樂隊全體齊奏。聲音的呼喚最常見於直翅類昆蟲，如蟋蟀、草蜢和螽斯，

大部分由雄性發出，為配偶而演唱，且每位都能將詠嘆調傳得相當遠。蟋蟀和螽斯的發聲方式是摩擦翅上特化的齒突，聲音則透過翅上由翅脈框出、稱為「鏡區」（mirrors）的膜質區來放大。草蜢的發聲方式不同，是透過後足上的音銼摩擦翅上硬質化的縱脈來產出聲響。

每個物種的聲響都是獨特的，經驗老道的人甚至不用看到昆蟲本身，單單從蟲鳴便能鑑別出種類。這些聲響是如此獨一無二，專家在捕獲前，就能根據鳴聲認出有新物種！一些螻蛄的前足可以用來挖洞，狀似小型鼴鼠的前足。牠們會在通道口建造圓形劇場，以更好地傳送鳴聲。另一個地棲的類群為澳洲產的短足螻（短足螻科Cylindrachetidae），親緣與草蜢類相近，但完全無翅。短足螻特化的大顎上有音銼和齒突，一摩擦這些構造，便能發聲。

早在鳥類和悅耳動聽的鳥鳴演化出來以前，遠古森林中便已充斥嘈雜的昆蟲謳歌。一億六千五百萬年前一隻螽斯的化石殘骸，完整保存了音銼和翅膀的齒突，以此重建該蟲發出的聲音，顯示這位遠古聲學家已可製造出純音的蟲鳴。純音正是音樂的主成分，是我們相當熟悉的聲音。也就是說，這隻遠古螽斯並非發出不成調的嗡嗡或咯啦聲，而是奏出樂曲——一首侏羅紀情歌。

最吵鬧的鳴叫，當然要屬蟬鳴了。蟬群合唱的**轟**鳴真的會震耳欲**聾**。在樹梢漸次增強的求愛蟬鳴可迅速超過 100 分貝，相等於噴射機起飛。超過 90 分貝的噪音就會損害聽力，而到了 110 分貝，我們便會

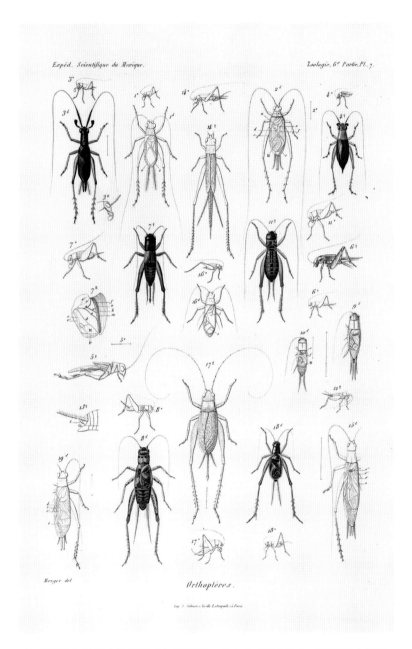

我們的夏日傍晚到處都能聽到蟋蟀（蟋蟀科 Gryllidae）洪亮的歌曲，例如這些中美洲、加勒比海和美國西南部的物種。五顏六色的蟋蟀，從左上順時針分別為玄青葉鬚蟋蟀（*Phyllopalpus caeruleus*）、暗褐葉鬚蟋蟀（*Phyllopalpus brunnerianus*）、未熟短尾蟋蟀（*Anurogryllus abortivus*）、斑翅前塔鍾蟋（*Prosthacusta circumcincta*）、家蟋蟀（*Gryllodes sigillatus*）、托爾鐵克短尾蟋蟀（*Anurogryllus toltecus*）。出自《多足類和昆蟲的研究》，索緒爾於 1870 出版。

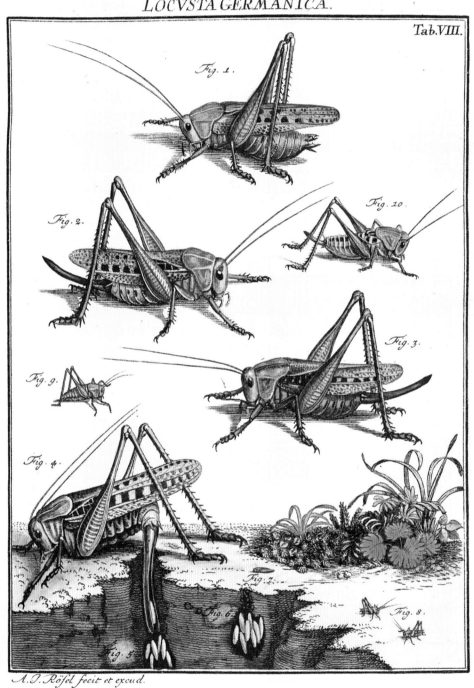

LOCVSTA GERMANICA.

Tab.VIII.

Fig. 1.

Fig. 2.

Fig. 10.

Fig. 3.

Fig. 9.

Fig. 4.

Fig. 7.

Fig. 6.

Fig. 8.

Fig. 5.

A.J.Röfel fecit et excud.

羅森霍夫繪製得很精準：蝗蟲會挖出淺淺的通道，將腹部伸進去，產下整窩卵粒。成蟲隨即掩蓋卵粒，而胚胎就在裡頭發育，最後孵化為若蟲。圖出自羅森霍夫的《昆蟲自然史》。

明顯感到痛楚。事實上，雄蟬為了避免傷害聽力，能夠在合唱時卸下「耳朵」。令人印象深刻的蟬鳴是由膜片（稱之為「鼓片」〔tymbal plates〕，位於腹部兩側）快速震動所發出的。腹腔中大型的氣囊鄰近鼓片，用來放大聲音，沿著鼓片邊緣的便是蟬的耳朵，或稱為鼓膜（tympana）。鼓膜的作用與我們的耳內鼓膜非常相似，讓昆蟲能聽到聲音（同時見頁61）。如同前述的例子，每個物種的聲音都具種專一性。然而並非所有蟬鳴都是求偶曲，蟬會為了其他目的發聲，例如以尖銳的聲響嚇退掠食者。

　　雖然昆蟲是以敲擊或刮擦製造聲音，卻有一個物種以發出噴氣聲而聞名：馬達加斯加蟑螂（*Gromphadorhina portentosa*）。這

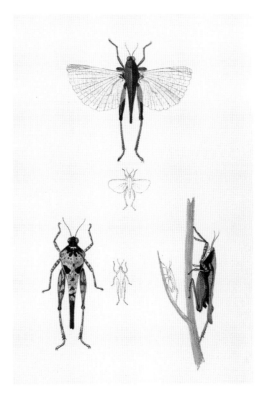

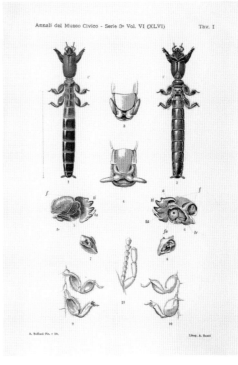

上：北美洲產的菱蝗：華麗菱蝗（*Tetrix ornata*）和黑邊泰迪菱蝗（*Tettigidea lateralis*）。圖出自《美國昆蟲學》，塞伊於 1828 年出版。

左下：羅森霍夫繪製的縮樣圖以其細節精確的程度和對生活中昆蟲身影的捕捉而令人驚嘆，讀者可以輕鬆想像這些蟋蟀的鳴聲。圖出自《昆蟲自然史》，羅森霍夫於 1764-1768 年出版。

右下：短足螻（短足螻科）為一支僅發現於阿根廷、紐幾內亞和澳洲的高度特化草蜢類群，成員如圖示的澳洲產詩貝嘉金尼短足螻（*Cylindracheta spegazzinii*），會用大顎上的摩擦片在地下發聲。圖出自《短足螻屬的系統分類地位探討》，吉利奧－托斯（Ermanno Giglio Tos）在 1914 年於《熱那亞公民自然歷史博物館年刊》發表。

歐洲螻蛄（*Gryllotalpa gryllotalpa*）的雄蟲會用狀似鼴鼠的前足在土裡挖掘通道，築出可放大求偶鳴叫的圓形劇場。圖出自《森林昆蟲》，拉澤堡於 1844 年出版。

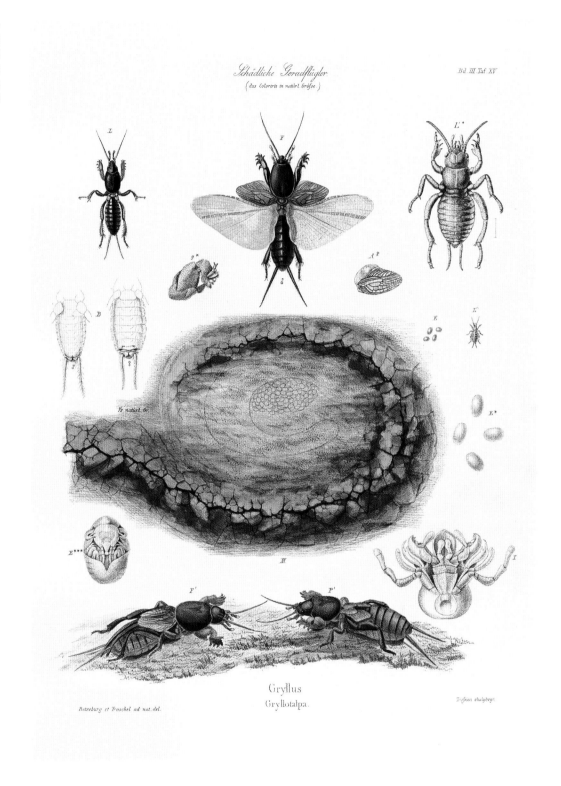

左：《昆蟲或小動物劇場》，穆菲特於 1634 年出版，描繪歐洲產蟬不同角度的木刻畫。

右：那壓過一切聲音的蟬鳴，像是馬達加斯加產的小鴞蛉蛄（*Pycna strix*，上）和歐洲產的布衣蝦夷蟬（*Lyristes plebejus*，下）發出的嗚叫，是傍晚後雄蟬和雌蟬羽化並開始互相追求而發出的常見聲音。圖出自居維葉的《動物界》。

種大型且無翅的蜚蠊物種，是相當有人氣的寵物和展示動物。這些無害的植食者會將空氣推進腹部上特殊的孔洞，來產生著名的噴氣聲。受到刺激時，牠們便會發出這樣的噴氣聲，但雄性也會以噴氣吸引雌性，或者對雄性競爭者表示不要惹我。

任何長距離的訊號都有被攔截的風險，也時常會有一些不請自來的第三方「監聽」對話。有些掠食者和寄生者演化出偵測訊號的能力，一個物種的求偶呼喚可能就變成了掠食者的「晚餐鈴」。舉例來說，妖婦螢屬（*Photuris*）物種在演化後，雌性會模仿其他種類螢火蟲的閃光（見頁148-149），藉此引誘該物種毫無防備的雄性前來，並隨之吞食。同樣地，寄生蠅靈

敏的耳朵也會聽到雄性蟋蟀的鳴唱。奧米亞寄生蠅[3]能竊聽蟋蟀的求愛曲，並循著聲音找到歌者，將幼蟲（而非卵）產在附近。幼蟲會鑽進蟋蟀體內進食，直到化蛹。

製造聲響或釋放閃光訊號想必會帶來相當大的風險，因為鳥類和蝙蝠也會被某些昆蟲的訊號吸引。有時候發訊者其實無意與誰溝通，但訊號卻被其他動物認出並隨即回應。蝙蝠以回聲定位系統聞名，可製造超音波作為天然的生物聲納。食蟲性蝙蝠可憑藉聲納系統測繪出聲音地圖，從而定位並瞄準飛行中的昆蟲。當然，對蝙蝠而言，理想狀況是昆蟲完全沒有察覺到自己被追蹤了。然而出乎意料的是，很多昆蟲類群都演化出聽到超音波的能力，並

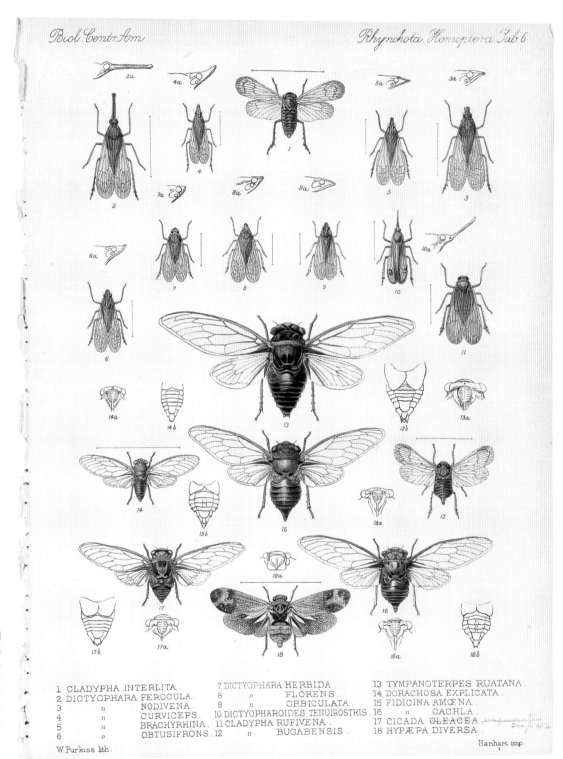

與半翅目近親交雜排列
的蟬：中間是大型的赤褐
黛瑟蟬（*Diceroprocta
ruatana*），其下方為夢
娜多莉絲蟬（*Dorisiana
amoena*）。圖出自《中
美洲生物相：昆蟲綱：半
翅目之同翅亞目》，
1881-1909 年出版。

1 CLADYPHA INTERLITA.　　7 DICTYOPHARA HERBIDA.　　13 TYMPANOTERPES RUATANA.
2 DICTYOPHARA FEROCULA.　　8　　″　　FLORENS.　　14 DORACHOSA EXPLICATA.
3　　″　　NODIVENA.　　9　　″　　ORBICULATA.　　15 FIDICINA AMŒNA.
4　　″　　CURVICEPS.　　10 DICTYOPHAROIDES TENUIROSTRIS.16　　″　　CACHLA.
5　　″　　BRACHYRHINA.　　11 CLADYPHA RUFIVENA.　　17 CICADA OLEACEA.
6　　″　　OBTUSIFRONS.　　12　　″　　BUGABENSIS.　　18 HYPÆPA DIVERSA.

W. Purkiss lith.　　　　　　　　　　　　　　　　　　　Hanhart imp.

精確理解訊號預示了什麼。蛾類、脈翅類，甚至是螳螂，都有辦法聽到超音波，在面對這樣可怕的掠食者時有機會反抗。蛾類的耳朵位於腹部側面，草蛉[5]的耳朵位在翅翼基部，而螳螂的單一耳則位在胸部的中央。當飛行中的蛾類或脈翅類偵測到蝙蝠的超音波時，會突然急遽下墜，通常以不規則的模式移動，讓自己更難被追蹤。有些種類的蛾甚至可以自行產生超音波喀嚓聲，「反駁」蝙蝠。一些種類使用喀嚓聲傳達自己有毒的訊息，不論這是事實，或是欺騙。產自東南亞的綠背斜紋天蛾（*Theretra nessus*）便會以生殖器銼磨腹部來製造這種聲音，而格羅特三角斑燈蛾（*Bertholdia trigona*）會以類似蟬的鼓片來產生超音波的喀嚓聲，干擾蝙蝠的聲納。

蜜蜂的舞蹈

溝通交流的終極形式便是語言。相對於其他溝通形式，語言的不同之處，便是以結構化的形態，用一組任意[6]符號來傳達想法。我們用特定模式把聲音和符號組合起來傳達想法。因此，印在本頁的字符被用來代表聲音，以特定順序組合起來時，便代表不同字彙，然後當字彙再次以一套規則排列，就構成話語，最終傳遞出了意思。

人類自古便知道蜜蜂的一種特殊行為——回巢的外勤蜂會「跳舞」。亞里斯多德在兩千三百年前便記錄了這樣的行為，隨後很長一段時間裡，許多作家賦予該行為不同的意義，包括簡單地覺得蜜蜂不過

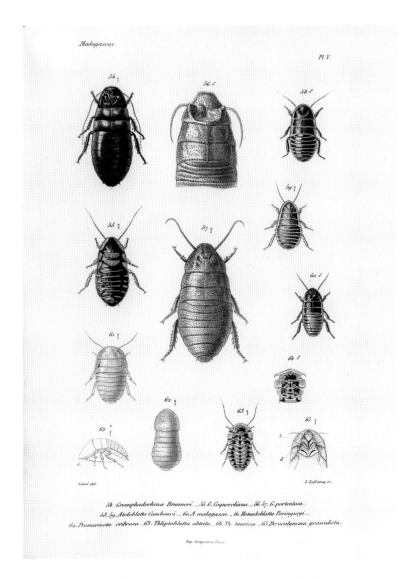

來自馬達加斯加會噴氣的蟑螂（嘶音蟑螂屬[4] *Gromphadorhina*）位在圖中左側（全彩）和正中間，牠們會從腹部的氣孔擠出空氣，產生獨一無二的聲音。其他的馬島蟑螂（全彩）從右上到右下分別是坎博恩珀瑕馬島蟑螂（*Ateloblatta cambouini*）、珀瑕馬島蟑螂（*Ateloblatta malagassa*）、碎斑扁馬島蟑螂（*Thliptoblatta obtrita*，兩張圖）。圖出自《馬達加斯加的物理、自然和政治史：直翅目》，索緒爾於 1895 出版。

1 CLANIS IMPERIALIS.   3 CALLIOMMA NOMIUS.   6 PERIGONIA RESTITUTA
2 CHŒROCAMPA GODMANI.   4 AMPHONYX RIVULARIS.   7 CASTNIA CLITARCHA.
                      5 PERIGONIA LUSCA.

W.Purkiss lith.   Hanhart imp

優秀的「耳朵」可偵測迅速逼近的蝙蝠發出的超音波，一些蛾類多次演化出這種器官，例如這裡所示的數種天蛾（天蛾科 Sphingidae，除了最下面的焰紋阿提斯日飛蛾 *Athis clitarcha*）。圖出自《中美洲生物相：昆蟲綱：鱗翅目之蛾類》，1881-1900 年出版。

是因為回到家太開心了，以至於跳起了小型吉格舞。事實上，該舞蹈，以及其中包含的眾多細節，正是一套組織化的符號，也就是語言。透過這套語言，一隻蜜蜂便能將特定資源的方向、距離和品質傳達給其他蜜蜂，通常是花蜜和花粉，有時甚至是潛在的新巢地點。此一非比尋常的事實是由奧地利裔昆蟲行為學者馮·弗里希（Karl von Frisch, 1886-1982）透過一連串複雜精細的實驗所發現。由於該重大發現，馮·弗里希於 1973 年獲頒諾貝爾生理醫學獎，與奧地利動物學家勞倫茲（Konrad Lorenz, 1903-1989）以及荷蘭生物學家廷貝亨（Nikolaas Tinbergen, 1907-1988）共享殊榮，得獎理由為「他們關於個體和社會行為模式的組織化和激發方面的發現」，而馮·弗里希也是唯一獲頒該獎的昆蟲學者。

簡單說，一隻降落的外勤蜂會透過一系列稱為「舞蹈語言」（waggle dance）的舞動，向巢內同伴「說明」。蜜蜂會在垂直的蜂巢巢片上跳 8 字舞，在 8 字的中間區域搖擺腹部，然後轉回來重複，迴轉方向會左右交替。蜜蜂並不會在迴轉時搖擺，只會在舞蹈的中間段落這樣做。除此之外，搖擺舞的方向非常明確專一，這樣的定向會傳達出資源的方向。外界的地景為水平向，而蜜蜂則在垂直的表面上跳舞，所以需要一個能夠在出巢後轉換和使用的抽象參照點。這個參照點便是太陽，而直直朝向上方的搖擺舞，表示資源的方向朝向太陽。任何向左或向右的偏差，都表示相對於太陽的相同程度的偏差。搖擺的時間長度對應資源與蜂巢的特定距離，而其表現的熱烈程度則反映了食物的品

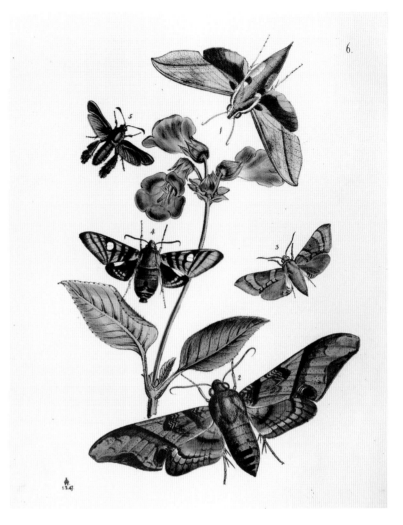

與東南亞產的斜紋天蛾（*Theretra clotho*，右上）同一個屬別的物種不僅能夠偵測，事實上還能夠製造出超音波。其他的蛾類（順時針方向）分別為：俄耳紐斯埃格天蛾（*Agnosia orneus*）、芒果天蛾（*Amplypterus panopus*）、銀斑天蛾（*Hayesiana triopus*）和亞斯她錄勒拉透翅蛾（*Lenyra ashtaroth*）。圖出自《東方昆蟲學藏珍閣》，韋斯特伍德於 1848 年出版。

質。這全部都發生在黑暗而擁擠的狹窄蜂巢內，受徵召的蜜蜂因此都擠在跳舞的蜜蜂附近。牠們的觸角會靠近該蜂，而昆蟲獨有的特化感覺構造，也就是強斯頓器官（見頁 8），就會偵測到震動的頻率，以及舞動的蜜蜂身軀相對於重力的方向。這

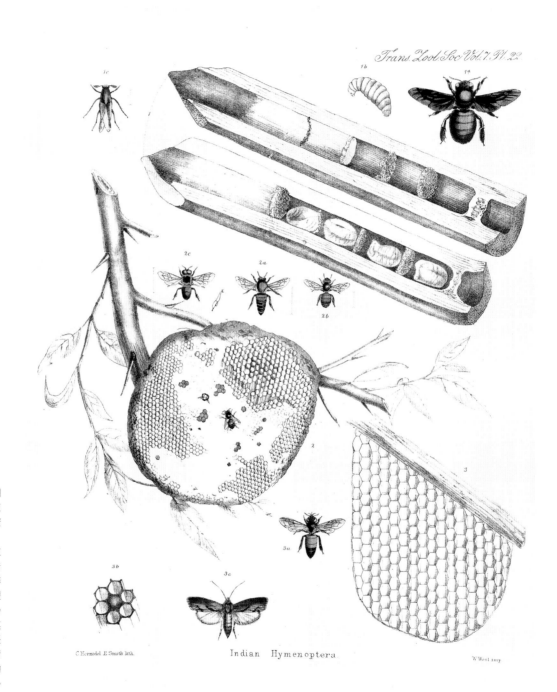

蜜蜂的蜂巢也可作為牠們獨特交流系統的舞池。東南亞產的小蜜蜂和巨型蜜蜂的蜂巢是開放式構造，懸吊在樹枝上，工蜂會在蜂房的上表面舞動，以「告知」巢內同伴要去哪裡尋找資源。該圖也畫出大型的綠翅木蜂（*Xylocopa chloroptera*，右上）與其巢穴，巢穴由樹枝上的長形孵育室組成。圖出自荷恩和史密斯在《倫敦動物學學會期刊》發表的論文。

些各式各樣的元素結合起來，讓上崗的工蜂能精確決定食物是不是好到要去採，若是要，則朝相對於太陽的正確方向離開蜂巢，並飛行必要的距離來找到食物。有時候外勤蜂也可能帶有嗅覺信號，例如到訪過的花朵香味，進一步協助出勤的蜜蜂到達正確地點。這種語言實際上比上述說明更加多變、細緻。例如，若食物資源夠近，蜜蜂便不跳 8 字舞，而改跳圓形舞。

就像人類語言，蜜蜂舞也有地區方言。我們已經知道，相距遙遠的族群會有些微差異，例如搖擺舞的長度和回合數對應的距離。因此，蜜蜂如果「聽從」來自另一個區域的蜜蜂舞蹈，會降落在錯誤地點，不是太遠就是太近。牠們也懂遙遠族群的語言，卻不太明白確切意思。產蜜蜂物種共有七種，全是如此，每一種都有自身專屬的搖擺舞變體。

語言學家和符號學家永無止境地辯論語言的構成，語言的概念很容易理解，但難以定義。究竟要達到什麼條件，才足以貼上這個高標準交流形式的標籤呢？符號學最偉大的奠基者——瑞士語言學家斐迪南·德·索緒爾（Ferdinand de Saussure, 1857-1913）認為語言必須含有「能指」（聲音形象）及「所指」（「概念」），而以上兩點蜜蜂都做到了（有趣的是，索緒爾的父親是著名的的昆蟲分類學家——亨利·德·索緒爾〔Henri de Saussure, 1829-1905〕，他以內容廣博的直翅目和膜翅目專著享譽全球。我們不由得好奇，他父親所研究的許多蟋蟀和螽斯的溝通鳴叫，是否啟發了小索緒爾對於語言學的探求）。符號和其附屬概念接著會根據語法排列組合，形成

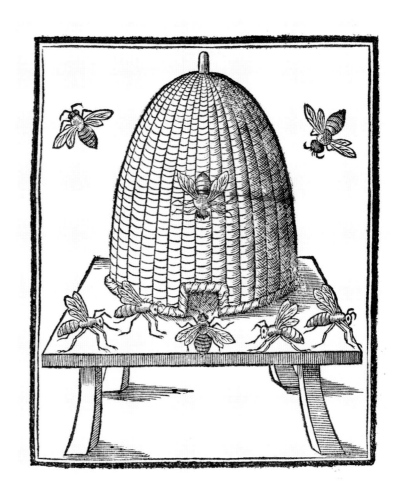

典型的柳條蜂箱，圖出自穆菲特的《昆蟲或小動物劇場》卷首插圖。

語言。那麼蜜蜂擁有語法嗎？答案是肯定的，因為蜜蜂舞蹈是依據組織化和結構化的方式進行，井井有條地傳達特定的訊息。舉例來說，搖擺的動作並不會在迴轉時發生，在不合適的位置搖擺，會導致困惑誤解，就像這段文字以隨機次序書寫便無法達意。現代語言學巨擘杭士基（Noam Chomsky，生於 1928 年）曾經提出，語言為一組長度有限的句子，由一組數量有限的元素構成，並且傳達了範圍有限或無限的想法。我們的語言被認為是「開放」的，因為我們的知識幅度和創造力讓我們得以

產出近乎無窮無盡的表達。而據我們所知，蜜蜂能傳達的資訊種類相當有限，因此蜜蜂的語言是「封閉」的。蜜蜂並不會沉思樹木的美麗，或者細想和煦陽光帶來的舒適感，也不會爭論智人發出的嘎嘎聲是否構成語言（至少據我們所知是如此）。其他學派則認為真正的語言不是與生俱來的，也就是說，不同於多數昆蟲的溝通交流系統，語言並非經由基因傳遞的固有行為，然而如今的生物語言學者已經發現我們自身的基本語言能力是深植的、可遺傳的。因此，我們的語言和蜜蜂的語言似乎位於同一道光譜，區別主要在於複雜度和幅度。對於蜜蜂來說，牠們的舞蹈勝過千言萬語。

　　「語言」一詞的使用該多狹義還是多廣義，這項爭辯將使世世代代的語言學者和哲學家忙個沒完，但不論如何剖析，抽象語言首先是在昆蟲類中演化出來的。蜜蜂使用這種語言至少已有三千五百萬年，雖然表達的概念範圍有限，但或許是動物間最傑出的溝通交流形式之一。

註釋

譯註 1：原文拼寫成 *Limnoporus rufoscutellata*，但根據屬名和種小名拉丁字尾要性屬一致的規範，種小名應拼寫成 *rufoscutellatus*。

譯註 2：原文拼寫成 *Empicoris vagabunda*，但根據屬名和種小名拉丁字尾要性屬一致的規範，種小名應拼寫成 *vagabundus*。

譯註 3：隸屬寄生蠅科奧米亞寄生蠅族（Tachinidae: Ormiini）。

譯註 4：隸屬草蛉科 Chrysopidae。

譯註 5：語言學家索續爾認為符號具有任意性原理，所指和能指的結合是任意的，同一字彙在不同語言中有不同發音，卻能表達相同意思。

編註 6：由於馬達加斯加蟑螂專門指的是 *Gromphadorhina portentosa* 這個種類，但該屬還有其他物種，所以把屬名按照英文俗名 Hissing cockroach 翻成嘶音蟑螂屬。

雌性的智慧與辛勤

十七世紀初期，亞里斯多德的學問還是自然史資訊的主要來源之一。在亞里斯多德的時代，養蜂業已相當古老，而這位希臘學者也仍依循傳統，寫下蜂巢的領袖是「蜂王」。亞里斯多德不過在《動物志》（頁15）納入蜂王的想法，之後的博物學家便奉為圭臬。然而，一位激進的英國教區牧師兼養蜂人的著作卻全面推翻了這一公認的知識，正確揭露了蜂巢是女皇政體。巴特勒於1560年出生在白金漢郡一個赤貧家庭，但卑微的出身沒有擊倒他。在青少年末期，他獲准進入牛津大學莫德林堂（Magdalen Hall），並在那裡工作，以支持他的學業，工作內容很可能包括他自身開設的授業課程。十年苦讀後，巴特勒於1587年完成文學碩士學位。由於接受了牧師訓練，畢業之後，他在莫德林堂擔任聖經書記至1593年，之後成為漢普郡內特利斯庫雷斯（Nately Scures）的教區牧師。

除了牧師的職務，巴特勒還是邏輯學家、文法家、語音學家、音樂家，以及最著名的——養蜂人。在搬遷數次後，巴特勒於1600年安頓下來，成為伍頓聖勞倫斯（Wootton St. Lawrence）村的教區牧師，並留在那邊直至1647年逝世。1609年，巴特勒出版了《女性君主制》，這是首部以英文寫成的養蜂巨著。這本書極為實用，包含了捕捉蜂群、建造巢房和管理蜜蜂群體各種天敵的說明。此外，他還寫到蜜蜂對於花園和水果授粉的重要性，甚至還有如何以蜜蜂嗡嗡聲的音調來預測群體何時準備逃亡和群飛。身為音樂家，他深受蜂群聲音的啟發，甚至創作了一首四聲部牧歌，名為《蜜蜂頌》，是他感受到蜜蜂發出的音調的音譯（頁165）。

巴特勒闡述了工蜂是從腹部底面（也就是我們如今稱之為「蠟鏡」〔wax mirrors〕的構造，但這其實是特化的腺體）製造蜂蠟，而非從環境中的神秘源頭採集而來。最重要的是，巴特勒使得看似異端邪說的概念成為主流：蜂巢的「王」

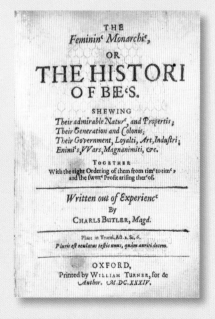

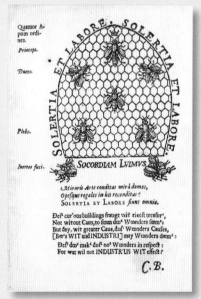

左：巴特勒出版的1634年版《女性君主制》書名頁（1609年初版），該書使用了他身為文法暨語音學家所開發的語音字母系統。

右：《女性君主制》的卷首插圖中饒富風格的蜜蜂蜂巢。巴特勒率先宣揚了蜂房的主宰是女王的正確概念，他在蜂房頂上繪製了一頂王冠，周圍是一群工蜂和王子（雄蜂）組成的隨從。

巴特勒深深被他照顧和研究的蜜蜂打動，並受到啟發，根據蜂巢的聲音創作了一首牧歌。在《女性君主制》出版近三百五十年後，當初巴特勒主持的漢普郡伍頓聖勞倫斯教區為了紀念他，在彩色玻璃窗（右）的奉獻典禮上演唱了這首牧歌《蜜蜂頌》（對頁，部分樂譜是倒過來印的，讓兩名或四名面對面的歌手可以共用一本書）。

其實是女王、雄蜂才是該物種的雄性，以及他為其智慧和勤奮讚譽有加的工蜂其實是雌性（書籍卷首那饒富風格的蜂巢插圖中列出了銘言「技巧和工作」〔Solertia et Labore〕，見頁163）等。雖說他並沒有掌握很多實證，但證據在該世紀末紛紛出現，如斯瓦默丹解剖蜂后後發現了卵巢。而巴特勒可能不知道，西班牙人多利士（見頁130）也早已於1586年提倡了這個觀念，但蜜蜂的雌性統治廣為流傳，卻是由於巴勒特那本廣受歡迎的論著。

巴特勒的《女性君主制》讓他成為「英國養蜂業之父」。然而或許該書1634年的版本才最令人著迷。身為語音暨文法學家，巴特勒發明了一種全新的語音字母表，推動了英語的徹底改革，而數年後出版的修訂本《女性君主制》便以巴特勒的全新字母系統排印。為了紀念1953年伊莉莎白二世（1926-2022）的加冕典禮，伍頓聖勞倫斯教堂安裝了一扇新的彩色玻璃窗。窗戶描繪巴特勒抱著一部《女性君主制》（見對頁），六角形蜂巢圍著他的頭頂和肩膀，彷彿光環，蜜蜂排列的方式也正如該書的卷首插畫。在該窗戶的奉獻典

禮上，詩班也相得益彰地演唱了《蜜蜂頌》。可能時候終於到了，該讓巴特勒獲得英格蘭的養蜂主保聖人這一新頭銜了。

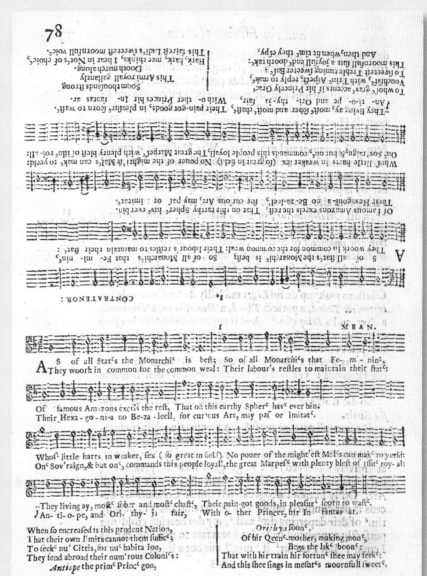

9

藏身於
光天化日之下

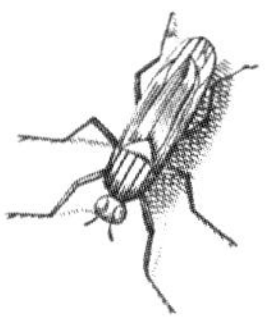

「隱藏我本來面目，幫我偽裝成我想要的模樣。」

——莎士比亞，約1601年，《第十二夜・第一幕・第二場》

頁 166：處子巨竹節蟲（*Phryganistria virgea*〔Westwood, 1848〕）的細節。圖出自《東方昆蟲學藏珍閣》，韋斯特伍德於 1848 年出版（同時見頁 172）。

對頁：該圖所示的印尼產虎翼飛龍竹節蟲（*Phasma gigas*），體長可達 23 公分。雖然令人印象深刻，與䗛目最長體長紀錄相比，仍屬小巫見大巫，當前的最長紀錄仍由中國南方產的中國巨竹節蟲（*Phryganistria chinensis*）保持，可長達 61 公分。圖出自《動物界》，居維葉於 1836-1849 年出版。

消失得無影無蹤的能力可帶來相當大的優勢，不論是用於自我保衛，還是偷偷摸摸接近獵物。隱匿蹤跡的個體可躲避偵查，但和單純隱藏起來是不一樣的。真正披上隱形斗篷的個體，並不會受限於單一地點，或者得隱居於裂縫或棲所的狹小範圍內，才能讓自己不易被發現。相反地，透過偽裝、模仿或擬態，動物可以在光天化日下如常生活，又同時完完全全、徹頭徹尾地躲過其他動物的耳目。

在任何形式的偽裝中，生物體都會模仿某個對象的外觀、行為、聲音或氣味，通常是植物或動物，但有時是無生命物體，例如石頭或土壤。即便是最簡單的隱匿形式都相當複雜。要演化出這樣的偽裝，需要行為和解剖構造上的改變，也需要生理學和生物化學擬態方面比較難察覺的變化。若能偽裝成功，便是一筆強而有力的資產，而昆蟲無疑為這類詐欺師中的絕頂高手。

所有形態的欺騙要成功，都涉及不同角色。最重要的便是進行模仿的動物模仿者，通常稱為模仿者，而被試圖擬似的物種或物體則稱為模式。目標是假裝成模式的外觀，要麼避免被捕食者發現，要麼迷惑容易受騙上當的捕食者。

在昆蟲學裡，偽裝的範疇廣泛，包含多樣化的演化策略，但一般來說，該名詞指涉任何使用色彩、材質、解剖結構、行為來達到欺瞞的現象。昆蟲學者會將上述大部分情況稱為隱蔽性，該名詞指稱的是昆蟲看起來難以與特定背景區分的偽裝形式。

偽裝

簡而言之，特定的顏色或花紋能讓昆蟲天衣無縫地融入周圍環境。這在動物界早已司空見慣，大多數昆蟲都有適合的花紋圖案。舉例來說，普通的沙漠飛蝗體色灰白，與環境相稱，而眾多棲息於砂質土

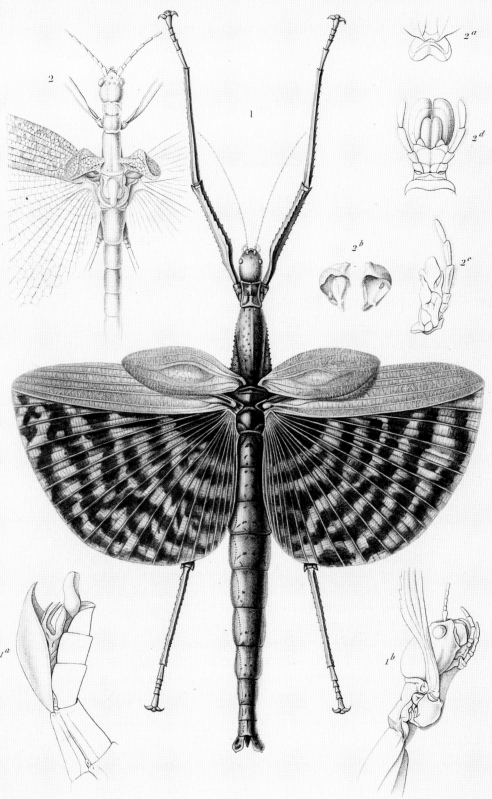

F. Doyère pinx.   L. Doyère   Lebrun sc

1. *LE PHASME GÉANT.*   2. *LE PHASME PHYSIQUE.*

(Phasma Gigas.)   (Phasma physicum.)

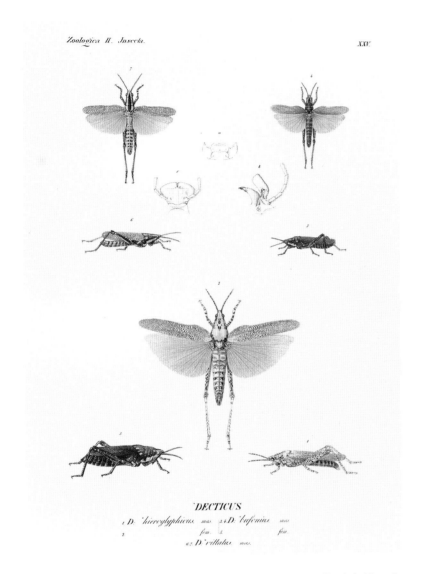

非洲產蠟形多色錐頭蝗（*Poekilocerus bufonius*）不同的亞種，因整體的體色和經常交雜的細微斑點，置身於岩質或砂質土壤時難以發覺。圖出自《外形的符號》，艾倫伯格（Christian Gottfried Ehrenberg）於1828-1845年出版。

到。這和築巢不同，雖然巢也可憑形式和材料融入環境中，但利用外源性材料進行的偽裝是直接建造在身體上。這是卓越的複雜工藝，以昆蟲來說，最佳範例莫過於椿象、囓蟲和脈翅類。獵椿的若蟲會將植物材質連在軀體的腺體剛毛上，而住在我們家中的物種甚至會收集灰塵或較小的家庭碎屑作為部分偽裝。囓蟲同樣會用絲線把碎屑或自身排泄物固定在腺體剛毛上。

或許最值得注意的就是草蛉的幼蟲了。幼生期的草蛉會貪得無饜地捕食小型節肢動物，例如蚜蟲或介殼蟲，在這些植食性昆蟲造成危害時，能成為特別有用的生物防治媒介。大多數脈翅類幼蟲在身體的側面和背面都有特化的瘤節和剛毛，可用來固定東西，蓋住自己。不同物種會選用不同材質，但大多數會將植物碎屑裹成小捆覆蓋在身上。

幼蟲會收集個別碎片，逐一放在背上，堆成一包，直至身體上方完全被覆蓋，或許會稍稍露出頭部。對於脈翅類來說，這樣的偽裝不僅僅是自我保護，某些種類還能因此在靠近獵物時取得優勢。有些脈翅類幼蟲甚至會使用獵物空蕩蕩的外骨骼來覆蓋身體，從而用受害者的氣味來當作偽裝。藉由打扮得像「披著羊皮的狼」，幼蟲得以接近潛在的獵物，當一些渾然不知的倒楣蚜蟲或介殼蟲察覺時，通常已經太晚了。昆蟲似乎是最早將偽裝形式做得如此複雜的動物類群，這種脈翅目幼蟲的化石，有些背上還完整保留了偽裝物，年代可追溯至一億兩千五百萬年以前。

壤的草蜢也都有斑駁花紋，難以察覺。我們四周都是昆蟲，卻又很少見到昆蟲，原因就是昆蟲以這種簡單方法在光天化日之下隱身。

較為複雜且罕見的偽裝形式，則是透過環境可取得的材料來建造實際的偽裝結構。會這樣做的昆蟲若缺乏材料，便無法偽裝，會變得很顯眼，容易被看

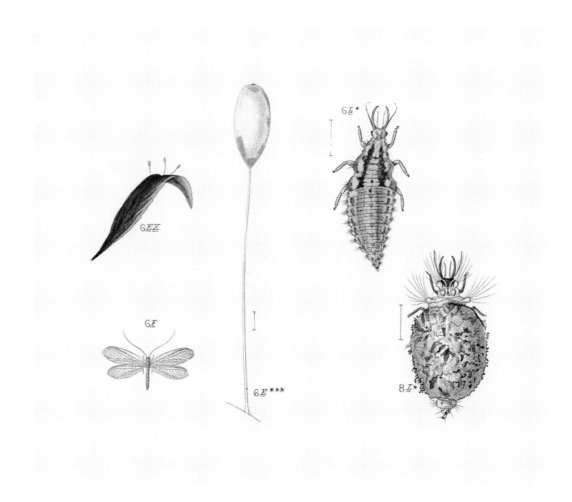

草蛉的幼蟲以用殘渣建造偽裝物而聞名，從植物材料到獵物的乾屍都能用。這樣的隱蔽讓牠們能避開捕食者的偵查，且能更輕易接近獵物。此處的圖繪為不同發育階段的草蛉。從左上依順時針為：一片葉子上有一端為柄狀的卵粒、柄狀物上的卵粒特寫、沒有偽裝物的幼蟲、用植物碎屑製成偽裝捆包背在背上的幼蟲，以及成蟲（此處未繪製蛹和幼蟲的所有齡期）。圖出自《森林昆蟲》，拉澤堡於 1844 年出版。

模仿[2]

若想超越單純的偽裝，就得進一步改良，藉由「模仿」來達成。模仿是昆蟲的形態演化至完全近似於模式（通常是植物或其他物體）的形狀[3]。這樣的動物類群不需要為了建造偽裝物而從周圍環境中尋覓保護性材質，因為自身即是偽裝物。我們都曾被這些昆蟲騙過。不論是模仿枝條的竹節蟲或毛毛蟲、緊貼葉面的葉蟎，抑或是在多刺的灌木叢莖條上排排站的角蟬，都讓我們即便細細檢查，還是很難找到。

據目前所知，模仿生物已存在一億五千萬年之久，這說明了牠們的生活模式是多麼古老。牠們必然是做對了什麼，才能如此生生不息。模仿的頂尖高手非竹節蟲和葉蟎莫屬（見頁 61-63，及頁 64-66 圖）。這個昆蟲類群為了欺騙不遺餘力，幾乎一生的所有階段都奉行不渝。誠如名字所暗示，大多數的竹節蟲都長得非常像某種樹枝、莖條或枝枒，具備模仿所需的

Mantis siccifolia.

細長外形和體色。牠們的腿足一般來說既細且長，像是樹枝，但比起用腿足站立，這類昆蟲更常將自己壓在植物上，將腿拉到身體旁邊，往前、往後伸直。體形較寬的種類，外形類似葉子，經常會坐下，或懸掛於樹葉下，完全消失在「其他」樹葉間。某些種類會在不同的生活史階段改變體色，每個階段的顏色都變得更細緻，以便與當時的寄主植物融為一體──甚至與葉子變色和死亡的階段配合無間。

其他竹節蟲物種則可完美對應某些苔蘚物種，或許還可能帶有類似地衣的斑紋，這些都取決於牠們特殊的棲息環境。這些昆蟲在白天不太活動，通常保持靜止。然而，幾乎所有種類都展現某種形態的隱蔽性行為，甚至能輕輕從一邊擺動到另一邊，模擬微風輕拂下的枝條，進而加強偽裝效果。若是受到驚嚇或被察覺了，大部分竹節蟲會立刻裝死，僵住身軀，掉落到周遭地表，躺著一動也不動，通常能夠因此與森林地表的植物腐植質融為一體。萬一攻擊者還是不罷休，所有竹節蟲胸部前端都有腺體能分泌忌避物質，是相當有效的最終手段。雙紋竹節蟲屬（*Anisomorpha*）某些種類的化學噴灑物一噴到敵人的眼睛裡，甚至可能導致失明。有些種類的竹節蟲完全沒有隱蔽色，取而代之的是浮誇的亮麗色彩和花紋。這些昆蟲擁有特別強大的化學防禦物質，不但不需要隱身，還選擇將此事廣而告之，用體色來發出警告。因此，如果你能輕易看到一隻竹節蟲，最好別去驚擾牠。

彷彿這一整套隱蔽色、行為和模仿還遠遠不夠，模仿的範疇甚至延伸至竹節蟲和葉螭的卵。相比於卵圓形、球形、香腸形的奶油色卵粒等昆蟲最常見的卵

粒色彩和形狀，竹節蟲和葉蝌的卵粒看起來像極了特定植物的種子。這些模仿植物種子形狀的卵粒外觀奇異，特殊到人們可簡單以卵本身的形狀鑑定種類。一些種類的雌性成蟲會產下一粒粒卵，通常會從短短的產卵管端部輕輕彈出卵粒，將子代分散在地表的腐植質裡。其他種類則會將卵粒黏在葉片或枝條。產於北美洲西部的矮竹節蟲屬（*Timema*）物種，雌性甚至會嚥下土壤，如此產卵時，土壤就會包覆在卵上。某些竹節蟲的卵粒在一端會有瘤節狀結構，稱之為「假頭」（capitulum），如幽靈竹節蟲（*Extatosoma tiaratum*）。這種布滿棘刺的澳洲大型竹節蟲可長達20.3公分，通常比倉鼠還重。幽靈竹節蟲雌蟲會將卵粒投擲在森林表層，當細臭蟻屬（*Leptomyrmex*）的外勤工蟻發現時，會收集起來帶回巢穴。螞蟻會食用假頭，剩下的卵粒便會毫髮無傷地留下。藉由這個方式，卵粒可獲得群體的保護，而螞蟻也能飽餐一頓，可謂驚人的共生系統。卵粒孵化後，第一齡若蟲的外觀和體色整體會類似該螞蟻物種。若蟲靈活且敏捷，對竹節蟲類來說很不尋常，甚至和其餘生的習性大相逕庭。若蟲會在被察覺前快速離開群體，並移居到周遭森林，在那裡待到下次蛻皮後，外形才開始更像竹節蟲。

　　雖說竹節蟲在偽裝上可謂登峰造極，很多昆蟲也都展現了模仿。角蟬（見頁175）形狀多樣，悄悄吸食植物時，觀察者總以為那只不過是植物的棘刺。花螳螂的外形則擬似花朵，會在花上耐心等候獵物，抓住任何疏於留意的訪花者。其

中一種最引人注目的物種便是蘭花螳螂（*Hymenopus coronatus*）。這種螳螂來自東南亞熱帶雨林，腿足上有扁平的延伸構造，看起來很像花瓣，全身體色粉紅帶白，像極了當地的數種蘭花。蘭花螳螂是如此酷似蘭花，不需要停在蘭花上，也能吸引獵物。蘭花的授粉者會覺得這是朵蘭花而主動接近螳螂，並在靠得太近時嚇到。

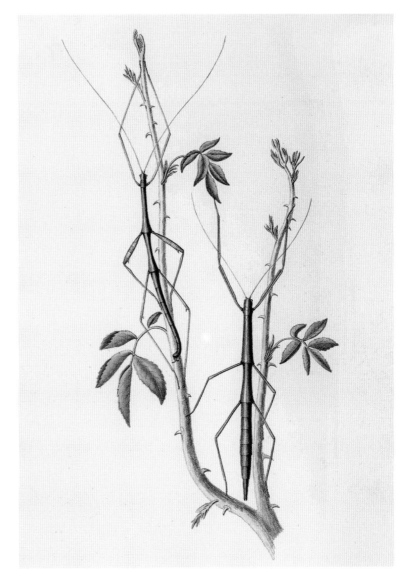

北美洲產普通笛竹節蟲（*Diapheromera femorata*）的雄性（左）和雌性（右），此圖將牠們繪製在樹枝上，凸顯與周遭事物的相似。圖出自《美國昆蟲學》，塞伊於1828出版。

就像牠們的獵物一樣，捕食者亦會行擬態行為。作為伏擊的捕食者，螳螂透過千變萬化的隱蔽和擬態形式來接近牠們的受害者以進行偷襲。從上至下分別為角翅鬼螳（*Empusa pennicornis*）、小提琴螳螂（*Gongylus gongylodes*）以及普通笛竹節蟲，不同於上述的螳螂，竹節蟲並非捕食者。圖出自《異國昆蟲學插圖》，德魯里於 1837 年出版。

許多蝴蝶、蛾類還有螽斯也會模仿態成葉子，前翅通常很寬大，就像一片特別的葉子，色彩從青綠到棕褐都有，看起來或新鮮或乾枯，取決於棲地類型。其他物種則有交雜的體色，如體表全綠，但靠近頂端有一片棕斑，像是剛開始腐朽的葉子。有些螽斯的翅膀上有明顯摺線橫亙整片翅膀（見頁 176），就像葉子的中肋，可加強模仿的效果。其他螽斯翅尖邊緣甚至呈扇形，看起來就像剛被植食者啃咬過！

雖然螽斯大多狀似葉子或其他植物，也有些種類演化出全然不同的策略，模仿其他動物，特別是多數捕食者可能避之唯恐不及的模式生物種類。舉例來說，蛛蜂是健壯的大型蜂類，強而有力的螫針相當可怕，造成的疼痛在胡蜂類中無出其右。很多蛛蜂的身軀烏黑，與橙色翅翼呈鮮明對比，有時候觸角末端也是橙色，這樣的色彩樣式為警戒色，昭告了一件眾所皆知的事：這些胡蜂不可輕忽。

或許不太令人意外，其他幾個類群也演化出類似的體色圖案，希望能發送同樣的警告訊號給任何可能看到牠們的捕食者。因此，有些大型螽斯的尺寸近似某些遍體漆黑、有狹窄橙色翅翼的大型蛛蜂，甚至觸角的前端也是橙色，就跟蛛蜂一樣。若僅是匆匆一瞥，牠們看起來就像休息中的蛛蜂。除了所吃的植物外，螽斯不會真正威脅到其他生物，但胡蜂都一定有毒。不論如何，螽斯獲得了一定程度的保護，免受脊椎動物捕食者的侵害。這些脊椎動物捕食者嘗到蛛蜂的苦頭後，學會了避開這種特定的體色圖案。

這種類型的模仿被認為是最徹底的擬

態，更確切地說，這是一種名為「貝氏擬態」（Batesian mimicry）的策略。貝氏擬態一名來自英國博物學家貝茲（Henry Walter Bates, 1825-1892），他率先描述了他旅居巴西十二年期間從蝴蝶觀察到的現象。在貝氏擬態中，模式是捕食者不喜歡吃的物種，不論是因為有毒，或是能夠反擊，如同上述的胡蜂。模式透過警戒色向周圍昭告危險性，通常是亮麗或突出醒目的花紋樣式，讓捕食者很快就能看出，從而避開擁有類似斑紋的個體。然而模仿者實際上是很好吃的，且沒有毒性防禦物質。模仿者偽裝出與難吃模式一模一樣的圖案，騙倒了無法區分的捕食者。這樣的聯盟可以相當龐大，包含多個趨同演化出相同體色圖案的物種，全受益於體色圖案的保護效果。有些透翅蛾演化出的體色花紋類似螫人的社會性胡蜂物種。三重戰士擬蛇天蛾（Hemeroplanes triptolemus）幼蟲的顏色完美地模仿了小型蛇類的頭部，身體末端的延伸看起來像蛇頭，黑斑邊緣帶有白點，看起來像漆黑蛇眼上反射光線的區域。再加上出其不意向前突進的隱秘行為，可謂面面俱到，讓鳥類相信應該避開這條「危險」凶蛇，以免受到攻擊。

　　然而，有時候模仿者和模式都具備自身的化學防禦系統，不論何者，捕食者都難以下肚。儘管各自擁有防禦機制，牠們仍模仿彼此的警示圖案。像這樣子的擬態，在作用上異於貝氏擬態，稱為「穆氏擬態」（Müllerian mimicry），名稱同樣來自發現者——德國生物學者穆勒（Johann Friedrich Theodor "Fritz" Müller, 1821-1897），他就像貝茲，花了很多年住在巴西進行自然觀

角蟬科（Membracidae）就像牠們賴以隱身的植物上的棘刺，有各式各樣的形狀和變異，例如圖中這一大列物種。圖出自《中美洲生物相：昆蟲綱：半翅目之同翅亞目》，1881-1909 年出版。

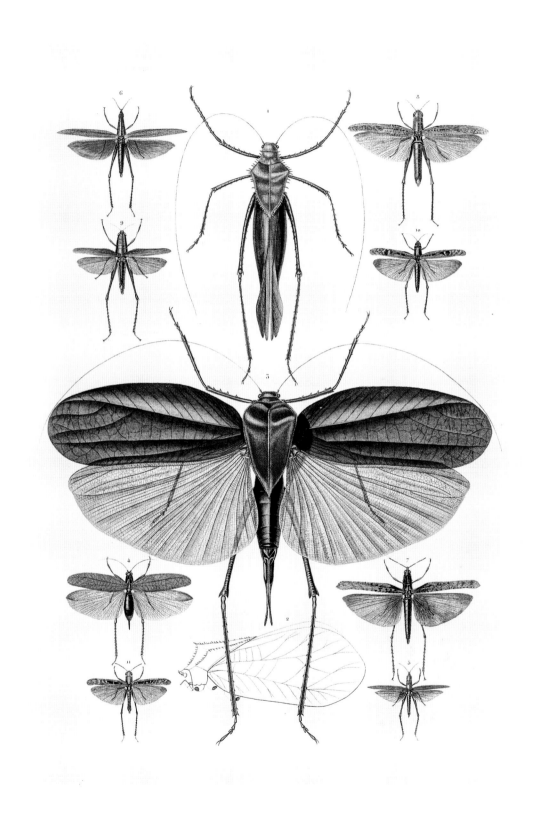

螽斯的翅膀往往碩大且狀似葉子，例如紐幾內亞體型巨大的巨角葉螽（*Siliquofera grandis*，圖正中央）。圖出自《南極和大洋洲之旅》，迪維爾於 1842-1854 年出版。

察。在這種擬態複合群中，多個物種趨同演化出同一警戒色，捕食者只需學會認一種圖案，不用記一大堆。穆勒以袖蝶屬（*Heliconius*）的詳盡研究闡述這樣的擬態。儘管演化生物學者熟知毒蝶族[5]的擬態關係，但或許最為人所熟知的穆氏擬態物種是帝王斑蝶（*Danaus plexippus*）和擬斑線蛺蝶（*Limenitis archippus*）。就像穆勒研究的毒蝶族物種，帝王斑蝶和擬斑線蛺蝶蝶趨同演化出共同的警戒圖案，鳥類捕食者學會避開兩者，因為不管哪一種都有毒。長期以來，昆蟲學家誤認為擬斑線蛺蝶蝶對鳥類而言是無毒的。帝王斑蝶和擬斑線蛺蝶的組合被錯誤地當成貝氏擬態的範例，寫入教科書中，直到近年才發現擬斑線蛺蝶對鳥類其實不具適口性。事實上，帝王斑蝶和擬斑線蛺蝶是穆氏擬態的案例。擬斑線蛺蝶沒有騙潛在的捕食者，而是正正當當地昭示自己不適合吃。

白晝飛行的夜蛾科（Noctuidae）物種，此處展示了數個在親緣上不相關的種類，但一同展現了類似的體色花紋，以及顏色迥然不同的近緣種。從頂端順時針分別為韋氏虎蛾（*Episteme westwoodi*）、蔚逐虎蛾（*Exsula victrix*）、復逐虎蛾（*Exsula dentatrix*）、豪虎蛾（*Scrobigera amatrix*）以及女武虎蛾（*Episteme bellatrix*）。圖出自《東方昆蟲學藏珍閣》，韋斯特伍德於 1848 年出版。

譯註

1：本處原文拼寫學名為 *Bacteria virgea*，為本種在一開始命名發表時的學名組合，但本種後來轉移至巨竹節蟲屬（Phryganistria），所以現行的學名組合應為 *Phryganistria virgea*。

2：作者在這一節內文將偽裝和擬態歸類在一起討論，但當代學界的主流看法認為兩者是截然不同的禦敵機制。昆蟲模仿葉子枝條、將自身融入環境背景的禦敵機制屬於偽裝。而擬態是由負面經驗形成的警訊傳遞和學習，涉及擬態模式與模仿者的利益關係等機制。

3：原文如此，但「模仿的模式通常是植物」的敘述有疑義。模仿的模式也包含其他動物，模仿植物的情形並無明顯較多。

4：唐納文葉䗛（Phyllium donovani〔Gray, 1835〕）實際上是東方葉䗛（Phyllium siccifolium〔Linnaeus, 1758〕）的同物異名。

5：袖蝶屬隸屬於毒蝶族（Heliconiini）。

當我們練習欺騙時

貝茲於 1825 年生於英國的萊斯特（Leicester），接受了當時中產階級的常規教育。十三歲那年，他成為襪子製造商的學徒。然而閒暇時，他總在森林間探索並採集昆蟲。貝茲後來遇到同為自然愛好者的華萊士（Alfred Russel Wallace, 1823-1913），華萊士當時在附近的萊斯特專科學校任教，兩人因而能一同採集、思索。這兩人都夢想著成為探險家，也都讀了愛德華茲（William Henry Edwards, 1822 -1909）於 1847 年出版的《亞馬遜河探源之旅》，這激起了他們的興趣，想要起而效尤。

由於想要對解析生物多樣性做出貢獻，兩人自行籌備了亞馬遜探險計畫，包含將標本運送回國拍賣以支持他們的事業。他們甚至收集了博物館和贊助者的特定期望清單。1848 年 4 月，他們一同自英國出航，在 6 月前抵達巴西南部的港口。

他們開始了採集之旅，起初結伴同行，但隨後便兵分兩路，以涵蓋不同區域。華萊士於 1852 年回程，但船隻著火，無價的採集品全付之一炬。他和船上其他人搭乘一艘小船，漫無目的地漂流了整整十天才獲救。但他並未因此灰心喪志，而後於 1854 年轉戰馬來群島，在 1862 年前都沒有返回英國本土。輾轉於這些太平洋和印度洋間的小島時，關於物種的起源，他得出了與達爾文相同的結論。華萊士寫信給達爾文討論他的想法，之後兩人共同發表關於生物演化的第一篇學術論文，達爾文那本驚天動地的著作，則是在這之後才推出。

貝茲的肖像照，約攝於 1880 年。

在此同時，貝茲在巴西則大有斬獲，運回了成箱的標本，包含將近一萬五千個物種，超過半數都是科學界還不知道的全新物種。貝茲持續在巴西採集和觀察，直到十一年後健康亮起紅燈，才返回英國。他在倫敦度過餘生，於 1892 年與世長辭。

貝茲將他的叢林生活寫成《亞馬遜河上的博物學家》，該書是在達爾文的鼓勵下撰寫，而達爾文也在 1863 年本書問世時，給予了高度評價。貝茲是達爾文演化論的堅定擁護者，他研究熱帶物種的豐富經驗也提供了實徵證據佐證自己的立場。最重要的是，自然選汰的演化機制能完美解釋他在巴西發現的現象。

貝茲發現了一群蝴蝶複合群，由不同種類組成，體色花紋卻近乎相同。有時相似性如此之高，即便仔細檢視，還是可能被耍。他發現有些物種會向捕食者昭顯自己，釋出有毒的訊號來防禦，進而假設其他缺乏這類防禦的物種會因為與有毒物種相似而獲得保護。不同顏色的個體有不同的生存

率，他從中領略這所導致的自然選汰長期下來可能會產生模仿者，也就是，那些對於飢腸轆轆的鳥類來說相當美味的物種，會用五彩繽紛的偽裝來防止自己被捕食者或甚至一些昆蟲學家輕易認出來！如今，這類偽裝稱為貝氏擬態。

貝茲於 1861 年發表他的蝴蝶擬態假說，如今我們已經知道，整個動物界都有這種「廣告不實」的機制，以偽裝的花紋來抵禦捕食者。有鑑於昆蟲是這麼的古老、多樣，而且還是演化勝利的冠軍，牠們如此頻繁地向我們揭示演化的基本原理，或許就不足為奇了，即使這個過程本身就是為了欺騙，也依然如此。

在亞馬遜地區探險期間，貝茲注意到同一區域內一群並無親緣的蝴蝶展現出趨同的花紋，開始探究為何會演化出這樣的花紋。舉例來說，左下一組為安菲翁袖粉蝶（*Dismorphia amphione*，上）和裙綃蝶（*Mechanitis polymnia*，下），而右下一組為杯粉蝶（*Patia orise*，上）和渾似透翅綃蝶（*Methona confusa*，下）。出自〈亞馬遜河谷之昆蟲相研究〉，貝茲於 1862 年發表在《林奈學會期刊》上的論文。

— 10 —

這世界
彩花怒放

「草原要成形，需要幸運草和蜜蜂——
一片幸運草，一隻蜜蜂，
還有夢想。」

———狄金生（Emily Dickinson），1924年，《詩集》

頁 180：各種蘭花蜂圖繪細節。圖出自《圖解昆蟲學博物館》，羅斯柴爾德於 1876-1878 年編纂（同時見頁 186）。

對頁：令人印象深刻的綠鳥翼鳳蝶（Ornithoptera priamus），該物種由林奈命名，名字來自希臘神話特洛伊戰爭中的特洛伊國王普萊姆（Priam）。這種引人注目的授粉者分布於巴布亞西亞（Papuasia）和澳洲東北部，翅展可達 21.8 公分。圖出自《印度昆蟲自然史》，唐納文於 1838 年出版。

遊覽任何鮮花盛開的草地，你總能發現翩翩飛舞的彩蝶和嗡嗡作響的蜜蜂。在生物世界中，也許沒有哪個伴生關係比昆蟲與植物的關係更加友好及親密。早在花朵出現以前，昆蟲就已花了億萬年的時間，鍛鍊自身攝取植物組織的技藝——從根到芽，從種子到葉子，無所不吃。植物則演化出阻止這些植食生物的機制：有毒化學物質、黏性樹脂、更加堅韌且更耐磨的組織，甚至是擬態，而昆蟲也以相同方式回應。昆蟲繁多的口器特化類型，正反映了這種反反覆覆的演化歷程。約莫一億四千萬年前，第一朵花在世上綻放，儘管還要五千萬年才能開始取得可觀的優勢，開花植物最終還是變得無所不在。開花植物的崛起，一定程度上是由它們與昆蟲的結合所推動的，而許多昆蟲類群的成功也歸功於牠們的開花植物寄主。

花朵有各種形狀、色彩和尺寸，使我們的沙漠、草原、森林，甚至苔原都變得更加美麗。我們為了獲取食物、醫藥、衣物，甚至單純為了愉悅而種植開花植物。園藝協會有大量花卉迷，從玫瑰、紫羅蘭到牡丹和秋海棠，幾乎所有花卉品種都有人鍾愛。這一切的多樣性、賞心悅目、利潤和糧食，我們都要歸功於那簡單的授粉行為。授粉為將花粉（一種包裹著植物雄性配子的顆粒）轉移到花的柱頭（也就是雌性生殖器官）的過程。有些植物會依靠風或重力來完成授粉，不過很多開花植物是利用動物媒介來將花粉從這株傳播到另外一株。

從動物的角度來看，成為媒介的這種行為通常是無意的。舉例來說，一隻昆蟲可能會造訪一株植物，在花卉中移動時，身上沾黏了花粉，然後，抵達下一株植物時，身上的一些花粉便連帶被轉移到植物預期的目的地。雖然有些花朵會自花授

Ornithoptera Priamus.

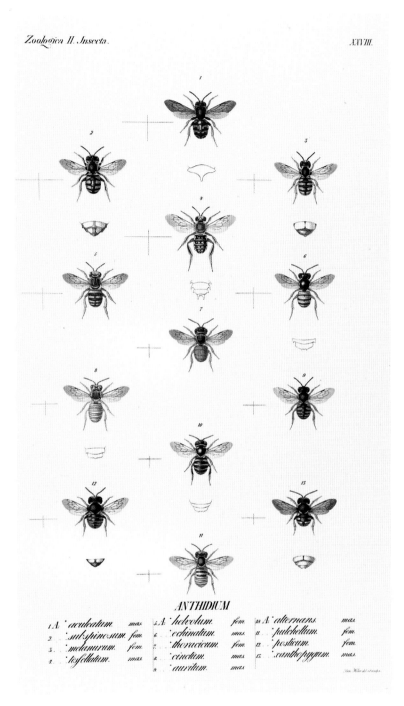

ANTHIDIUM

1.A.aculeatum.	mas.	5.A.heterolum.	fem.	10.A.alternans.	mas.
2.sub-spinosum.	fem.	6.echinatum.	mas.	11.pulchellum.	fem.
3.melanurum.	fem.	7.thoracicum.	fem.	12.posticum.	fem.
4.septellatum.	mas.	8.cinctum.	mas.	13.xanthopygum.	mas.
		9.auritum.	mas.		

各式各樣的授粉性切葉蜂（切葉蜂科 Megachilidae），雄性有時領域性極強。切葉蜂的蜂巢內襯「泡棉」，是雌蜂從葉子上刮下來的植物細毛。圖出自《外形的符號》，艾倫伯格於 1828-1845 年出版。

粉，在同一株植物上同時擁有雄性和雌性生殖器官，但可能還是會仰賴動物將花粉移到柱頭。

　　動物媒介授粉有多重要呢？在大概三十萬種的開花植物中，就有約略 90% 的種類會利用動物媒介。在二十萬種授粉動物裡，有約莫一千種為鳥類、蝙蝠和其他哺乳類，剩餘十九萬九千種授粉者，全都是昆蟲。全球 35% 的糧食生產需要授粉者，而對我們極其重要的糧食作物有 75% 完全仰賴授粉。每三口食物，就有一口要歸功於某些授粉者的行為。

　　一句經常被引用（且為杜撰）的愛因斯坦預言宣稱，蜜蜂消失後，人類頂多只剩下四年可以活。雖然愛因斯坦很可能從未說過這類話，但這種想法仍頗有可取之處。事實上，這個說法源自梅特林克（Maurice Maeterlinck, 1862-1949），一位比利時籍劇作家兼爭議性「昆蟲學家」，他在 1926 年抄襲了一部關於白蟻的名著，因而惡名昭彰。梅特林克確實寫過數篇以昆蟲為主題的哲學散文，其中一篇是出版於 1901 年的《蜜蜂的生活》，強調蜜蜂在生態學上的重要性。在該散文中，他讚揚道：「我們大部分的花朵和水果可能都要歸功於這位令人肅然起敬的祖先（實際上據估計，若沒有蜜蜂造訪，有十萬多種植物將會消失），甚至我們的文明也要歸功於牠，因為在這些奧秘中，所有事物都交織在一起。」這樣的說法並沒有過於誇張，若少了授粉者，我們的世界的確會凋零消逝。

花蜜、香味和溫暖

　　昆蟲並非利他主義者，並不是為了植物的利益而提供授粉服務，雖然植物的成功確實意味著昆蟲能持續獲得所需資源，從而使自身及寄主植物生生不息。昆蟲主要是為了獲取食物而造訪花朵，通常是花蜜，很多花都會分泌這種含糖液體，以吸引潛在授粉者。我們也吃花蜜，只不過吃的是蜂蜜這種加工後的形式。蜜蜂會從花朵收集花蜜和花粉，與自身的酵素混合後，再經由蒸發使其濃縮，將之轉化成甘甜物質。我們是如此渴望獲得蜂蜜，以至於撐起了價值達數十億美元的全球性產業。聯合國糧食及農業組織的報告中提到，在 2013 年，光是美國本身就進口了價值約五億美元的蜂蜜，而這僅僅是單種昆蟲生產的單一產品。

　　蜜蜂授粉的影響範圍則更大，關乎我們對於水果和蔬菜永不滿足的食用需求。根據美國農業部的資料，這個非凡物種對美國經濟的貢獻竟高達一百五十億美元。這一切竟來自單單一種昆蟲授粉者的行為，而我們甚至都還沒有提到所有昆蟲授粉者，包含蝴蝶、飛蛾、蠅類、甲蟲、蜂類，甚至是微小、難以察覺的薊馬。如果昆蟲消失了，幾乎所有授粉行為都會戛然而止，而我們的世界將會凋亡。下次當你懷疑昆蟲對我們的健康和安全是否重要時，請想到這點。

　　花蜜並非昆蟲造訪花朵的唯一理由。

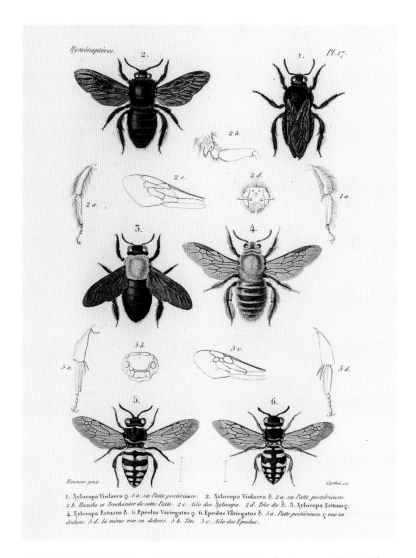

雖然大部分蜜蜂都是授粉者，例如這裡所描繪的大型木蜂（*Xylocopa*，上排和中排），但是有上百種蜜蜂科成員為杜鵑蜂，例如多色隱孢子蟲蜂（*Epeolus variegatus*，下排，左雌右雄），該種類會入侵採集花粉的蜜蜂巢穴，在其中產卵。圖出自《昆蟲自然歷史》，勒佩列捷於 1836-1846 年間出版。

*Xylocopa
morio.*

*Chrysantheda
frontalis.*

*Euglossa
Romandi.*

*Crptis
dentidens.*

HYMÉNOPTÈRES. — Pl. VII

很多蜜蜂科物種為廣食性訪花者，會為了花粉和花蜜而造訪許多花卉種類，有些物種則非常特化，只造訪特定屬別或種別。木蜂為廣食者（上），而蘭花蜂（中）只造訪蘭花，收集芳香性油脂以吸引配偶。收集油脂的蜜蜂（右下及左下），前、中足都具有特殊的梳狀構造，可以從花朵寄主上刮取植物油，再將油與花粉混合後餵飼幼蟲。圖出自《圖解昆蟲學博物館》，羅斯柴爾德編。

有些昆蟲是為了收集花朵的油脂和香味，其他授粉昆蟲則會吃花粉。其中一個特別有趣的昆蟲與花朵伴生關係可由蘭花和其蜜蜂來說明。蘭花蜂類群包含大約兩百五十個物種，相當壯碩，體色通常是明亮的金屬色，在中、南美洲赤道地區四處可見。雄性蘭花蜂會造訪蘭花（並沒有花蜜），以採集花朵分泌的芳香物質。執行這項任務時，蘭花蜂的背部會沾黏蘭花的花粉囊，在蘭花間移動時，花粉便會散布到其他花朵。雄性蘭花蜂會將芳香物質裹入後足的特化腺體裡，接者將該物質合成為費洛蒙，並用以吸引雌性。蘭花因此完成授粉，而雄性蘭花蜂也得到尋找配偶所需的芬芳香水。

往極北走去，一些在北極區短暫而涼爽的夏季裡綻放的花朵，會匯集太陽光為器官增溫，而授粉者如食蚜蠅、舞虻甚至蚊子（沒錯！蚊子可以是授粉者）則造訪這些花朵，以享用這些暖意。花朵也是夜間安全的歇息場所，很多昆蟲都睡在保護性的花瓣皺摺裡。因此，花朵為昆蟲帶來的好處相當多樣。

我們最熟悉的授粉者是蜜蜂、蝴蝶以及飛蛾。在這之中，蝴蝶或許是有史以來最受注目的生物，牠們大型、色彩繽紛的翅翼，以及在花間輕拂而過的飛舞擺動，長久以來都是博物學者的最愛。因此不太讓人意外，彩蝶與其寄主植物的美麗圖繪占據了歷史上經典書目的主要篇幅，例如唐納文（見頁 188-189）或其他博物學者的華美專著。然而我們卻容易忽視蜜蜂中的大多數卓越授粉者。雖然我們總愛讚頌產蜜的蜜蜂和熊蜂，但全世界超過兩萬種

蝶類授粉者以色彩豔麗的翅翼聞名，從不同面觀察，翅翼的色彩可有非常大的差異。這些唐納文繪製的印度蝴蝶，出自他的《印度昆蟲自然史》，以紅尖粉蝶（*Appias nero*）的翅翼為例，翅膀底面為鮮黃色（左），背面則為橙紅色（上）。

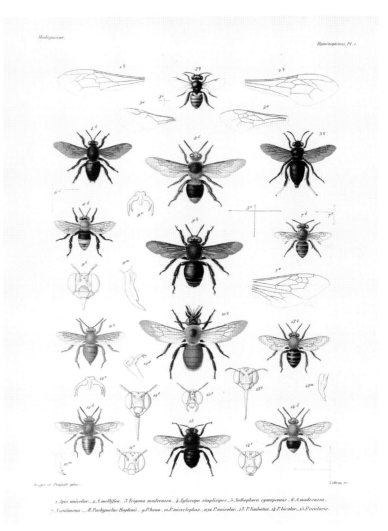

蜜蜂是卓越的授粉者，全世界已發現超過兩萬個物種，此處展示了馬達加斯加產的蜜蜂多樣性。圖出自《馬達加斯加的物理、自然和政治史》中以螞蟻、蜜蜂和胡蜂為題的書冊，索緒爾於 1890 年出版。

的蜜蜂中，牠們僅占一小部分，其中大部分是獨居。這些蜜蜂類包含條蜂、隧蜂、木蜂、火蜂、夜行蜂，以及其他不幸尚無俗名的無數成員。單單北美洲就有接近四千四百個蜜蜂科物種，常見的產蜜蜜蜂只是其中之一，且還不是原生的，而是由英國殖民者於 1622 年引入早期的維吉尼亞殖民地。成千的北美原生種蜜蜂科授粉者其實與引入的產蜜蜜蜂一樣重要，且由於牠們與當地植物相的演化關係，有些種類的授粉效率甚至比產蜜蜜蜂更好。舉例來說，獨居的壁蜂和切葉蜂可大幅提高農作產量，現在整個產業也都圍繞著此類物種。

坐在安樂椅上的昆蟲學家

唐納文是典型的十八世紀安樂椅博物學家，除了在威爾士和英格蘭鄉間短途旅行，他都穩穩待在倫敦家中。他於 1768 年生於愛爾蘭，並逐漸沉迷於標本收藏，會在拍賣會上購買從海外採集回來的標本。唐納文最終建立一批相當具規模的私人收藏，並在 1807 年於倫敦自然史博物館向公眾展出。他熱衷於分享他的自然史知識，出版並繪製了各式各樣有關植物學、鳥類、魚類，特別是昆蟲類的書籍。唐納文和多個學會素有往來，因此得以接觸到更多研究材料，包括能查閱大量的文獻圖書。他的事業一度得到班克斯爵士的支持，後者為著名的探險家、植物學家，在近半世紀中資助了許多博物學家。唐納文出版了三部十分重要的昆蟲巨作：出版於 1798 年的《中國昆蟲自然史》，以及書名相似、分別探討印度產和新荷蘭（現今澳洲）產昆蟲的兩本書，出版於 1800 年和 1805 年。

由於唐納文非常依賴其他人提供的外國產昆蟲知識，因

Papilio Ulysses.

此書中收入不少錯誤，例如西印度群島產的蝴蝶物種被他錯誤地歸類到印度。儘管如此，因為當時大多數專著都偏重歐洲昆蟲，所以唐納文的書仍舊是令人耳目一新的突破。他全心全意投入書本製作——親自書寫、繪製草圖、雕版，最後上色。他

拜保育成果之賜，一度瀕危的英雄翠鳳蝶（*Papilio ulysses*）如今在澳洲東北部和東南亞島嶼間逐漸繁盛。其巨大的翅翼寬達 10.4 公分，底面為棕褐色，在停棲時能隱匿形跡，翅翼背面卻有大面積的鮮藍色斑塊。圖出自唐納文《印度昆蟲自然史》。

Saturnia Atlas.

Idea Agelia

很有藝術天賦，經常接受他人的繪圖委託，尤其是花卉畫。

然而，就像許多走火入魔的人，唐納文最終陷入了困境。他花了太多錢購買標本，他買的標本所費不貲，也與出版商發生了爭執，認為自己受到虧待──他只出售了 50% 的圖書版權，但出版商卻保留了遠比這還多的收益。政府與拿破崙交戰導致經濟蕭條，更是雪上加霜，以至於唐納文不得不在 1817 年關閉他的博物館。令人扼腕的是，1818 年他被迫在拍賣會出售他珍藏的標本。一位頻繁在拍賣會上購買標本的買家，而今卻成了賣方。1833 年，他寫信給讀者，懇求他們協助他控告出版商，卻沒人來幫他。儘管財務捉襟見肘，唐納文仍持續出版書籍，直到 1837 年去世，留下的債務終究讓家人陷入貧困。他與世長辭後，韋斯特伍德（見頁 50-53）修訂了唐納文有關印度和中國產昆蟲的書籍。由於使用了金屬顏料、更厚的塗層，還用蛋清上光，重新製作的圖版比唐納文的原版更加栩栩如生。在當時，這些作品對蝴蝶、飛蛾及其他國外產昆蟲的描繪是最為美麗、最具藝術性的。

左：體形龐大的皇蛾（*Attacus atlas*）是鱗翅目（包含蝴蝶和飛蛾）最巨大的種類之一，展翅寬度超過 25 公分。在馬來群島及東南亞熱帶森林四處可見。圖出自《中國昆蟲自然史》1838 年版。

右：來自東南亞，外觀奇異的白斑蝶（*Idea idea*）最早是林奈命名的。這些大型授粉者的鮮明黑白斑紋讓人難以忽視，展翅寬達 13.3 公分。圖出自唐納文的《印度昆蟲自然史》。

令人不勝唏噓的是，今日唐納文的書在拍賣會上竟能拍出數千美元，甚至單幅畫作也能賣到這樣的價格，但他在世時，作品卻未能提供足夠的收入以滿足家人生活所需，也無法進一步推展他對昆蟲學的熱情。

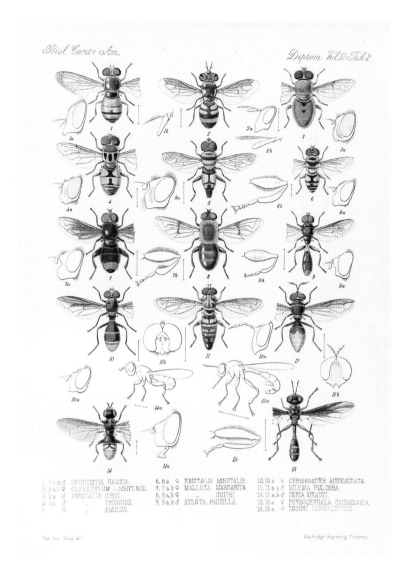

雖然蜜蜂和蝴蝶吸引了所有人的目光，然而蠅類（雙翅目）中也有一些極其重要的授粉者，如圖中多樣化的食蚜蠅（食蚜蠅科）。圖出自《中美洲生物相：昆蟲綱：雙翅目》，1886-1903 年出版。

甲蟲常是開花植物優秀的授粉者，例如這些五彩繽紛的金龜子（金龜子科 Scarabaeidae），出自《東方昆蟲學藏珍閣》，韋斯特伍德於 1848 年出版。

雖然蝴蝶和蜜蜂對於花朵的受精是不可或缺的，但蠅類、甲蟲以及薊馬也是重要授粉者，對於某些種類的花朵，這些昆蟲極其重要。事實上，蠅類或許是僅次於蜜蜂的重要授粉者，而且相當引人注目的是，世界上最大的花朵其實是由蒼蠅和甲蟲授粉，而非蝴蝶或蜜蜂。尺寸最大的兩種花卉均原產於蘇門答臘，綻放時，會散發腐敗肉類的味道。這就是所謂的大王花（霸王花），或稱為阿諾爾特大花草（*Rafflesia arnoldii*），直徑可達 1 公尺，重達 11.34 公斤。而與其親緣疏遠的巨花魔芋（*Amorphophallus titanum*）則會長出陰莖狀花序，或是成叢的花朵結構，可高達 3 公尺，並在生長約十年後才首次綻放。這些花朵散發的惡臭能吸引主要授粉者：蠅類和甲蟲。有時候植物相對於昆蟲顯然技高一籌。要製造花蜜和其他回饋給昆蟲，必須付出一定的代價，因為水和糖等原料本來可以用來結出更多種子，許多植物演化

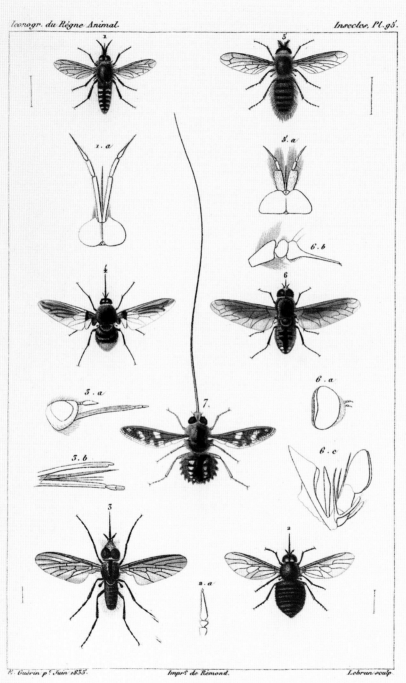

有些蠅類是更引人注目的特化授粉者，例如位於中央的莫耶擬長吻虻（*Moegistorhynchus longirostris*），相對於身體尺寸，這種蠅的口器長度是昆蟲之最。這種南非西部產的擬長吻虻（擬長吻虻科 Nemestrinidae）是重要的授粉者，並與具備長管的花卉共演化。圖出自《居維葉動物界插圖》，梅納維爾於 1829-1844 年出版。

出偷偷摸摸的方法解決了這個問題。有些蘭花的花朵酷似雌蜜蜂或雌胡蜂的花紋，並高明地製造出擬似雌蜂的化學氣味。舉例來說，飛鳥蘭屬（*Chiloglottis*）的蘭花物種製造的費洛蒙聞起來近似小土蜂科（Tiphiidae）的有螫蜂。雄性小土蜂會因為想要交配而接近這些形狀和花紋都很像雌蜂的花朵。降落在蘭花上的雄性小土蜂會觸發蘭花將一團花粉黏在小土蜂的背面或頭部，當雄蜂想與下一朵花交配時，便傳遞了花粉。花朵透過這樣的方式騙過雄性小土蜂，完成授粉。

特化

有些昆蟲是非專一性的授粉者，尋覓

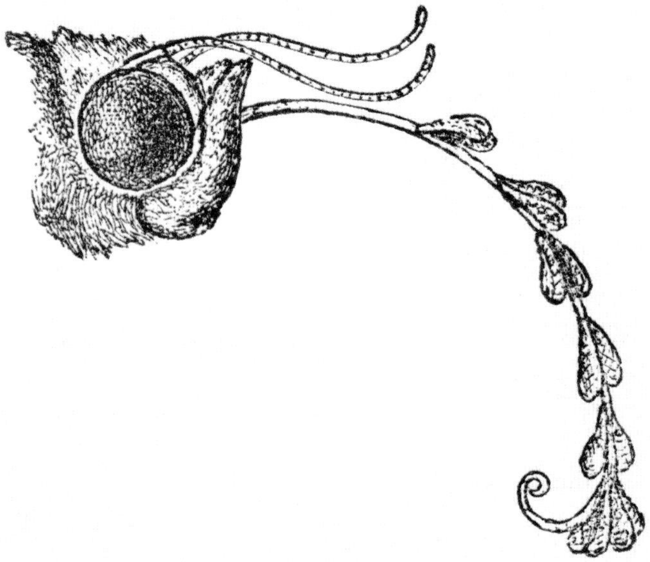

鬱倭夜蛾（*Tyta luctuosa*）的頭部和延伸的「舌」（口器），口器上附著許多金字塔蘭（*Anacamptis pyramidalis*）的花粉塊。圖出自達爾文的《蘭花的授粉》，1895 年再版（1862 年初版）。

Fig. 4.

花蜜和花粉時造訪的花卉種類範圍相當廣，這種不分畛域的主要例子便是蜜蜂。其他物種則特化到只取食小部分特定的花卉，不論是特定屬別的花卉，或是同一科的植物。此外還有更特化的類群僅依靠單一的植物種類維生，並且該植物通常也同樣依賴這種昆蟲才能繁衍。花朵和昆蟲的特化關係可以很深。一個著名的例子便是馬島長喙天蛾（*Xanthopan morgani*）及東非和馬達加斯加產的大彗星風蘭（*Angraecum sesquipedale*）。達爾文曾為了 1862 年的著作《蘭花的授粉》而花時間研究昆蟲的授粉行為。一位園藝業者寄了大彗星風蘭的花朵給他，他驚訝地注意到這種花卉特殊的蜜腺（分泌花蜜的腺體）竟可長達近 30 公分。達爾文斷定世上必然有一種特殊的蛾類，口器非常細長，能夠伸進蜜腺。探險家華萊士和達爾文一同撰文，闡釋了演化過程的堅實機制（見頁 178），並隨後在 1867 年寫下馬島長喙天蛾的標本口器極為細長，可能是這些植物的訪花者，達爾文提出的馬達加斯加必有這種形態的蛾類物種可如此深入蜜腺的預測，因此變得更加可信。果然，1903 年有人發現了這種形態的天蛾，並描述為馬島長喙天蛾的一個亞種——預言長喙天蛾（*Xanthopan morganii praedicta*），證實了達爾文和華萊士約四十年前提出的假說。

授粉昆蟲和其花朵的特化關係可以相當極端，而不只是長舌和蜜腺的那種對應。有些昆蟲與其花卉寄主共演化，兩者都變得相當特化，以至於當其中一者分化成兩個新物種時，另一者也會分化。教科書上授粉者共演化的經典案例是榕果小蜂（fig wasp）和絲蘭蛾（yucca moth），名字的由來分別是榕屬和絲蘭屬植物。榕屬植物是非常重要的食物來源，在一些森林裡，其伴生動物的食物組成可能高達70%來自榕屬植物，包含鳥類、猿猴，甚至人類。未成熟的榕果會有一道小小的開口，已交配的雌性榕果小蜂會由此爬入——該蟲幾乎不比針頭大。榕果內的空間非常狹窄，但榕果小蜂身形纖細，頭部通常特別扁平而修長。儘管有這種演化適應的體形，榕果小蜂試圖奮力鑽進榕果時，翅膀還是會被扯下來。一旦進入榕果內，牠便會產下卵粒，並放入牠從出生的榕樹上帶來的花粉。榕樹的花朵相當小，在未成熟榕果的內室排列成行。榕果小蜂的母親困在榕果中，最終死去。牠的子代孵化為幼蟲，已完成授粉並逐步成熟的榕果則提供了保護及營養。化蛹後，雄性的榕果小蜂大多為幼態延續（見頁90），所以沒有翅膀，看起來更像蠕蟲而非蜂。牠們會與尚未完全羽化的雌性交配。雄性生命中的最後一舉是在成熟的榕果壁上鑽出孔洞，並爬到榕果外死去。新生的雌性榕果小蜂會使用雄性鑽出的通道逃出榕果，行進時又沾上花粉，隨後啟程，再次展開循環。

榕樹和榕果小蜂已持續這樣的關係達七千萬年之久，在將榕果小蜂保存得栩栩如生的遠古琥珀化石中，我們完整地觀察到榕果小蜂攜帶的榕樹花粉。榕果與榕果小蜂的共生系統很複雜，參與的上百個物種中，系統都不盡相同，但也許真正令人驚嘆的是，千年前我們似乎就對這種授粉方法有初步的認識。古希臘作家希羅多德（Herodotus，約西元前484-425年）在他的

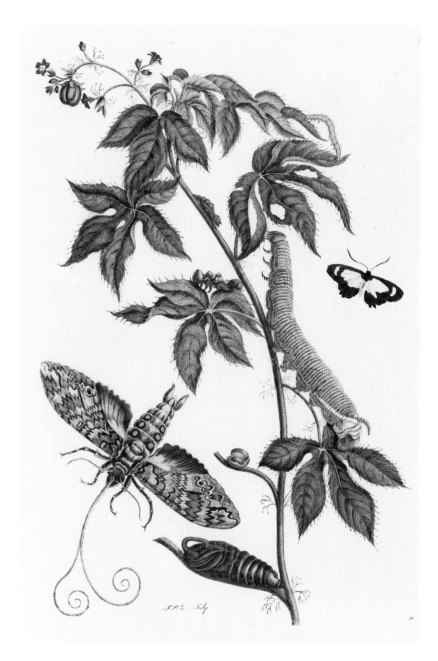

令人印象深刻的授粉者，如基黃大天蛾（*Cocytius antaeus*），這個物種的展翅寬度達17.8公分，並且具備修長的口器能進入牠們所授粉的管狀花那極深的位置，包括珍稀的無葉上鬚蘭（*Epipogium aphyllum*）。圖出自梅里安1705年巨作《蘇利南昆蟲之變態》的荷蘭文版（1719年出版）。

昆蟲和花朵的緊密關係是昆蟲學圖文書的常見主題，羅森霍夫 1746-1761 年間出版的《森林昆蟲》第三冊的精緻彩色書名頁便是一例。

著作《歷史》中寫到種植無花果的巴比倫人已了解這種果實內若沒有微小的「蒼蠅」進入，是不會成熟的，也知道成熟的無花果裡面是有昆蟲的。這種蜂類體形非常小，如果沒有用光學顯微鏡放大，很容易和蚊蚋或其他蠅類搞混。雖然巴比倫的種植者無法想像兩者的關係有多複雜，或正在發生的事情背後有何機制，但他們是敏銳的觀察者，知道果實要有昆蟲進入才能成熟。

絲蘭蛾是絲蘭屬植物的專一授粉者，同時也是植食性生物，會吃掉一部分絲蘭屬植物。會進行授粉的絲蘭蛾或許是授粉者中唯一「有意」而不是無意中為植物授粉的動物媒介，成蛾擁有特化的口喙，得以採集到絲蘭的花粉。這種飛蛾會在花的子房鑽一個洞，將花粉包塞入柱頭，從而為植物授粉。牠也會將卵粒一併產進去。這種蛾類的幼蟲只吃絲蘭的種子，粗看之下，會覺得這對植物似乎不太有利，因為植物顯然需要種子才能繁殖。然而絲蘭蛾幼蟲只吃足以完成發育的種子數量，絕不會全部吃掉，而會留下一部分種子。藉由這個方式，絲蘭蛾與絲蘭共享收成，且沒了對方就無法存活。

長久以來，我們一直珍愛鮮花，花園、壓花及花卉會都印證了這種讚賞。過去幾個世紀裡，許多昆蟲學圖文書都圍繞著這種偏愛而生，展示了最大量且最為壯觀的昆蟲與花朵伴生關係，包括梅里安呈現昆蟲變態的雕版畫（見頁 94-96），以及唐納文繪製的印度產和中國產蝴蝶（見頁 188-189）。圖書館和畫廊充斥著昆蟲和授粉對象結合無間的藝術品。我們可以說，在植物與其主要植食者（也就是昆蟲）的古

老戰爭中，授粉其實代表了一種緩解的形式。透過授粉，植物和昆蟲成了合作夥伴而非敵人，而我們的世界也隨著這種關係發展而百花怒放。

花朵和昆蟲盤根錯節的親密關係仍有很多尚待發現。雖然某些方面來說，這些發現或許只限於圈內人，影響很深遠，但只有極度痴迷的園藝學家或戴眼鏡的昆蟲學者才會感興趣。吾人的生活可能取決於發現、了解和保育那像薊馬一樣「看不到」的昆蟲，或者像輕輕嗡鳴的熊蜂一樣引人注目的昆蟲。發現的途徑就像昆蟲一樣無窮無盡。即使是我們自家後院裡那看似平凡且觀察過許多次的動物相，也充滿了有待發現的新知和重要事物，從新物種到昆蟲歌曲、舞蹈、儀式化動作和儀式化習性的新啟示。昆蟲是這麼重要，我們之中的某些人奉獻終生來更全面地理解昆蟲，一點也不為過。

擔當此重任的昆蟲生物多樣性學者寥寥無幾，而我們面前的任務卻如此艱鉅。過去許多引人入勝的發現和科學藝術作品都是由業餘愛好者、當時的「公民科學家」，也就是見多識廣的神職人員、熱情的醫生、藝術家和探險家巧妙地完成。無論過去還是現在，昆蟲令人驚嘆的成就很容易激發人類研究的熱情，而這種研究並不是高聳象牙塔中少數人的特權。

與我們周遭其他支系的生物相比，昆蟲的多樣性大到不成比例，但昆蟲並非單單只是多不勝數。誠如霍爾丹（見頁xvii）公允地向他那位令人敬畏的友人——坎特伯雷大主教所指出的那樣，昆蟲無法無天，無法無天地以龐大軍團包圍我們、

無法無天地發展出無窮無盡的物種、無法無天地以五花八門的方式過著自己的生活，並支撐或破壞其他生物的生活，尤其是人類的生活。然而，無法無天並不代表難以理解、棘手、不可能，反而應該代表鼓舞、振奮、吸引、提振，並召喚大家熱情參與。我們都可以是昆蟲學家，因為我們學習和創造的能力也是「無法無天」的。

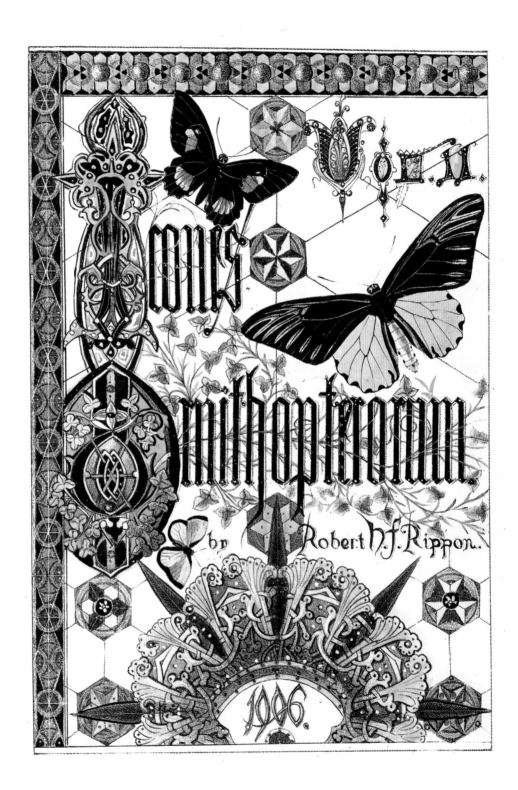

《鳥翼鳳蝶屬圖譜》華麗耀眼的書名頁，里彭於1907年出版（1898年初版）。這部書共有三卷，涵蓋了大型鳥翼蝶（鳥翼鳳蝶）及其近親當時已知的一切。他親自繪製了書中所有插圖，包含書名頁。他的老師是傑出且博學多聞的韋斯特伍德。

「由此觀之，
生命如此莊嚴壯闊，具備數種大能。
造物主最初將生命注入幾個
或單個生命形態中，
在我們的行星遵循
固定的引力法則運行的同時，
無數最美麗、最奇異的形態，
便是從如此簡單的開端演化而來，
並依然在演化。」

——達爾文，1859年，《物種起源》

謝辭

致謨涅摩敘涅[1]：一隻蜜蜂、一朵花、一陣微風

本書試圖穿針引線，將兩本看似不同的書交織成一本。一方面試著敘述昆蟲的多樣性和演化——講述六足生物長達四億年的演化歷史。而另一方面，本書也記錄了人類過去對昆蟲的探索，儘管有很多疏漏，但突顯了一些現在看來相當珍貴罕見、代表了藝術和科學成就的巨著。更睿智的作者會認為此二者是截然不同、不可混雜的故事，這種被迫結合產生的雜合體就交給讀者評斷了。

　　儘管書頁上的文字是出自於我，但如此一部作品確實需要眾人直接或間接的戮力才能完成。在美國自然史博物館，圖書館服務部的哈羅德·波申斯坦總監 Tom Baione 相當開朗，富有智慧也樂於助人。當我興致勃勃地翻閱他們看管的精美書籍時，他和高級研究服務圖書館員 Mai Reitmeyer 都很有耐心，容忍了我許多過分的要求。我還必須感謝 Tom 為我撰寫出色的前言，使本書有優美動人的開場。無脊椎動物學組的館員兼教授 David Grimaldi 殷殷建議我撰寫本書，而對於這份快樂的工作，我感激不盡。Dave、Tom、Mai，還有紐約市立學院英文系名譽教授 Valerie Krishna，這幾位提供了很多建設性的建議，若還有任何疏失，責任全在我。他們和博物館裡其他親愛的朋友都大力支持我，奉獻了無數時間和精力。就像艾尼亞斯回憶起特洛伊圍城一樣，他們每一位都有資格高呼：「此事我也有功！」雖然已不在人世，我卻總感覺 Kumar Krishna 和 Charles Michener 這兩位傑出的昆蟲學者仍常伴左右，與任何一位一同翻閱珍貴書籍，或是和 Kumar 與 Valerie 參觀倫敦舊書店的美好回憶一湧現，挫折感便會煙消雲散。

　　我也需要特別提到美國自然史博物館全球商務發展辦公室的高級總監 Sharon Stulberg、前助理總監 Elizabeth Hormann、市場行銷經理 Joanna Hostert 和商務經理 Courtney Edwards，以及 Jill Hamilton 的額外協助。博物館影像工作室高級攝影師 Roderick Mickens 在圖書保管組館員 Barbara Rhodes 的協助下，付出了無數小時為本書進行攝影。斯特林出版公司（Sterling Publishing）的部分，我要感謝執行編輯 Barbara M. Berger 的鼓勵，願意傾聽我昆蟲學上的奇思妙想，並諒解那些絆住作者書寫的各種意外挑戰。同時我還想謝謝美術組副總監 Scott Russo 那驚艷的封面，並指導內頁的設計，另外還有創意總監 Jo Obarowski 和製作經理 Ellen Hudson。特別感

對頁：斯黛華麗《不列顛的昆蟲》的燙金封面

謝串連圖書（Tandem Books）Ashley Prine 優美的內頁設計和 Katherine Furman 精熟的校訂。感謝我堪薩斯大學的學生和同事容忍我常因為躲起來閱讀和寫作而缺席，包括生物多樣性研究所昆蟲學組高級蒐藏經理 Zachary H. Falin、生物多樣性研究所昆蟲學組副蒐藏經理 Jennifer C. Thomas，以及生物學大學學程人類解剖學研究室主任的 Victor H. Gonzalez，當我分身乏術時，他們接手了不少事務。

　　我感謝許多作者和藝術家，他們在我展開昆蟲學研究之前就留下如此宏大而豐富的圖文書。他們鼓舞人心，帶來閱讀之樂，展現的天才、技巧、熱情和勇氣令我肅然起敬。如果沒有他們的辛勞，就不會有故事可講了。

　　最後，沒有任何文字足以感謝家人對我的寬容、信任以及關愛。我能一直沉迷於昆蟲研究，經常躲起來不出現，是因為有父母 A. Gayle 和 Donna Engel 的支持。沒有兩人，這一切都不可能發生，這絕非誇張之詞。我的手足 Elisabeth 和 Jeffrey 忍受了我對蒙塵書籍和所有「蟲事」的喋喋不休，而我的侄女和侄子 Grace、Kate、Leo 和 Isaac，以及我的大家庭一直是歡樂的源泉，在疲憊的日子裡讓靈魂煥發活力。最重要的是，我要感謝我的妻子 Kellie。在深夜和漫長的白天，她協助我尋找艱澀的歷史資料，閱讀和編輯文稿，在能量和精力幾近耗盡時為我加油。可以說，如果沒有她源源不絕的信任和幫助，我的努力早就付諸東流了。對於她，對於全家人，我由衷感激，在他們面前，我始終自覺不足。

譯註

1：希臘神話中的記憶女神，是十二位泰坦神之一。

推薦閱讀

Buchmann, Stephen L., and Gary P. Nabhan. *The Forgotten Pollinators.* Washington, DC: Island Press, 1996.

Dethier, Vincent G. *Crickets and Katydids, Concerts and Solos.* Cambridge, MA: Harvard University Press, 1992.

Eisner, Thomas. *For Love of Insects.* Cambridge, MA: Belknap Press, 2003.【簡中譯本《眷戀昆蟲》，虞國躍譯，北京市，外語教學與研究出版社，2008。】

Grimaldi, David, and Michael S. Engel. *Evolution of the Insects. Cambridge,* UK: Cambridge University Press, 2005.

Hoyt, Erich, and Ted Schultz. *Insect Lives: Stories of Mystery and Romance from a Hidden World.* New York: John Wiley & Sons, 1999.

Marshall, Stephen A. *Insects: Their Natural History and Diversity─With a Photographic Guide to Insects of Eastern North America.* Richmond Hill, ON: Firefly Books, 2006.

Seeley, Thomas D. *Following the Wild Bees: The Craft and Science of Bee Hunting.* Princeton, NJ: Princeton University Press, 2016.

Shaw, Scott R. *Planet of the Bugs: Evolution and the Rise of Insects.* Chicago: University of Chicago Press, 2014.

Wilson, Edward O. *The Diversity of Life.* Cambridge, MA: Belknap Press, 1994.【《繽紛的生命》，金恆鑣譯，臺北市：天下文化，1997。】

Zinsser, H. Rats, *Lice and History: A Chronicle of Pestilence and Plagues.* Boston: Little, Brown, 1935.【簡中譯本《老鼠、蝨子和歷史》，謝橋、康睿超譯，重慶：重慶出版社，2019。】

引用書目（附書中譯名）

Aldrovandi, Ulisse. *De Animalibus Insectis: Libri Septem cum Singulorum conibus ad Vivum Expressis.* Bologna: Apud Clementem Ferronium, 1638 (1602). 昆蟲及動物七卷。

Audouin, Jean Victor. *Histoire naturelle des insectes, traitant de leur organisation et de leurs moeurs en general.* Paris: F. D. Pillot, 1834. 昆蟲的自然史。

Bates, Henry W. "Contributions to an Insect Fauna of the Amazon Valley. Lepidoptera: Heliconidae." *Transactions of the Linnean Society of London,* vol. 23. London: Taylor and Francis, 1862 (1791–1875). 亞馬遜河谷之昆蟲相研究。

Biologia Centrali-Americana. Insecta. Coleoptera. London: Published for the editors by R. H. Porter, 1880–1911. 中美洲生物相：昆蟲綱鞘翅目。

Biologia Centrali-Americana. Insecta. Diptera. London: Published for the editors by R. H. Porter, 1886–1903. 中美洲生物相：昆蟲綱雙翅目。

Biologia Centrali-Americana. Insecta. Lepidoptera-Heterocera [. . .] London: Published for the editors by R. H. Porter, 1881–1900. 中美洲生物相：昆蟲綱鱗翅目之蛾類。

Biologia Centrali-Americana. Insecta. Neuroptera. Ephemeridae. London: Published for the editors by Dulau, 1892–1908. 中美洲生物相：昆蟲綱脈翅類蜉蝣目。

Biologia Centrali-Americana. Insecta. Orthoptera. London: Published for the editors by R. H. Porter, 1893–1909. 中美洲生物相：昆蟲綱直翅目。

Biologia Centrali-Americana. Insecta. Rhynchota. Hemiptera Homoptera. London: Published for the editors by Dulau, 1881–1909. 中美洲生物相：昆蟲綱半翅目之同翅亞目。

Butler, Charles. *The Feminine Monarchie, or the Historie of Bees. Shewing Their Admirable Nature, and Properties; Their Generation, and Colonies, Their Government, Loyaltie, Art, Industrie, Enimies, Warres, Magnanimitie, &c. Together with the Right Ordering of Them from Time to Time: and the Sweet Profit Arising Thereof.* Oxford: Printed by William Turner, for the author, 1634 (1609). 女性君主制。

Curtis, John. *British Entomology; Being Illustrations and Descriptions of the Genera of Insects Found in Great Britain and Ireland: Containing Coloured Figures from Nature of the Most Rare and Beautiful Species, and in Many Instances of the Plants upon Which They Are Found.* London: Printed for the author and sold by E. Ellis, 1823–1840. 不列顛昆蟲學。

Cuvier, Georges. *Le règne animal distribué d'après son organisation: pour servir de base à l'histoire naturelle des animaux et d'introduction à l'anatomie comparée.* Paris: Fortin, Masson et cie, 1836–1849. 動物界。

Darwin, Charles. *The Various Contrivances by Which Orchids Are Fertilised by Insects.* New York: D. Appleton, 1895 (1862). 蘭花的授粉。

Denny, Henry. *Monographia Anoplurorum Britanniae; or, An Essay on the British Species of Parasitic Insects Belonging to the Order of Anoplura of Leach, with the Modern Divisions of the Genera According to the Views of Leach, Nitzsch, and Burmeister, with Highly Magnified Figures of Each Species.* London: H. G. Bohn, 1842. 英國產蝨亞目專著。

Donavan, Edward. *Natural History of the Insects of China.* London: R. Havell and H. G. Bohn, 1838. 中國昆蟲自然史。

———. *Natural History of the Insects of India.* London: R. Havell and H. G. Bohn, 1838. 印度昆蟲自然史。

Drury, Dru. *Illustrations of Exotic Entomology, Containing Upwards of Six Hundred and Fifty Figures and Descriptions of Foreign Insects, Interspersed with Remarks and Reflections on Their Nature and Properties.* London: H. G. Bohn, 1837. 異國昆蟲學插圖。

Dumont d'Urville, Jules-Sébastien-César. *Voyage au pôle Sud et et dans l'Océanie sur les corvettes l'Astrolabe et la Zélée, exécuté par ordre du roi pendant les années 1837–1838–1839–1840, sous le commandement de m. J. Dumont d'Urville, capitaine de vaisseau, publié par ordonnance de Sa Majesté sous la direction supérieure de m. Jacquinot, capitaine de vaisseau, commandant de la Zélée [. . .]* Paris: Gide, 1842–1854. 南極和大洋洲之旅。

Ehrenberg, Christian Gottfried. *Symbolae Physicae, seu, Icones et Descriptiones Corporum Naturalium Novorum aut Minus Cognitorum, Quae ex Itineribus per Libyam, Aegyptum, Nubiam, Dongalam, Syriam, Arabiam et Habessiniam [. . .]* Berlin: Mittlero, 1828–1845. 外形的符號。

Forel, Auguste. *Histoire physique, naturelle et politique de Madagascar, Hymenoptères.* Les Formicides. Paris: Imprimerie nationale, 1891. 馬達加斯加的物理、自然和政治史：膜翅目。

Forsskål, Peter. *Descriptiones Animalium, Avium, Amphibiorum, Piscium, Insectorum, Vermium; Quae in Itinere Orientali Observavit Petrus Forskål.* Copenhagen: Mölleri, 1775. 動物、鳥類、兩棲動物、魚類、昆蟲、蠕蟲之描述。

———. *Flora Aegyptiaco-Arabica: Sive Descriptiones Plantarum, quas per Egypt Inferiorem et Arabiam Felicem Detexit, Illustravit Petrus Forskål . . . Post Mortem Auctoris Edidit Carsten Niebuhr. Accedit Tabula Arabiae Felicis Geographico-Botanica.* Copenhagen: Mölleri, 1775. 埃及與阿拉伯植物誌。

Gerstaecker, Carl Eduard Adolph. *Baron Carl Claus von der Decken's Reisen in Ost-Afrika in den Jahren 1859 bis 1865. Dritter Band. Wissenschaftlich Ergebnisse. Gliederthiere (Insekten, Arachniden, Myriapoden und Isopoden).* Leipzig and Heidelberg: C. F. Winter, 1873 (1869–1879). 德肯男爵的東非之旅。

Giglio-Tos, Ermanno. "Sulla posizione sistematica del gen. *Cylindracheta* Kirby." *Annali del Museo civico di storia naturale di Genova.* Genoa: Tip. del R. Istituto Sordo-Muti, 1914 (1870–1914). 短足螻屬的系統分類地位探討 。

Guérin-Méneville, Félix-Edouard. *Iconographie du règne animal de G. Cuvier; ou, Représentation d'après nature de l'une des espèces les plus remarquables, et souvent non encore figurées, de chaque genre d'animaux: avec un texte descriptif mis au courant de la science: ouvrage pouvant servir d'atlas à tous les traités de zoologie.* Paris: J. B. Baillière, 1829–1844. 居維葉動物界插圖。

Haeckel, Ernst. Generelle Morphologie der Organismen: Allgemeine Grundzüge der organischen Formen Wissenschaft, mechanisch begründet durch die von Charles Darwin reformirte Descendenz-Theorie. Berlin: G. Reimer, 1866. 生物體的一般形態。

Haviland, George D. "Observations on Termites; with Descriptions of New Species." *The Journal of the Linnean Society of London. Zoology,* vol. 26. London: Academic Press, 1898. 白蟻的觀察暨一新種之描述。

Hoefnagel, Jacob. *Diversae Insectarum Volatilium Icones.* [Amsterdam?]: N. I. Visscher, 1630. 多樣的昆蟲。

Hooke, Robert. *Micrographia: or, Some Physiological Descriptions of Minute Bodies*

Made by Magnifying Glasses. With Observations and Inquiries Thereupon. London: Printed for J. Allestry, printer to the Royal Society, 1667. 顯微圖譜。

Horne, Charles, and Frederick Smith. "Notes on the Habits of Some Hymenopterous Insects from the North-West Provinces of India. With an Appendix, Containing Description of Some New Species of Apidae and Vespidae Collected by Mr. Horne." *Transactions of the Zoological Society of London,* vol. 7. London: Longmans, Green, Reader and Dyer, 1870. 一些印度西北省份的膜翅目昆蟲短訊。

Huber, François. *Nouvelles observations sur les abeilles adressées à M. Charles Bonnet.* Paris: J. J. Paschoud, 1814 (1792). 關於蜜蜂的全新觀測。

Jardine, William, ed., *Bees. Comprehending the Uses and Economical Management of the Honey-Bee of Britain and Other Countries, Together with Descriptions of the Known Wild Species.* London: H. G. Bohn, [1846?]. 蜜蜂：英國和其他國家蜜蜂的用途和經濟管理，以及已知野生種的描述。

Lepeletier, Amédée Louis Michel, comte de Saint Fargeau. *Histoire naturelle des insectes. Hyménoptères.* Paris, Librairie encyclopédique de Roret, 1836–1846. 昆蟲自然歷史。

Kirby, W. F. *European Butterflies and Moths.* London: Cassell, 1889 (1882). 歐洲蝴蝶和蛾類。

Linnaeus, Carl. *Systema Naturae per Regna Tria Naturae, Secundum Classes, Ordines, Genera, Species, cum Characteribus, Differentiis, Synonymis, Locis.* Stockholm: Impensis L. Salvii, 1758. 自然系統。

Lubbock, John. *Monograph of the Collembola and Thysanura.* London: Printed for the Ray Society, 1873. 彈尾目和纓尾目專著。

Merian, Maria Sibylla. *Histoire des insectes de l'Europe.* Amsterdam: Jean Frederic Bernard, 1730. 歐洲昆蟲史。

——. *Over de voortteeling wonderbaerlyke veranderingen der Surinaemsche insecten.* Amsterdam: Joannes Oosterwyk, 1719. 蘇利南昆蟲之變態。【《蘇利南昆蟲之變態》，杜子倩譯，新北市：暖暖書屋，2020。】

Moffet, Thomas. *Insectorum sive Minimorum Animalium Theatrum.* London: T. Cotes, 1634. 昆蟲或小動物劇場。

Olivier, M. *Encyclopédie méthodique. Histoire naturelle.* Vol. 4–10, *Insectes.* Paris: Panckoucke, 1811 (1789–1828). 依學門的百科全書・自然歷史・昆蟲。

Panzer, Georg Wolfgang Franz. *Deutschlands Insectenfaune.* Nürnberg: Felseckerschen Buchhandlung, 1795. 德意志昆蟲相。

Parkinson, John. "Description of the *Phasma dilatatum.*" *Transactions of the Linnean Society,* vol. 4. London: [The Society], 1798 (1791–1875). 頁 65 圖說文字所指之文章。

Ratzeburg, Julius T. C. *Die Forst-Insecten oder Abbildung und Beschreibung der in den Wäldern Preussens und der Nachbarstaaten als schädlich oder nützlich bekannt gewordenen Insecten; in systematischer Folge und mit besonderer Rücksicht auf die Vertilgung der Schädlichen.* Berlin, Nicolai'sche buchhandlung, 1839–1844. 森林昆蟲。

Ray, John. *Historia Insectorum.* London: Impensis A. & J. Churchill, 1710. 昆蟲史。

Rippon, Robert H. F. *Icones Ornithopterorum: A Monograph of the Papilionine Tribe Troides of Hubner, or Ornithoptera (Bird-Wing Butterflies) of Boisduval.* London: R. H. F. Rippon, 1898–[1907?]. 鳥翼鳳蝶屬圖譜。

Rösel von Rosenhof, August Johann. *Der monatlich herausgegebenen Insecten-Belustigung erster [-vierter] Theil: in welchem die in sechs Classen eingetheilte Papilionen mit ihrem Ursprung, Verwandlung und allen wunderbaren Eigenschaften, aus eigener Erfahrung beschrieben, . . . nach dem Leben abgebildet, vorgestellet warden.* Nuremberg: Röselischen Erben, 1746–1761. 森林昆蟲。

———. *De natuurlyke historie der insecten; voorzien met naar ' t leven getekende en gekoleurde plaaten.* Amsterdam: C. H. Bohn and H. de Wit, 1764–1768. 昆蟲自然史。

Rothschild, Jules, ed. *Musée entomologique illustré: histoire naturelle iconographique des insects.* Paris: J. Rothschild, 1876 (–1878). 圖解昆蟲學博物館。

Saussure, Henri de. *Études sur les myriapodes et les insects.* Paris: Imprimerie impériale, 1870. 多足類和昆蟲的研究。

———. *Histoire physique, naturelle et politique de Madagascar,* Hymenoptères. Paris: Imprimerie nationale, [1890?]. 馬達加斯加的物理、自然和政治史。

———. *Histoire physique, naturelle et politique de Madagascar, Orthoptères.* Paris: Imprimerie nationale, 1895. 馬達加斯加的物理、自然和政治史：直翅目。

Say, Thomas. *American Entomology, or Descriptions of the Insects of North America.* Philadelphia: Philadelphia Museum, S. A. Mitchell, (1824–) 1828. 美國昆蟲學。

Smeathman, Henry. *Some Account of the Termites Which Are Found in Africa and Other Hot Climates.* London: Printed by J. Nichols, 1781. 一些有關在非洲和其他炎熱氣候地區發現的白蟻之描述。

Snodgrass, Robert Evans. *The Thorax of Insects and the Articulation of the Wings. Proceedings of the United States National Museum,* vol. xxxvi. Washington, DC: Government Printing Office, 1909. 昆蟲的胸部和翅膀的關節。

Southall, John. *Treatise of Buggs: Shewing When and How They Were First Brought into England. How They Are Brought into and Infect Houses. Their Nature, Several Foods, Times and Manner of Spawning and Propagating in This Climate [. . .].* London: J. Roberts, 1730. 蟲子論。

Staveley, E. F. *British Insects: A Familiar Description of the Form, Structure, Habits, and Transformations of Insects.* London: L. Reeve, 1871. 不列顛的昆蟲。

Stelluti, Francesco. *Persio tradotto in verso sciolto e dichiarato da Francesco Stelluti.* Rome: G. Mascardi, 1630. 將波西藹斯作品譯成輕體詩並批註。

Swammerdam, Jan. *Historia Insectorum Generalis, in qua Quaecunque ad Insecta Eorumque Mutationes Spectant, Dilucide ex Sanioris Philosophiae & Experientiae Principiis Explicantur.* Leiden: Apud Jordanum Luchtmans, 1685 (1669). 昆蟲學總論。

Vincent, Levinus. *Wondertooneel der nature geopent in eene korte beschryvinge der hoofddeelen van de byzondere zeldsaamheden daar in begrepen: in orde gebragt en bewaart.* Amsterdam: F. Halma, 1706–1715. 大自然奇觀。

Walckenaer, Charles Athanase. *Histoire naturelle des insectes. Aptères.* Paris, Librairie encyclopédique de Roret, 1837 (–1847). 昆蟲的自然史—無翅類。

Westwood, John O. *Arcana Entomologica; or, Illustrations of New, Rare, and Interesting Insects.* London, W. Smith, 1845. 昆蟲學奧秘。

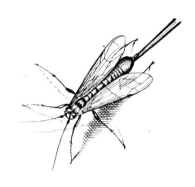

——. *The Cabinet of Oriental Entomology; Being a Selection of Some of the Rarer and More Beautiful Species of Insects, Natives of India and the Adjacent Islands, the Greater Portion of Which Are Now for the First Time Described and Figured.* London, W. Smith, 1848. 東方昆蟲學藏珍閣。

——. *An Introduction to the Modern Classification of Insects; Founded on the Natural Habits and Corresponding Organisation of the Different Families.* London, Longman, Orme, Brown, Green, and Longmans, 1839–1840. 現代昆蟲分類簡介。

內文提及之著作的譯名對照表

第二章

《昆蟲學構造》 *Insect Architecture*

第二章

《昆蟲學入門》 *An Introduction to Entomology*

《動物志》 *Historia Animalium*

《博物志》 *Naturalis Historia*

《詞源》 *Etymologiae*

《試金者》 *Il Saggiatore*

《蜜蜂圖解》 *Melissographia*

《蜂房》 *Apiarium*

《鳥類學》 *Ornithologiae*

《怪物史》 *Monstrorum Historia*

《巨龍與大蛇的歷史》 *Serpentum et Draconum Historiae*

第三章

《愛麗絲鏡中奇遇》 *Through the Looking-Glass*

《文明的起源和人的原始狀態》 *The Origin of Civilisation and the Primitive Condition of Man*

《論昆蟲的起源和變態》 *The Origin and Metamorphoses of Insects*

第四章

《詩集》 *Complete Poems*

《遠方》 *Far Side*

《生命、宇宙及萬事萬物》 *Life, The Universe and Everything*

《威爾士考古學報》 *Archaeologia Cambrensis*

第五章

《宇宙結構學》 *Cosmography*

《蠶蛾》 *De Bombyce*

《自然聖經》 *Biblia Naturae*

《畫家詞典》 *A Dictionary of Painters*

第六章

《詩集》 *A Rhapsody*

《羅馬帝國衰亡史》 *History of the Decline and Fall of the Roman Empire*

《倫敦雜誌》 *The London Magazine*

《危害性森林昆蟲的完整自然史》 *Vollständige Naturgeschichte der schädlichen Forstinsekten*

第七章

《在緊急際遇中的靈修：沉思第十七篇》 *Devotions upon Emergent Occasions, Meditation XVII*

《公民自由權之我思我想》 *Tankar om borgerliga friheten*

第八章

《蜜蜂頌》 *Melissomelos*

第九章

《亞馬遜河探源之旅》 A *Voyage up the River Amazon*

《亞馬遜河上的博物學家》 *The Naturalist on the River Amazons*

第十章

《蜜蜂的生活》 *Le Vie des Abeilles*

學名翻譯對照表

中文	英文	學名	備註
人蚤	Human flea、House flea	*Pulex irritans*	
八斑卡羅綠蚤		*Calopsyra octomaculata*	
三重戰士擬蛇天蛾、三重戰士赫摩里奧普雷斯天蛾		*Hemeroplanes triptolemus*	
土衣魚屬		*Nicoletia*	
大白蟻亞科	Macrotermitine termite	Macrotermitinae	
大石蛾	Large caddisfly	*Phryganea grandis*	
大利蜂蚤		*Stylops dalii*	
大尾大蠶蛾	Malaysian moon moth	*Actias maenas*	
大沼蝗	Large marsh grasshopper	*Stethophyma grossum*	
大海牛	Steller's sea cow	*Hydrodamalis gigas*	又名巨儒艮、無齒海牛或斯特拉海牛
大彗星風蘭	Darwin's orchid、Christmas orchid、Star of Bethlehem orchid、King of the angraecums	*Angraecum sesquipedale*	
女武虎蛾		*Episteme bellatrix*	
小土蜂科		Tiphiidae	
小長翅目		Nannomecoptera	又稱為小長翅亞目
小提琴螳螂	Wandering violin mantis、Ornate mantis、Indian rose mantis	*Gongylus gongylodes*	
小蜂總科	Chalcid wasp	Chalcidoidea	
小蜜蜂	Dwarf honey bee	*Apis florea*	
小鴞蛉蛄	Little-owl cicada	*Pycna strix*	
小蘆蜂族	Allodapine bee	Allodapini	
中國巨竹節蟲		*Phryganistria chinensis*	
中歐山松大小蠹蟲	Mountain pine beetle	*Dendroctonus ponderosae*	
介殼蟲科	Scale insect	Coccidae	
切葉蜂	Leafcutter bee	Megachilidae	
天牛科	Longhorn beetle	Cerambycidae	
天蛾科	Hawk moth	Sphingidae	
尺蛾科	Geometer moth	Geometridae	

中文	英文	學名	備註
月斑天蠶蛾	Moon moth	*Actias luna*	
木蜂	Carpenter bee	*Xylocopa*	
毛翅目	Caddisfly	Trichoptera	
水蠍蛉科		Nannochoristidae	
火蜂	Fire bee	*Oxytrigona*	
爪哇罈花蘭	Javanese orchid	*Acanthephippium javanicum*	
五畫			
冬花雪蠍蛉		*Boreus hyemalis*	
北方褐黽椿		*Limnoporus rufoscutellatus*	
半翅目		Hemiptera	
卡其坦蜂虻		*Phthiria fulva*	
史泰利亞螳蛉	Styrian praying lacewing	*Mantispa styriaca*	
巨角葉螽		*Siliquofera grandis*	
巨花魔芋、泰坦魔芋	Titan arum	*Amorphophallus titanum*	
巨型蜉蝣	Giant mayfly	*Hexagenia limbata*	
巨型跳蟲屬		*Tetrodontophora*	
巨型蜜蜂	Giant honey bee	*Apis dorsata*	
布衣蝦夷蟬	Common European cicada	*Lyristes plebejus*	
未熟短尾蟋蟀		*Anurogryllus abortivus*	
玄色鋸跳蟲		*Ptenothrix atra*	
玄青葉鬚蟋蟀		*Phyllopalpus caeruleus*	
白斑蝶	Rice paper butterfly、 Linnaeus' idea	*Idea idea*	
石蛃	Bristletails 或 Jumping bristletails	Archaeognatha	古口目
石榴	Pomegranate	*Punica granatum*	
立克次體		*Rickettsia*	
先行者萊尼跳蟲		*Rhyniella praecursor*	
印度鼠蚤	Oriental rat flea	*Xenopsylla cheopis*	
地下家蚊、倫敦地鐵家蚊、倫敦地下鐵家蚊	London underground mosquito	*Culex molestus*	
地花蜂科		Andrenidae	
唐氏副珊螽		*Parasanaa donovani*	
多色隱孢子蟲蜂		*Epeolus variegatus*	
多型虎甲蟲	Northern dune tiger beetle	*Cicindela hybrida*	

中文	英文	學名	備註
唐納文葉䗛		*Phyllium donovani*	是東方葉䗛 *Phyllium siccifolium* 的同物異名
多變長搖蚊		*Tanypus varius*	
好戰大白蟻		*Macrotermes bellicosus*	
安菲翁袖粉蝶、虎斑狹翅蝶	Tiger mimic white	*Dismorphia amphione*	
尖音家蚊	Common house mosquito	*Culex pipiens*	
托爾鐵克短尾蟋蟀		*Anurogryllus toltecus*	
曲角短翅芫菁	Black oil beetle	*Meloe proscarabaeus*	
曲胸鱗長跳蟲		*Lepidocyrtus curvicollis*	
有翅亞綱		Pterygota	
灰伊蚊		*Aedes cinereus*	
灰泥蛉		*Sialis lutaria*	
米象鼻蟲屬		*Sitophilus*	
血紅史坎葉螽		*Scambophyllum sanguinolentum*	
衣魚、蠹魚、白魚、壁魚、赤木蟲或書蟲	Silverfish	Zygentoma	衣魚目
衣蛾	Clothes moth	*Tineola bisselliella*	
西方蜜蜂	Western honey bee 或 European honey bee	*Apis mellifera*	又稱為歐洲蜜蜂
西印度櫻桃、亮葉金虎尾	Barbados cherry	*Malpighia glabra*	
西部殺蟬泥蜂	Western cicada killer	*Sphecius grandis*	
克氏錐蟲		*Trypanosoma cruzi*	
克斯坦巴氏繭蜂		*Bathyaulax kersteni*	
吞木蟻蟋		*Myrmecophilus acervorum*	
坎博恩玷瑕馬島蟑螂		*Ateloblatta cambouini*	
妖婦螢屬		*Photuris*	
杜鵑花科	Heath	Ericaceae	
沙漠飛蝗	Desert locust	*Schistocerca gregaria*	
芒果天蛾		*Amplypterus panopus*	
角翅鬼螳、淡色錐螳螂		*Empusa pennicornis*	
角蟬科	Thorn bug	Membracidae	
豆象亞科	Seed beetle	Bruchinae	
赤褐黛瑟蟬		*Diceroprocta ruatana*	
里斯短翅石蠅		*Brachyptera risi*	
乳草蝗蟲	Common milkweed locust	*Phymateus morbillosus*	

中文	英文	學名	備註
亞斯她錄勒拉透翅蛾		*Lenyra ashtaroth*	
具角齒蛉		*Corydalus cornutus*	
夜蛾科	Owlet moth、Cutworm、Armyworm	Noctuidae	
奇異半溝蛛蜂		*Hemipepsis prodigiosa*	
始祖鳥		*Archaeopteryx*	
怪奇裂趾蟋	Asian sandy cricket	*Schizodactylus monstrosus*	
拉普蘭姬蜚蠊	Dusky cockroach	*Ectobius lapponicus*	
明星拉克寡脈蜉		*Lachlania lucida*	
杯粉蝶	Clearwing white	*Patia orise*	
東方葉䗛		*Phyllium siccifolium*	
松天蛾	Pine hawk moth	*Sphinx pinastri*	
果蠅	Fruit fly	Drosophilidae	果蠅科
河岸寬肩椿		*Velia rivulorum*	
炎熱白蟻		*Termes arda*	歐洲散白蟻的同物異名
玫瑰捲葉象鼻蟲	Rose weevil	*Merhynchites bicolor*	
直翅目		Orthoptera	
芝麻鬼臉天蛾、後黃人面天蛾		*Acherontia styx*	
芫菁科、地膽科	Blister beetles	Meloidae	
虎甲蟲	Tiger beetle	Cicindelidae	虎甲蟲科，也有學者將其分類為步行蟲科（Carabidae）下的虎甲蟲亞科（Cicindelinae）
格羅特三角斑燈蛾	Grote's bertholdia	*Bertholdia trigona*	
虎頭蜂	Hornet	*Vespa*	
虎翼飛龍竹節蟲		*Phasma gigas*	
金字塔蘭	Pyramidal orchid	*Anacamptis pyramidalis*	
金花蟲科	Leaf beetle	Chrysomelidae	
金龜子科	Scarab	Scarabaeidae	
長牙大天牛	Sabertooth longhorn beetle	*Macrodontia cervicornis*	
長角蛉科、蝶角蛉科	Owlfly	Ascalaphidae	
長翅目		Mecoptera	
長臂天牛	Harlequin beetle	*Acrocinus longimanus*	
阿特拉斯南洋大兜蟲	Atlas scarab beetle	*Chalcosoma atlas*	
阿諾爾特大花草、霸王花、大王花	Corpse flower、Giant padma	*Rafflesia arnoldii*	

中文	英文	學名	備註
青蜂科	Cuckoo wasp	Chrysididae	
青箭環蝶、青環紋蝶	Northern jungle queen	*Stichophthalma camadeva*	
俄耳紐斯埃格天蛾		*Agnosia orneus*	
冠蜂	Crown wasp	Stephanidae	冠蜂科
南美提燈蟲	Lantern bug、Peanut bug	*Fulgora laternaria*	
帝王珊蠹		*Sanaa imperialis*	
帝王斑蝶、黑脈金斑蝶、大樺斑蝶	Monarch butterfly	*Danaus plexippus*	
幽靈竹節蟲	Macleay's spectre	*Extatosoma tiaratum*	
扁竹節蟲		*Heteropteryx dilatata*	
枯葉蛾科	Tent caterpillar	Lasiocampidae	
柄眼蠅科	Stalk-eyed fly	Diopsidae	
柔毛長角長跳蟲		*Orchesella villosa*	
柯蒂斯櫛角蝨		*Halictophagus curtisii*	
洞穴巨人蟑螂	Central American giant cave cockroach	*Blaberus giganteus*	
玷瑕馬島蟑螂		*Ateloblatta malagassa*	
皇蛾	Atlas moth	*Attacus atlas*	
秋虻	Marsh horse fly	*Tabanus autumnalis*	
科羅拉多金花蟲	Colorado potato beetle	*Leptinotarsa decemlineata*	
紅尖粉蝶	Orange albatross	*Appias nero*	
紅赤蜻	Ruddy darter dragonfly	*Sympetrum sanguineum*	
紅翅美洲巨蝗	Giant red-winged grasshopper	*Tropidacris cristata*	
美洲麗蟻蛉		*Vella americana*	
美雕齒小蠹蟲	Coarsewriting engraver	*Ips calligraphus*	
美蠍蛉科	Earwigfly、Forcepfly	Meropeidae	
耐甲氧西林金黃色葡萄球菌	Methicillin-resistant Staphylococcus aureus	*Staphylococcus aureus*	超級細菌，簡稱MRSA
胡蜂科		Vespidae	
胡蜂薩諾蜂蝨		*Xenos vesparum*	
英雄巨擬蜂虻		*Gauromydas heros*	
英雄翠鳳蝶	Ulysses butterfly、Blue emperor swallowtail butterfly	*Papilio ulysses*	
茄屬		*Solanum*	
茅利塔尼亞足絲蟻		*Embia mauritanica*	
革翅目	Earwig	Dermaptera	

中文	英文	學名	備註
韋氏虎蛾		*Episteme westwoodi*	
韋氏雙歧姬小蜂		*Dicladocerus westwoodii*	
飛鳥蘭屬	Wasp orchid、Ant orchid、Bird orchid	*Chiloglottis*	
飛蝗	Migratory locust	*Locusta migratoria*	
食蚜蠅	Flower fly	Syrphidae	食蚜蠅科
十畫			
原尾蟲、蚖		Protura	原尾目
唐氏銅金龜		*Anomala donovani*	
夏盤椿	Ancient river water bug	*Aphelocheirus aestivalis*	
姬小蜂	Eulophine parasitoid wasp	Eulophinae	姬小蜂亞科
姬蜂	Darwin wasp、ichneumon wasp	Ichneumonidae	姬蜂科
家蟋蟀	House cricket	*Acheta domesticus*	
家蟋蟀、短翅灶蟋		*Gryllodes sigillatus*	
家蠅	House fly	*Musca domestica*	
家蠅	Stable fly	Muscidae	家蠅科
家蠶	Domesticated silk moth	*Bombyx mori*	
展延勒薩旌蛉		*Lertha extensa*	
悅目毛帶蜂		*Pseudapis amoenula*	
扇形金蛛		*Argiope sector*	
海石蛃		*Machilis maritima*	
海石蛾科		Chathamiidae	
海黽屬		*Halobates*	
珠光裳鳳蝶	Magellan birdwing	*Troides magellanus*	
紡足目	Webspinner	Embiodea	又拼寫為Embioptera
缺翅目	Angel insect	Zoraptera	
脈翅目	Lacewing	Neuroptera	
臭蟲科		Cimicidae	
草蛉	Green lacewing	Chrysopidae	
蚊蠍蛉科、擬大蚊科	Hangingfly	Bittacidae	
蚤目	Flea	Siphonaptera	
迷惑龍		*Apatosaurus*	
馬島長喙天蛾	Morgan's sphinx moth	*Xanthopan morgani*	

中文	英文	學名	備註
馬達加斯加蟑螂	Madagascar hissing cockroach	*Gromphadorhina portentosa*	
高盧長腳蜂	European paper wasp	*Polistes gallicus*	
鬼臉天蛾、人面天蛾	Bee robber hawk moth、Greater death's head hawk moth	*Acherontia lachesis*	
偽裝獵椿		*Reduvius personatus*	
基斑蜻	Broad-bodied darter dragonfly	*Libellula depressa*	
基黃大天蛾	Giant sphinx moth	*Cocytius antaeus*	
寄生蠅	Tachinid fly	Tachinidae	
彩裳蜻蜓	Common picture wing、Variegated flutterer	*Rhyothemis variegata*	
斜紋天蛾		*Theretra clotho*	
旌蚧	Ensign scale insect	Ortheziidae	旌蚧科
旌蛉科	Thread-winged lace-wing、Spoon-winged lacewing	Nemopteridae	
條蜂	Digger bee	Anthophorini	
淺盤海燕、淺盤步海燕、淺盤小海燕、淺盤海星		*Patiriella exigua*	
產蜜蜜蜂	Honey bee	*Apis*	
異色水虻		*Stratiomys chamaeleon*	
異特龍		*Allosaurus*	
第二螺旋蠅		*Cochliomyia macellaria*	
粗腿鋸蠓		*Serromyia femorata*	
細臭蟻屬		*Leptomyrmex*	
細腰蜂科	Sphecid wasp	Sphecidae	
莫耶擬長吻虻		*Moegistorhynchus longirostris*	
處子巨竹節蟲		*Phryganistria virgea*	
蛇蛉目	Snakefly	Raphidioptera	
袖蝶	Longwing、Heliconian	*Heliconius*	
透翅蛾科	Clearwing moth	Sesiidae	
造紙胡蜂	Paper wasp	Polistinae、Stenogastrinae 和 Vespinae	
野蠶	Wild silk moth	*Bombyx mandarina*	
陰蝨	Crab lice、Pubic lice	*Pthirus pubis*	
雪蠍蛉科	Snow scorpionfly、Snow flea	Boreidae	
單環刺大唇泥蜂		*Stizoides unicinctus*	
復逐虎蛾		*Exsula dentatrix*	
斑翅前塔鍾蟋		*Prosthacusta circumcincta*	

中文	英文	學名	備註
斑翅瘧蚊		*Anopheles maculipennis*	
芫菁素	Cantharidin	Cantharidin	
斯里蘭卡帛斑蝶	Ceylon tree nymph butterfly	*Idea iasonia*	
普氏立克次體		*Rickettsia prowazekii*	
普通衣魚		*Lepisma saccharina*	
普通笛竹節蟲	Common walkingstick、Northern walkingstick	*Diapheromera femorata*	
普通菲藍海石蛾		*Philanisus plebeius*	
普通黃胡蜂	Common wasp	*Vespula vulgaris*	
智人	Modern human	*Homo sapiens*	
棉鈴象鼻蟲	Cotton boll weevil	*Anthonomus grandis*	
棕櫚象鼻蟲、美洲棕櫚象、南美棕櫚象鼻蟲	South American palm weevil	*Rhynchophorus palmarum*	
棘角蟬		*Umbonia crassicornis*	
渡渡鳥	Dodo	*Raphus cucullatus*	
渾似透翅綃蝶	Giant glasswing	*Methona confusa*	
無葉上鬚蘭	Ghost orchid	*Epipogium aphyllum*	
焰紋阿提斯蝶蛾		*Athis clitarcha*	
番茄天蛾	Tomato hornworm	*Manduca quinquemaculata*	
短足螻科	Sandgroper	Cylindrachetidae	
等翅下目	Termite	Isoptera	
結晶幽蚊		*Chaoborus crystallinus*	
絲光銅綠蠅	Green bottle fly、Common green bottle fly	*Lucilia sericata*	
絲蘭屬	Yucca	*Yucca*	
華麗菱蝗	Ornate pygmy grasshopper	*Tetrix ornata*	
華麗優普蟻蛉		*Euptilon ornatum*	
華麗類偽圓跳蟲		*Dicyrtomina ornata*	
菸草大蟋蟀	Tobacco cricket、Giant tobacco cricket	*Brachytrupes membranaceus*	
菸草天蛾	Tobacco hornworm	*Manduca sexta*	
菸草天蛾屬		*Manduca*	
蛛蜂科	Spider wasp、Spider-hunting wasp	Pompilidae	
蛩蠊目		Notoptera	
象白蟻亞科	Nasute termite	Nasutitermitinae	
象鼻蟲總科	Weevil	Curculionoidea	

中文	英文	學名	備註
黃小蜂屬		*Aphytis*	
黃蜂	Yellowjacket	*Vespula* 和 *Dolichovespula*	
黃邊胡蜂、歐洲胡蜂	European hornet	*Vespa crabro*	
黑條擬斑蛺蝶	Viceroy butterfly	*Limenitis archippus*	
黑腹果蠅、黑尾果蠅		*Drosophila melanogaster*	
黑頭赤翅蟲	Black-headed cardinal beetle	*Pyrochroa coccinea*	
黑邊泰迪菱蝗	Black-sided pygmy grasshopper	*Tettigidea lateralis*	
圓跳蟲	Sminthurid springtail	Sminthuridae	圓跳蟲科
塔達刺胸蝗	Brown-spotted locust	*Cyrtacanthacris tatarica*	
奧米亞寄生蠅	Ormiine tachinid fly	Ormiini	
微美纓小蜂		*Mymar pulchellum*	
新世界螺旋蠅		*Cochliomyia hominivorax*	
暗色馬尾姬蜂		*Megarhyssa atrata*	
暗色偽圓跳蟲		*Dicyrtoma fusca*	
暗黑蜂蝨		*Stylops aterrimus*	
暗褐葉鬚蟋蟀		*Phyllopalpus brunnerianus*	
椰象鼻蟲科		Dryophthoridae	也有學者將其分類為象鼻蟲科（Curculionidae）下的椰象鼻蟲亞科（Dryophthorinae）
榆蛺蝶	Large tortoiseshell、Black tortoise-shell	*Nymphalis polychloros*	
溫帶臭蟲	Common bed bug	*Cimex lectularius*	
矮竹節蟲屬		*Timema*	
碎斑扁馬島蟑螂		*Thliptoblatta obtrita*	
絹粉蝶	Black-veined white	*Aporia crataegi*	
群生蟋蟀		*Gryllus gregarius*	沙漠飛蝗的同物異名
義大利蚊蠍蛉		*Bittacus italicus*	
葉蜂科		Tenthredinidae	
蜂形食蟲虻	Hornet robber fly	*Asilus crabroniformis*	
蜂虻	Bee fly	Bombyliidae	蜂虻科
蜉蝣目	Mayfly	Ephemeroptera	
裙絹蝶	Orange-spotted tiger clearwing、Disturbed tigerwing	*Mechanitis polymnia*	
詩貝嘉金尼短足螻		*Cylindracheta spegazzinii*	
跳蟲	Springtail	Collembola	彈尾目

中文	英文	學名	備註
預言長喙天蛾		*Xanthopan morgani praedicta*	
鼠疫桿菌		*Yersinia pestis*	
鼠螋科		Hemimeridae	
夢幻閃蝶、夢幻摩爾福蝶	Deidamia morpho	*Morpho deidamia*	
夢娜多莉絲蟬		*Dorisiana amoena*	
榮光搖蚊屬		*Clunio*	
歌利亞大角花金龜	Goliath beetle	*Goliathus goliatus*	
滯水尺椿		*Hydrometra stagnorum*	
漂泊蚊獵椿		*Empicoris vagabundus*	
熊毛獵椿		*Holoptilus ursus*	
熊蜂屬	Bumble bee	*Bombus*	
瘧原蟲屬		*Plasmodium*	
瘧蚊屬		*Anopheles*	
管薊馬屬		*Phlaeothrips*	
綠背斜紋天蛾		*Theretra nessus*	
綠翅木蜂		*Xylocopa chloroptera*	
綠翅珈蟌	Metallic green damselfly、Stream glory	*Neurobasis chinensis*	
綠鳥翼鳳蝶	Common green birdwing butterfly	*Ornithoptera priamus*	又稱綠鳥翼蝶
綠叢螽斯	Great green bush-cricket	*Tettigonia viridissima*	
舞虻	Dagger fly、Balloon fly	Empididae	
十五畫			
蓑蛾科、避債蛾科	Bagworm	Psychidae	
蜚蠊目	Cockroach、Roach	Blattaria	又拼寫為Blattodea
蜜生里拉蟬		*Fidicina mannifera*	
蜜蜂科		Apidae	
蜻形鬚蟻蛉		*Palpares libelluloides*	
蜻蛉目		Odonata	
蜾蠃	Potter wasp、Mason wasp	Eumeninae	
豪虎蛾		*Scrobigera amatrix*	
豪勳爵島竹節蟲	Lord Howe Island stick insect	*Dryococelus australis*	
赫庫芭巨突蜉		*Euthyplocia hecuba*	
銀斑天蛾		*Hayesiana triopus*	

中文	英文	學名	備註
銅色瘦腹水虻		*Sargus cuprarius*	
劍龍		*Stegosaurus*	
嘶音蟑螂屬	Hissing cockroach	*Gromphadorhina*	
墨西哥巨蜉		*Hexagenia mexicana*	
寬橫闊柄錘角細蜂		*Platymischus dilatatus*	
廣翅目		Megaloptera	
撚翅目、捻翅目（撚翅蟲、捻翅蟲）	Twisted-wing parasite	Strepsiptera	
模式蛇蛉		*Raphidia ophiopsis*	
模式鷸虻	Downlooker snipe fly	*Rhagio scolopaceus*	
歐洲竹節蟲	European stick insect	*Bacillus rossius*	
歐洲散白蟻		*Reticulitermes lucifugus*	
歐洲熊蜂	Buff-tailed bumblebee	*Bombus terrestris*	
歐洲螻蛄	European mole cricket	*Gryllotalpa gryllotalpa*	
歐洲蠼螋	Common European earwig	*Forficula auricularia*	
膜翅目		Hymenoptera	
蔚逐虎蛾		*Exsula victrix*	
蝠蝟科		Arixeniidae	
蝨亞目	Sucking lice	Anoplura	
複色短翅芫菁	Variegated oil beetle	*Meloe variegatus*	
齒蛉科、魚蛉科	Fishfly	Corydalidae	
壁蜂	Orchard bee	*Osmia*	
樺尺蛾、樺尺蠖	Peppered moth	*Biston betularia*	
穆薩瓦斯擬苔纓毛蕈蟲		*Scydosella musawasensis*	
蕁麻旌蚧		*Orthezia urticae*	
螢科	Firefly	Lampyridae	
錐獵椿亞科		Triatominae	
錐蟲屬		*Trypanosoma*	
隧蜂屬	Sweat bee	*Halictus*	
鞘翅目	Beetle	Coleoptera	
頭蝨	Head lice	*Pediculus humanus capitis*	
螸目		Phasmatodea	
擬長吻虻	Tangle-veined fly	Nemestrinidae	

中文	英文	學名	備註
擬蜂虻	Mydas fly	Mydidae	
櫛角魚蛉	Summer fishfly	*Chauliodes pectinicornis*	
環形大腿冠蜂		*Megischus annulator*	
環形無墊蜂		*Amegilla circulata*	
環帶長角長跳蟲		*Orchesella cincta*	
環帶蘭蜂		*Eulaema cingulata*	
糙鱗皺皮蝗		*Rutidoderes squarrosus*	
翼手龍	Pterodactyl	Pterosauria	
翼龍、翼手龍		Pterosaur	
薄翅螳螂	European praying mantis	*Mantis religiosa*	
螳螂目	Mantis	Mantodea	
蟋蟀科	Crickets	Gryllidae	
襀翅目	Stonefly	Plecoptera	
避日鋏尾蟲		*Japyx solifugus*	
錘角細蜂	Diapriid wasp	Diapriidae	錘角細蜂科
鍬形蟲科	Stag beetle	Lucanidae	
隱尾蠊屬	Wood roach	*Cryptocercus*	
叢林突扭白蟻		*Dicuspiditermes nemorosus*	
薩氏荷莫寡脈蜉		*Homoeoneuria salviniae*	
藍變菌	Blue stain fungi	*Grosmannia clavigera*	
覆羽搖蚊		*Chironomus plumosus*	
雙色琉璃麗吉丁蟲		*Megaloxantha bicolor*	
雙尾蟲、鋏尾蟲		Diplura	雙尾目
雙紋竹節蟲屬		*Anisomorpha*	
雙翅目		Diptera	
雙斑嚙蟲		*Psocus bipunctatus*	
雙黃帶天蛾	Large candy-striped hawkmoth	*Leucophlebia lineata*	
雙點鈴腹胡蜂		*Ropalidia bicincta*	
獸蝨科	Ungulate sucking lice	Haematopinidae	
瓣裳蛾屬		*Calyptra*	
臘納瓦洛娜舉尾家蟻		*Crematogaster ranavalonae*	
蟻科	Ant	Formicidae	

中文	英文	學名	備註
蟻蛉科	Antlion	Myrmeleontidae	
蟾形多色錐頭蝗		*Poekilocerus bufonius*	
蠍蛉科	Scorpionfly	Panorpidae	
蠍蛉屬		*Panorpa*	
邊紋石蠅		*Perla marginata*	
類隱雙尾蟲		*Campodea staphylinus*	
麗色蟌	Beautiful blue demoiselle damselfly	*Calopteryx virgo*	又稱為闊翅豆娘
二十畫以上			
嚴冬雪蠍蛉		*Boreus hyemalis*	
蘭花螳螂	Orchid mantis	*Hymenopus coronatus*	
韁繩旌蛉		*Halter halteratus*	
纓尾目		Thysanura	又稱總尾目
纓翅目		Thysanoptera	
纖鬚枝角蟊		*Elenchus tenuicornis*	
體蝨	Body lice	*Pediculus humanus humanus*	
鱗翅目		Lepidoptera	
嚙蟲目	Lice	Psocodea	
蠶蛾科	Silk moth 或 silkworm	Bombycidae	
蠶蛾屬	True silk moth 或 mulberry silk moth	*Bombyx*	
鬱倭夜蛾	Four-spotted moth、Field bindweed moth	*Tyta luctuosa*	

難讀字發音

蠼　ㄐㄩㄝˊ　　　蟓　ㄆㄧㄠ　　　蠐　ㄘㄠˊ
蝦　ㄙㄡ　　　　蛸　ㄒㄧㄠ　　　蝶　ㄍㄨㄛˇ
禣　ㄐㄧ　　　　蠟　ㄐㄧˇ　　　蠃　ㄌㄨㄛˇ
蝨　ㄑㄩㄥˊ　　癭　ㄧㄥˇ　　　蟊　ㄇㄠˊ
蟰　ㄒㄧㄡ　　　蠐　ㄑㄧˊ

better 83

蟲之道：
昆蟲的構造、行為和習性訴說的生命史詩

Innumerable Insects:
The Story of the Most Diverse and Myriad Animals on Earth

作者／麥可．恩格爾（Michael S. Engel）

譯者／蕭昀

審訂／顏聖紘

全書設計／陳宛昀

排版協力／吳郁嫻

責任編輯／賴書亞

行銷企畫／陳詩韻

總編輯／賴淑玲

出版者／大家出版／遠足文化事業股份有限公司

發行／遠足文化事業股份有限公司（讀書共和國出版集團）

地址／231新北市新店區民權路108-2號9樓

客服專線／0800-221-029　傳真／02-2218-8057

郵撥帳號／19504465

戶名／遠足文化事業股份有限公司

法律顧問／華洋國際專利商標事務所 蘇文生律師

ISBN　978-626-7283-73-8（精裝）

定價／950元

初版一刷／2024年4月

Text © 2018 by American Museum of Natural History Originally published in 2018 in the United States by Sterling Publishing Co. Inc. under the title INNUMERABLE INSECTS: THE STORY OF THE MOST DIVERSE AND MYRIAD ANIMALS ON EARTH. This edition has been published by arrangement with Sterling Publishing Co., Inc., 33 East 17TH Street, New York, NY, USA, 10003. Through Andrew Nurnberg Associates International Ltd.

蟲之道：昆蟲的構造、行為和習性訴說的生命史詩
/麥可.恩格爾(Michael S. Engel)作；蕭昀譯. -- 初版
. -- 新北市：大家出版, 遠足文化事業股份有限公司,
2024.04
　　面；　公分
譯自：Innumerable insects : the story of the most
diverse and myriad animals on earth
ISBN 978-626-7283-73-8(精裝)
1.CST: 昆蟲學
　　　　　　　387.7　　　　113003701

N°8. N°9. N°10. N°11. N°12. N°13. N°14. N°15. N°16. N°17. N°18. N°19. N°20. N°1. N°2. N°3. N°4.

N°6. N°7. N°8. N°9. N°10. N°11. N°12. N°13. N°14. N°15. N°16. N°17. N°18. N°19. N°20.

N°7. N°8. N°9. N°10. N°11. N°12. N°13. N°14. N°15. N°16. N°17. N°18. N°19. N°20. N°5. N°6. N°7. N°8.

N°1. N°2. N°3. N°4. N°5. N°6.